ルールズ・オブ・プログラミング

より良いコードを書くための21のルール

Chris Zimmerman 著　　久富木 隆一 訳

O'REILLY®
オライリー・ジャパン

The Rules of Programming

How to Write Better Code

Chris Zimmerman

Beijing · Boston · Farnham · Sebastopol · Tokyo

本書への賛辞

『ルールズ・オブ・プログラミング』は、初心者向けの素晴らしい手引きを、その道の玄人すら啓発する絶妙な教訓と、統合している。加えてZimmermanは、本書を終始笑いの絶えないものとし、楽しいことと教育的であることは両立可能だとの証明を行ってみせるのだ。

——Mark Cerny、リードシステムアーキテクト、
PlayStation 4 & PlayStation 5

『ルールズ・オブ・プログラミング』は、新人コーダーと熟練コーダー双方に向けて、素晴らしい見識を提供してくれる。Zimmermanの語り口のおかげで、本書の読書体験は痛快なものとなっている。そして21個のルールは、ビジネスと社会のあらゆる場面にテクノロジーが浸透した時代におけるソフトウェアの改善へ向けた、重要な貢献に他ならない。

——Paul Daugherty、テクノロジー担当グループチーフエグゼクティブ
兼 最高技術責任者、Accenture

『ルールズ・オブ・プログラミング』には、どんなソフトウェアエンジニアでも自己のスキルを次のレベルへ引き上げるために使える、実用的経験則としてのルールが満載だ。簡潔で鋭い言い回しと、詳細かつ具体的な事例との配合が素晴らしい。例えば、「一般化には3つの例が必要」は、紹介されるルールを多数のコード例とともに実践へと落とし込む。自分のキャリアの初期にChrisから直々にこうした教えを受け、またそうしたルールを多種多様なソフトウェア分野全般へと適用するのに成功し、私は幸運だった。本書を手にしたあなたも、同じ道を歩む機会に恵まれている。

——Chris Bentzel、ソフトウェア担当ディレクター、Boston Dynamics

『ルールズ・オブ・プログラミング』は、ほとんどのプログラミング関連書籍や大学のコンピューターサイエンス学科が光を当ててこなかった間隙を補ってくれる。その間隙とは、熟練したプロフェッショナルを新人プログラマーから分かつ、実践的知識だ。

——Jasmin Patry、レンダリングリード、Sucker Punch

Chrisは一方で、議論を呼ぶ意見を指摘してみせることをそれなりに好む。そして読者にもたらされる的確な事例のおかげで、自分自身の考え方を疑ってかかることがずいぶん楽になっている。他方でChrisは、ぼくらが直感的にやってるようなことを、言語化してみせた。Chrisは新人教育をだいぶやりやすくしてくれたのだ。必読！

——Julien Merceron、CTO、Bandai Namco

『ルールズ・オブ・プログラミング』は、楽しい読み物で、実践的なゲームエンジン開発の
内幕を伝える深い見識を提供してくれる。提示される物語やガイドラインは、経験を積んだ
プログラマーには興味深い思索の糧を、経験の浅い者に対しては貴重な端緒を、それぞれ与
えてくれるはずだ。

——Adrian Bentley、開発マネージャー、Sucker Punch

　本書を読むと、世にも稀な例のご褒美に取り組む体験とはどんな感じなのかを垣間見るこ
とができる。ご褒美とは何を隠そう、大規模で、ちゃんと機能してるエンジニアリングチー
ムだ。各章では、苦労の末に得られた教訓が提示される。それも、コードで例証され、かつ
大きな成功を収めた様々なプロジェクト由来の興味深い逸話で味付けされた状態で。そして
何よりもZimmermanの書籍は、「開発者の謙虚さ」というものが持つ本当の意味を繰り返し
説く。それはつまり、人間がごく普通に帯びる可 謬 性や、発展するプロジェクトの複雑性が
及ぼす重力めいた引力について、認めつつも柔軟に対応するという、集団的な作法に則った
働き方だ。本書を読書会で読めば、優れたチーム演習となることだろう。

——Jan Miksovsky、graphorigami.org

　『ルールズ・オブ・プログラミング』は、現実世界におけるエンジニアリングの教訓を一生
分集め、核心的概念の詰まった素晴らしいハンドブックの形へと、巧みに表現してみせた。
このハンドブックは、経験を積んだ開発者の復習を支援すると同時に、ソフトウェアエンジ
ニアとしての旅路の門出に立った者たちへの道しるべともなる。抱えるプロジェクトの成功
を揺るぎないものとする実践的方法を求めているなら、すべからく本書を蔵書に加えるべき
だ。

——Wes Grandmont Ⅲ、リードテクニカルアートディレクター、Sucker Punch

　Chris提供の有用な道具一式には、本当に感謝している。かなり頻繁に現れる類の、52対
48で拮抗する、設計対コーディングをめぐる重要な判断のために使えるからだ。

——David Oliver、プリンシパルグループエンジニアリングマネージャー、Microsoft

　本書は、あらゆるプロのソフトウェア開発者にとって必携の道具だ。読者とそのチームの
生産性を上げ、バグを減らし、ソフトウェアシステムの保守と拡張の難しさを和らげるに至
ることが確実なテクニックが、本書には豊富に揃っている。

——Chris Heidorn、シニアスタッフエンジニア、Sucker Punch

目次

日本語版への著者まえがき

　本書の日本語版向けにこういう特別なまえがきを書けることになり、光栄だ。こっちのまえがきはもちろん日本語で書いた……わけじゃない、ってのを告白せざるをえない。ぼくの日本語も、さすがにそこまで達者じゃない！　本書を担当してくれた敏腕翻訳者である久富木隆一には、以降の章で山ほど出てくるアメリカの口語表現から熟語までを何もかも調べ尽くすよう強いることになってしまった。若干申し訳なく感じているのが正直なところだ。でも日本の読者的には、読み進めさえすればおいしいところだけ持っていける。何を隠そう、**ルール20**までたどり着くと、人生で初めて「カウポーク[†1]」って呼ばれることになるんだから！

　ぼくが25年前に共同創業した会社であるSucker Punchが生み出した数々のゲームがある。そのうちどれであれ、プレイ経験のある皆様には、特に謝意を伝えたい。とりわけ、ぼくらの最新作『Ghost of Tsushima』のプレイヤーの皆様には感謝している。ゲーム制作時にソニー[†2]がSucker Punchに寄せてくれた信頼や、ゲームで歴史を扱った際の創作的自由に対して日本の皆様が示してくれた寛容さを、ぼくらは心からありがたく感じている。

　『Ghost of Tsushima』の開発には、6年もの歳月を費やした。Sucker Punchがこのゲームを完成させ、製品として送り出した後にぼくが思い立ったのは、本書を書く時間を確保することだった。ぼくらはSucker Punchの歴史を通じ、コードの書き方に関する、とあるルール集を発展させてきた。チームが抱える人員規模も、達成を目論む野心の範囲も、拡大の一途をたどる一方で、そんなルール集があればこそ、コードベースを柔軟かつ活気のある状態のまま維持してこられたってわけだ。

---

†1　訳注：詳しくは**ルール20**の343ページを参照。

†2　訳注：Sucker Punchは、2011年以降、ソニーグループ内の100％子会社となっている。

　そういうルールの数々は、きみのように、Sucker Punch に所属しているわけじゃない人たちにとっても、興味を覚えたり考えさせられたりするものじゃないだろうか？ またそういうルールが、読者自身のプログラミングスキルの研鑽に役立つ道具として、活かされるようであってほしい。ぼくはそう考えた。

　いずれにせよ、ソフトウェア開発についてぼくらみんなが分かっていることが、1つだけある。それは、状況というものは絶えず変化し続ける、ってことだ。ぼくはプログラミングを長いことやってきたので、変化の波が次々と岸に押し寄せては引いた後に残された風景が変化しているのを、幾度となく見てきた。ソースコード管理システムのない世界なんて、想像もつかない。でも、ぼくがプログラミングを始めた頃は、そんなシステムは普及していなかった。オブジェクト指向言語や、アジャイルプログラミング。ウェブと、ウェブがコードの書き方や構築するシステムに与えたあらゆる影響。専用グラフィックスハードウェア、マルチコア CPU、オープンソースソフトウェア。もっと近年の流行としては、マイクロサービスに基づいたアーキテクチャーや、テスト駆動開発。それら変化の波が全て、ここ数十年の間だけで起こってきた。

　変化の波が起こるたびに、プログラマーとしてのぼくらが強いられる作業がある。変化に適応し、新しい考え方を学びつつ応用し、自身のプログラミングスキルを研ぎ澄ますという作業だ。そういう作業を毎回強いられることを、問題点と見なす者もいるかもしれない。つまり、プロのプログラマーとして生きる限りはそれを宿命として受け入れるほかない、それがプログラマーという職の根本的な欠点である、と。新しいことを常に学び続けなきゃいけないってのは、休む機会が永遠に訪れないランニングマシンの上で走り続けるようなものだ。でも、ぼく同様にきみだって、新しい考え方や働き方についての挑戦に絶えず刺激されることこそ、プログラミングの醍醐味だと考えてるんじゃないだろうか。永遠に何も変化のない仕事なんてものがあるとすれば、その退屈さたるや計り知れない！

　ぼくがこの文章を書いている 2023 年で言えば、接近しつつある変化の波とは、人工知能（Artificial Intelligence／AI）だ。AI が、プログラマーたちの間に、異常なほど大きな不安と焦燥を巻き起こしている。まともに動作する音声認識。人間が書いたに違いないと思わせる機械生成の文章。ゲームとしての囲碁の発祥以来人類が総力を挙げてそれについて学んできたより多くのことを、自分自身との対局から学んでしまう機械——AI が生み出した目覚ましい成果は、誰もが知るところだ。信じられないようなことばかり起こっている。

次は、プログラミングだろうか？ ぼくらはみんな、コードを書くある種の生成AIによって、置き換えられてしまうのだろうか？

　歴史が、そんなことはないと告げるだろう。結局のところ、これまでも無数の変化の波が、プログラマーをお払い箱にするという触れ込みで起こってきたのだから。そしてある意味では、その触れ込みの通りになった！ 初めて出てきたスプレッドシートのプログラムのことを、ぼくは覚えている。そのプログラムのおかげで、従来はプログラマーの助けが必要だった問題を、プログラマー以外の者が解けるようになったのだ。あるいは、一般的なビジネス上の問題向けの、新しい「ノーコード（no code）」開発環境だ。また、ぼくがいるビデオゲームの世界では、従来はプログラマーがコードを書いてきたようなグラフィックス描画用のシェーダー[†3]を定義する視覚的システム[†4]という形で、同じことが起こっている。

　しかしそれでも、プログラマーを蚊帳の外に置くかに見えるこうした変化を全て経てきたにもかかわらず、かつてないほど多くのプログラミング作業が存在している！ AIが、今までの変化とは何か違った結果を示すとしたら、驚きだろう。間違いなく、AIはプログラマーの日常を、重要かつ予期しない形で変える。でもそういう変化のほとんどは、ぼくらの仕事を楽にしてくれるような変化となるだろう。

　AIがどんな変化をもたらすか、正確に予測しようとは思わない。でも、短期的な影響がどうなるかについては、けっこう確信が持てると思う。現世代のAIは、動作するために巨大な学習データを要する。ある言語で人間が書いた文章がインターネット1個分あれば、現世代のAIは、学習データ内での大多数一致点（consensus）を見つけられる限りにおいて、基底にある言語構造を推論できる。そして、そういう言語構造から情報を非常にうまく抽出できる。でもAIは、絶対に正しいものとしてあてにするわけにはいかないので、誤り発生率がそれなりにあっても大丈夫な問題向けなら、効果が最大に発揮される。

　以上から、AIの影響をある程度予測できる。AIモデルの学習に使えるコードが大量にある分野、例えばウェブのフロントエンド開発に取り組んでいるとしよう。そういう場合なら、あらゆるウェブアプリで共通になりがちな定型コードの提案は、AIの得意分野になると期待できる。ウェブアプリとはどんなものなのか、という問題に

---

†3　訳注：画面上の描画内容としてのグラフィックスを処理するプロセッサーであるGPUに与える命令を記述するプログラム。

†4　訳注：今日では、ノードを線でつないだグラフ構造として表したシェーダーを作成編集するGUIツールが用意されているゲームエンジンが一般的になっている。

対する見解としての、大多数一致点とでも言おうか。でも、きみ自身のウェブアプリの独特な部分が全部、学習データに含まれているわけもない。そういう独特なものにAIを使っても、「平均的」なウェブアプリに沿う形に寄せようとAIがするせいで、時間の浪費になる可能性がある。ある問題についての独特な要素を処理できるAIの実現は、遠いようだ。そしてAIの分野では、解決が「遠い」ように見える課題ってのは、いつまで経っても解決に近づかないことが多い。

　直近2、30年の間にソフトウェア開発に起こってきた変化を知る限り挙げた、長いリストを見ていくと、面白いことが分かる。そういうありとあらゆる変化を経た上でなお、全く変わらないものが数多くあるのだ。ぼくらが目撃してきた変化を全て経た後ですら、良質で、簡潔で、理解可能なコードを書くことの重要さは、いささかも変わらない。チームとして作業に当たる場合なら、なおさらだ。そして、良質なコードはただのコードと何が違うのかという要素も、たいして変わっちゃいない。プログラミングをやるチームの共同作業を促進する要素だって同じことだ……みたいな話こそが、本書の語る内容となる。つまり、良質なコードを書きやすくするためのルール集だ。

　さて、ぼくらがSucker Punchで用いているどのルールであれ、ぼくらに関する限り、申し分なく機能している。でもきみにとっては、ぼくらのルールがどれもこれも納得がいくとは限らない。ぼくらの環境には、チームの規模、プロジェクトの期間、ゲームプレイヤーの主観的経験がぼくらの決定の多くに与える影響の大きさとか、様々な属性がある。そんな属性のうち、ぼくらの環境ときみの環境で違っているものがあるかもしれない。また、きみが疑問視するようなルールだって、1つや2つはあったりするかもしれない。

　だがしかし、だ。直感に反するかもしれないが、きみにとって一番役立つのは、きみが納得のいかないルールの方なのだ。

　まず、プログラミングについて自分が重要だと思っていることがあり、それから、そのことを重要だと思っている理由があるはずだ。両方について、真の理解を得ない限り、プログラミングをめぐる自分自身の日頃の行いを改善することは不可能だ。自分自身のプログラミング哲学を改善できるようになるには、その哲学についてまずは理解しなきゃいけない。そして、自分自身が持つ思い込みを明瞭に自覚するのは、万人にとって、実に、実に難しいことだ。ぼくらは、理由について思い巡らすことなく、直感的に行動してしまう。

　本書は、西洋のビデオゲーム開発チームを駆動するコーディング哲学の明瞭な全体

像を描き出している。そんな書籍の価値は、自分自身の哲学を映し出す鏡を提供してくれるという点にある。この中には、当たり前に思える話もあれば、以前は考えもつかなかったことや、全くバカげているという印象を与える話もあることだろう。そんな自分の反応を振り返って、自省してみよう。そういう自分の反応というものが、プログラミングについての自分の考え方を理解するのに役立つからだ。

　ぼくの本を読んできみの考えが1つか2つ変わるようなことでもあれば、上出来だ！　でもぼくの本当の願いは、きみが自身に対する理解を深める手助けをしてあげられること。ソフトウェア開発が求める、継続的な自己改善の第一歩とは、ほかでもない明瞭な自己認識なのだから。

日本語版への推薦文

『Ghost of Tsushima』（ゴースト・オブ・ツシマ、ソニー・インタラクティブエンタテインメント、2020）はグラフィックスもゲームシステムも、世界最高水準で作られた世界的大ヒットゲームである。ツシマの大地を駿馬で縦横無尽に走り回るオープンワールド型ゲームとして、また、その日本的世界観をつきつめたゲームデザインとビジュアルにより、世界をあっと驚かせた。このゲームの開発会社であるSucker Punch Productions（サッカーパンチプロダクションズ）は、サンフランシスコで毎年行われるゲーム開発者会議でもプログラミングの講演を多数行ってきた実績を持ち、果敢に高い技術的挑戦を達成し、常に新しい風をデジタルゲームに持ち込んできた。本書は、そのエンジニアであり共同創設者でもあるクリス・ジマーマン氏による技術書である。ゲームエンジニアはもちろん必読の書であるが、大規模なプログラムを作ろうとするソフトウェア設計者、プログラミングのエッセンスを知りたいプログラミング初学者も大きな恩恵を受けることは間違いない。

　本書では、豊富な経験に裏打ちされ、精選された21個のプログラミングのためのルールが解説されている。コードの海を泳ぎ切るための教えが、惜しげもなく提供されている。これらのルールは理論的に正しいだけでなく、実際に著者が大規模なゲームを制作する何十万、何百万行のコードを踏破して得たルールである。そして、それを実践し、教え、磨きをかけ、こうして一冊の著書としてまとめあげた。本書を吸収することで、これからのプログラミングに新しいインスピレーションを得るだろう。

　この本にはたくさんの規範となるコードが書かれている。しかし、本書はコーディングの詳細も書かれているが、それは導入であり本書の目的の半分である。残りの半分は、コーディングを通じて、プログラミングの次の一手、大きな発想について、確かな構想を得るための指針を示している。プログラミングの最中に誰もが道を見失うことがある。次の1行というよりも、自分のプログラムを支える次の大地をどこに求めればよいか、分からなくなってしまうことがある。そんな時、大きな指針を示して

くれるのが本書である。

　本書はプログラミングを始めたばかりの人には親切なガイドとして、ベテランには練りこまれた設計思想として読めるはずである。著者ほどの達人プログラマーであれば、プログラミングが必ずしも単純なルールで割り切れないことを知っている。しかし、あえて分かりやすいルールとして提示することで、圧倒的な経験値を形にして多くのプログラマーの一助とならんとしている。行き過ぎた原則を避け、さまざまなケースがあることを念頭にしつつ、尽くせぬ説明を尽くそうとする。本書はまさに、プロフェッショナルによって書かれたプログラミング指南書である。

　なお本書のコードは著者がゲームプログラマーということもあって、C++で書かれている。しかし、C++の知識は必須ではない。C++を知っていれば読みやすいかもしれないが、本書はプログラミングの背景にあるソフトウェア設計の本である。オブジェクト指向の基礎知識さえあれば問題なく読める。著者は親切にも「Pythonプログラマー／JavaScriptプログラマーのためのC++コード読解法」という付録も用意してくれている。本書はあらゆる言語の違いを超えて有用なものとなるだろう。

三宅 陽一郎（ゲーム開発者）

まえがき

『ルールズ・オブ・プログラミング』へようこそ。本書は、覚えるのも応用するのも簡単なルール集で、もっとマシなコードを書く助けになるはずだ。プログラミングってものは難しい。でも本書のルールを守れば、その難しいプログラミングが、ほんの少しだけ楽になる。

本書を読み進めるにあたってのコツを以下に挙げておこう。

- **ルール**はどれも、各々が独立している。目次で面白そうな**ルール**を見つけて、本書の真ん中まで飛ばして直接読んでみたいなら、読めばいい。そういう読み方にも本書は十分対応している。
- そうは言っても、お勧めは、**ルール1**「できるだけ単純であるべきだが、単純化してはいけない」から始めることだ。**ルール1**は、その他の**ルール**へ進む前にお膳立てを整えてくれる。
- 本書のコード例は全て、C++で書いてある。PythonやJavaScriptを使うプログラマーなら、本書の**ルール**にあまり深入りしないうちに、付録A「Pythonプログラマーのための C++読解法」か付録B「JavaScriptプログラマーのための C++読解法」を読んでおけば、多少はマシに過ごせるはずだ。2つの付録は、C++のコード例を馴染みのある概念へと翻訳してくれるロゼッタストーン[†1]として機能する。他の何かのプログラミング言語に関する経験はあるものの、C++のコード例についていくのが難しいと感じる読者には、Rosetta Code[†2]

[†1] 訳注：ロゼッタストーン (Rosetta Stone)は、1799年にエジプトのロゼッタで発見された石柱。ほぼ同じ内容が別々に、3種類の書体や言語で刻まれており、古代エジプト語を解読する手がかりとなった。

[†2] 訳注：プログラミング上の各種問題（タスク）について、解法を、異なるプログラミング言語ごとにどのように実装すればよいか併記しているWikiサイト。

(https://rosettacode.org/wiki/Rosetta_Code) っていうすごいウェブサイトをお勧めする。

- 読者がC++プログラマーなら、C++プログラマー以外の読者にとって読みやすくするために、コード例の中で単純化した点がいくつかあるのを了承いただきたい。例えば、コード例には、C++プログラムなら符号無し整数を使うのが普通なところで符号有り整数を使っている場合が、ところどころある。それから、符号無しの値と符号有りの値の間で暗黙の変換が行われた場合の警告は、無効化した。また、「std::」の参照がやたらに多くなって気が散らないように、「using std」がある扱いでコード例をコンパイルした[†3]。

- そして最後に、本書で言うところの本当の**ルール**を指す場合には、太文字にしてある[†4]。「ルール」ってのを見たら、それは昔からある普通のルールでしかなく、正式に**ルール**として認められたものじゃない。太文字にでもしなきゃ、この言葉が持つ2つの意味の区別が紛らわしくなってしまう。目障りかもしれないが大目に見てほしい。

ここから始まる本書の中身を、楽しんでくれるよう願ってる！ プログラミングスキルを研ぎ澄ますのに役立つ着想の1つや2つくらいは、見つかるんじゃないかと思う。

Girls Who Code

本書から得られる印税は全て、Girls Who Code (https://girlswhocode.com/) へ寄付される。プログラミングをやることで得られるものの大きさを若年女性が見出すように、たゆみなく活動に勤しむ組織だ。ぼくが大学を出た時、コンピューターサイエンス学科の卒業生は、3分の1以上が女性だった。でも最近は、5分の1あたりがどちらかと言えば実態に近い。各ジェンダーが人口に占める比率で代表されてるバランスの方が、みんなにとって世の中が快適になると思う。読者のきみもそう思うんじゃないかな。そして、寄付やボランティア活動を通じたGirls Who Codeの支援

---

†3　訳注：C++では、標準ライブラリーのクラスを利用する場合は、名前空間stdを利用のたびに明示的に指定する必要があるが、コード冒頭でusingディレクティブによりstdを指定して現在の名前空間に持ち込むと、個別の指定を省略できる。

†4　訳注：原著では、大文字のルール (Rule) として、一般のルール (rule) と表記上区別している。

こそが、そういうジェンダーのバランスっていう希望を現実に変える、第一歩となる。

本書で使われる規約

本書では、以下の体裁上の規約が使われている。

等幅（`sample`）

    プログラムのリストで用いるほか、変数名や関数名、データベース、データ型、環境変数、プログラム文、キーワードといったプログラム構成要素を段落内で参照する場合に、用いられる。

コード例の利用

    補助的題材（コード例、演習、等）は、https://github.com/the-rules-of-programming/examples でダウンロードできる。技術的な質問があったり、コード例を使う際に問題があったりしたら、bookquestions@oreilly.com へメールを送っていただきたい。

    本書の目的は、読者が仕事を片付けるために役立つことだ。原則として、本書でコード例として提供されているものは、読者のプログラムやドキュメント内で使って差し支えない。コードの大部分を複製するのでない限り、許諾を求めてぼくらに連絡するには及ばない。例えば、本書から引用したコードの塊を何個か使うプログラムを書こうが、許諾は不要だ。オライリーの本から引用したコード例を販売したり配布したりする場合には、許諾が必要になる。本書やコード例を引用しながら質問に答える場合は、許諾は要らない。本書のコード例の大部分を読者の製品のドキュメントに組み込む場合は、許諾が必要になる。

    出典の明記は、感謝はするものの、基本的には要求していない。出典には通常、題名、作者、出版社、ISBN が含まれる。例えば「『ルールズ・オブ・プログラミング』（Chris Zimmerman 著、オライリー・ジャパン、978-4-8144-0041-6、2023年）」となる。

    コード例の利用が、フェアユースや上記で挙げられた許諾の範疇に収まらないと思ったら、遠慮なく permissions@oreilly.com へ連絡してほしい。

オライリー学習プラットフォーム

　オライリーはフォーチュン100のうち60社以上から信頼されています。オライリー学習プラットフォームには、6万冊以上の書籍と3万時間以上の動画が用意されています。さらに、業界エキスパートによるライブイベント、インタラクティブなシナリオとサンドボックスを使った実践的な学習、公式認定試験対策資料など、多様なコンテンツを提供しています。

　https://www.oreilly.co.jp/online-learning/

　また以下のページでは、オライリー学習プラットフォームに関するよくある質問とその回答を紹介しています。

　https://www.oreilly.co.jp/online-learning/learning-platform-faq.html

問い合わせ先

　本書に関するご意見、ご質問等は、オライリー・ジャパンまでお寄せください。連絡先は以下の通りです。

　株式会社オライリー・ジャパン
　電子メール　　　japan@oreilly.co.jp

　この本のウェブページは、次のURLを参照してください。正誤表やコード例などの追加情報が掲載されています。

　https://www.oreilly.com/library/view/the-rules-of/9781098133108/（原書）
　https://www.oreilly.co.jp/books/9784814400416（和書）

　オライリーに関するその他の情報については、次のウェブサイトを参照してください。

https://www.oreilly.co.jp/
https://www.oreilly.com/（英語）

謝辞

何はさておき、愛らしく有能な妻であるLauraに感謝する。ぼくがやってたかもしれない他の何か有用なことより、本書の執筆にこそ時間を費やすよう、ぼくを励ましてくれた。

本書の**ルール**を編み出す手助けをしてくれた皆様に、満場の謝意を。その中に、Sucker Punch社員の、現在と過去のコーダー[†5]全員がいる。みんな、そのつもりだったかどうかはともかく、貢献はしてくれていたってわけだ。中でも、Apoorva Bansal、Chris Heidorn、David Meyer、Eric Black、Evan Christensen、James McNeill、Jasmin Patry、Nate Slottow、Matt Durasoff、Mike Gaffney、Ranjith Rajagopalan、Rob McDaniel、Sam Holley、Sean Smith、Wes Grandmont、William Rossiterに、特に感謝したい。

そして、Sucker Punchに在籍こそしてないものの、ぼくらが棲息する森に向け、中にいると気づきにくい視点を外から提供してくれた皆様として、Adam Barr、Andreas Fredriksson、Colin Bryar、David Oliver、Max Schubert、Mike Gutmann、Seth Fineに感謝する。

ルールの1つ1つを全て読み通した、恐れを知らぬ読者として、Adrian Bentley、Bill Rockenbeck、Jan Miksovsky、Julien Merceronには、特別な謝意を表する。各氏には借りがあると、ここで公言しておきたい。

そして最後に、チームオライリーの皆様に感謝。本書を書くっていう、しくじってばかりの試みの最中、終始我慢強くぼくを指導してくださった皆様である。Charles Roumeliotis、Gregory Hyman、Libby James、Mary Treseler、Sara Hunter、Suzanne Huston。それから、ぼくが入れたいと言ってきかなかった一番イケてない類のジョークをボツにしてくれたおかげで、他のみんなを救ったSarah Greyには、超感謝だ。

---

†5　訳注：コーダー（coder）は、コード書き、すなわちソフトウェアエンジニアの、気取らない呼び方。ここでは、労働集約型の業務環境で指示を受けて単純な実装作業としてのプログラミングに従事する非熟練者というより、腕に誇りのある職人肌の熟練者を含意する。

ルールにまつわる物語

本書『ルールズ・オブ・プログラミング』は、ブチ切れから生まれた。

Microsoftでプログラミングを行うチームを率いて10年あまりを過ごしてきたぼくは、その後1997年に、ビデオゲーム開発会社Sucker Punchを共同創業した。どっちの会社も、快進撃を続けている。成功要因の大部分を占めるのは、一流のプログラミングチームを続々と雇ったり育成したりできるっていう、両社が持つ能力だった。Sucker Punchの場合、そういう能力のおかげで、出すゲームが25年にもわたり次から次へと当たり続けるという業績に至ったわけだ。『Sly Cooper』[†1]のゲーム3作品では、全年齢の子供たちが、アライグマの大怪盗Sly Cooperと仲間たちの胸躍る生き様を体験した。『inFamous』[†2]のゲーム5作品では、ゲーマーたちに超能力を与え、善悪いずれかのために使う選択をさせた。そして、現時点に至るまでのぼくらの代表作『Ghost of Tsushima』[†3]では、1274年の日本侵略に抗して逆襲する孤独な侍

---

†1　訳注：日本では、『怪盗スライ・クーパー』(2003)『怪盗スライ・クーパー 2』(2005) が
　　　 PlayStation 2向け、『怪盗スライ・クーパー3』を含む『スライ・クーパー コレクション』
　　　 (2011) がPlayStation 3/PlayStation Vita向けに、ソニー・コンピュータエンタテインメン
　　　 トから発売された。

†2　訳注：日本では、『INFAMOUS 〜悪名高き男〜』(2009)『inFAMOUS 2』(2011) が
　　　 PlayStation 3向け、『inFAMOUS Second Son』(2014) がPlayStation 4向けに、ソニー・
　　　 コンピュータエンタテインメントから発売された。他にダウンロードコンテンツとして、
　　　 『inFAMOUS Festival of Blood』(2011、日本未発売、PlayStation 3向け)『inFAMOUS
　　　 First Light』(2014、PlayStation 4向け)がある。

†3　訳注：日本では、『Ghost of Tsushima』(2020)『Ghost of Tsushima Director's Cut』(2021)
　　　 『Ghost of Tsushima: Legends ／冥人奇譚』(2021) がソニー・インタラクティブエンタテイ
　　　 ンメントからPlayStation 4向けに発売された。

の役を、ゲーマーたちが演ずる（play）[4]。

　Microsoft と Sucker Punch のどちらでも、若くて賢いプログラマーを雇い、プロ開発者としての流儀について訓練するってのが、人材採用戦略の要だ。そういうならわしは、疑いの余地なく成功を収めてきたとはいえ、とある類の悩みの種にもなっている。

　ぼくが繰り返し出くわしてきた問題が1つある。大学を出たばかりなことも多い新人プログラマーを、チームに迎え入れる時のことだ。新人プログラマーたちは、何らかの新機能をコードに導入しようと企てる。非常に単純な問題を解く目的ってことが多い。そんな新機能を、ぼくがレビューするのだ。結果的にぼくが発見することになるのは、新人プログラマーたちが書いたコードが、もっとでかい問題を解こうとしてること。そういうでかい問題は、とても単純で具体的な問題を、小さな部分問題として内包する。

　うわぁああ！　そんなでかい問題なんか解決しないでよかったのに。今がその時じゃないのは確かだ！　そういうでかい問題への解法ってのは常に、ぼくらが実際に抱える単純な問題にとっては、冴えない解法でしかないのだった。冴えないってのは、利用するにも理解するにも複雑で難しかったり、多くのバグが中に潜めるようになってたりするって話だ。でも、コードレビュー[5]でそう指摘するだけじゃ効果がなかった。「そういうでかい問題は解かないでいい」とか、「解決に向けて動くのは自分が理解してる問題だけにしとけ」とか、そういう指摘だ。指摘しても、新人プログラマーたちは、同じ過ちを相変わらず繰り返すばかりだった。

　イラッときてぼくは、どうすべきかをガツンと言ってやることにした。「いいだろう。新しいルールでは、こうしようじゃないか。問題の例が3つ集まるまで、一般性のある解法を書くことを許さない」

　我ながら嬉しかった予期せぬ展開として、これは実際にうまくいった！　一般性のある哲学を、特定の条件を備えた特定のルールへと変換するってのは、言いたいことを理解させるのに効果的な方法だ。ぼくらのところにいる新人プログラマーのほとんどが、早とちりによる一般化っていう過ちを、一度は犯した、それは間違いない。け

---

[4]　目ざとい読者の方は、ぼくが Sucker Punch のゲーム第一作『Rocket: Robot on Wheels』を省いたのに気づいたかもしれない。それは、そのゲームをやったことのあるプレイヤーがかなり少ないからだ。きみがその数少ないプレイヤーの1人なら、御礼申し上げる。

[5]　Sucker Punch のプロジェクトへコミットされるコードは全て、コードレビューを受ける。詳しくは**ルール6**を参照のこと。

ど、ルールのおかげで、二度と間違わないで済むってわけだ。こういうルールは、一般化を**やるべき**なのはどんな時なのかについて、新人プログラマーたちに認識させるのにも役立った。3つに満たない例しかないって？　一般化しちゃいけない。3つ以上例がある？　一般化の機会をうかがい始めよう。

　こういうルールが功を奏した理由は、「ルールを覚えるのが簡単」「ルールが適用される状況を簡単に認識できる」という2点だ。コーダーたちは、十分に定義された目下の問題の境界を越え始めているのを自覚したら、一歩引いて、その種の問題について出くわした具体例を数える。その上で、一般化をやるべきかどうかについて、マシな判断ができた。そして、コーダーたちはより良いコードを書くようになった。

　時が経つにつれてぼくらは、Sucker Punch哲学を構成する重要部分で、簡単に覚えられる言い回しとして抽出できるものを、他にも見つけていった。言い回しというか、正確を期すなら、格言（aphorism）ってやつだ。何らかの本質的な真実をとらえた簡潔で鋭い言説としての、そういう格言の数々には、長い歴史がある。きみもきっと、相当数の格言を暗唱できるはずと断言してもいい。っていうか、**鳥関連縛り**ですら最低2つは思いつくよね？　ぼくの方からいくつか挙げておこう。

- 孵化しないうちからひよこを数えるな[†6]。
- 掌中の1羽は叢中の2羽に値する[†7]。
- 早起きの鳥は虫を捕まえる[†8]。
- 卵を1つのかごに盛るな[†9]。

[†6]　Thomas Howellの『New Sonnets and Pretty Pamphlets』（1570年）での元の形は「汝の孵らぬひよこ、かぞふべからず」。優れた格言が持つ、後世にまで残り続ける影響力を示す、ささやかな実例（訳注：「取らぬ狸の皮算用」に近い意味）。

[†7]　訳注：「明日の百より今日の五十」に近い意味。

[†8]　訳注：「早起きは三文の徳」に近い意味。

[†9]　訳注：大事なものは、リスクを分散するために1か所に集めるべきではない、という意味。

　格言が残り続けるのは、効き目があるからだ。格言は、現代的意味で言うところの、ウイルス的（viral）な広まり方をする。数千年もの間[10]、人々にちょっとした知恵を「感染」させてきたってわけだ。格言こそが、チームの新メンバーをSucker Punchのコーディング（coding：コードを書くこと）哲学に感染させる効果的な方法だとしても、驚くようなことじゃない。

　そうして、かつてはただ1つのルールであったものが、ルールのリストへと少しずつ発展していった。それが、本書で説明される、「**ルールズ・オブ・プログラミング**」だ。本書の**ルール**集は、Sucker Punchのエンジニアリング文化が備える属性のうち最も重要なものの数々をほぼそのまま表現する。つまり、ぼくらが自社の成功要因と信じるものや、実戦で活躍するためにチームの新人コーダーが体得すべき考え方といったものだ。ぼくみたいな上級コーダーであっても、時には思い起こさなきゃいけないものでもある！

　以後の各章は、背後にある思想を示すために例をたくさん添えつつ、**ルール**を説明していく。章を1つ読み終わったら、**ルール**が奨励するコーディング上のプラクティス[11]と、**ルール**が適用される状況がどんなものなのか、明確に思い浮かべられるようになっていることだろう。

　ルールは、書籍の形式でも、格言同様の感染力を持つだろうか。その答えを見つけていくとしよう。

---

†10　格言／箴言（aphorism）という語自体は、Hippocrates（訳注：古代ギリシアの医者［紀元前460-紀元前370]）が造った紀元前400年頃の言葉だ。まあ、厳密を期するなら、Ἀφορισμός というのが当時造られた言葉だけど。この言葉は、Hippocratesによる、医術上の診断と治療のためのルール集を記した本の題名だった。そのルール集の中には、何千年後ですら相変わらず当たっているものもある。例えば第6節の箴言13「くしゃみの発作はしゃっくりの症状を治す」。間違いない。

†11　訳注：プラクティス（practice）は、繰り返し実践されることを通じて定番となった、専門的作法。

ルールに反対する方法

　読者が21個の**ルール**をすんなり読み進めていくようなことがありませんように、ってのがぼくの願いだったりする。

　各**ルール**と、その例としてぼくが用いてる話を、「うんそうだ、これは分かる、こういう例はよく知ってる、自分はそんな考えを前に抱いたことがあって、自分の場合別の言葉を使って説明したってだけでね」なんて調子で、きみが礼儀正しくうなずきながら読み進めていたりしたら。んー、そいつは失敗だ。

　読者には、思索をめぐらせる対象になりうるような題材を与えたい。新しい知見の1つや2つも得られれば、理想的だ。ぼくの方からは、読者が抱くほんやりした印象に名前を付けてやれそうだし、読者がはっきりとは特定できていないものについて明快な例を提示できそうでもある。全く新しい、考慮に値する材料を、読者に与えることだってできるんじゃないか。

　でも、同意しない考え方に読者が出くわすことだって、一度や二度はありそうだ。何かに関して著者のぼくが完全に間違っていて、**ルール**の中にもアドバイスとしてはろくでもないやつが混じってる、そんな風に読者が思ったりするかもしれない。

　結構なことじゃないか！　読者にとって、自身が強く反対する**ルール**が見つかるなら、そいつはむしろ好機だ。そういう**ルール**を直ちに脊髄反射的に拒絶してしまうことこそ、間違いというものだろう。

　疑義が呈される**ルール**が、まるっきり間違いってわけじゃないのは、ぼくが保証する。でもそのルールは、**ぼくら**にとって正しかったとしても、同時に**きみ**にとっては誤りであるかもしれない。何故そうなってるか理解すれば、読者が自身のプログラミング哲学を理解するとともにそれを強化することにつながるはずだ。それはすなわち、Sucker Punchと、読者自身のチームとの間にある、差異を理解することに等しい。何故ならそういう差異こそが、**ルール**を、ぼくらの文化を構成する重要な要素にしていると同時に、読者のチームにとってはしっくりこないものにしているからだ。

本書の**ルール**の数々は、ぼくらがSucker Punchで開発してきたビデオゲームからの事例を用いている。そういった事例に基づく説明により、ビデオゲームのプログラミングを他の分野と異なるものとして際立たせる要素が、多少は明らかになるはずだ。残りの要素のほとんどは、最終章「結論：**ルール**を自分のものにする」で扱われている。

ぼくは、コーディング哲学に関する何らかの言説で、自分の経験と相容れないものに出くわすことがある。そんな時に役立つと分かった調停プロセスは、以下のようなものだ。

1. 言説の中に、欠陥だけでなく、真実を見つけよう。その言説に自分は同意しないかもしれない。でも、自分自身の前提条件が、同意しない理由となっている可能性がある。その言説が真になる状況とは、どういう状況だろうか？
2. その問題に、反対側からも取り組んでみよう。その言説に関する、自分自身の反対する見解が、偽となる状況とは、どういう状況だろうか？ その言説の真実性を変化させるような、状況の違いとは、一体何だろうか？
3. 状況とは変化するものだってことを、忘れないように。その言説は今のところきみにとって誤りかもしれないが、次のプロジェクトではきみにとって正しいかもしれない。自己の哲学を変えざるをえなくなる状況を突き止めたら、今度は、まさにその状況に迷い込んでいる可能性について、用心しておこう。

ぼくはこういうプロセスを、幾度となく通過してきた。一例として、テスト駆動開発 (test-driven development/TDD)[†1]がある。TDDは、Sucker Punchでのぼくらの経験と相容れない。それでも、TDDの中にある真実は、ぼくらにとって明白だ。ぼくらの状況のうち、どんな点のためにTDDがしっくりこないようになってるかについて参照できる箇所を、一連の**ルール**の中でこれからいくつか目の当たりにしていくことになる。でも、そうした状況ってものは変化する可能性があるのを、ぼくらは知っている。ぼくらは状況を注視しているのだ。そして、状況が変化するなら、ぼくらの哲学もまた変化することだろう。

---

† 1　訳注：アメリカ合衆国のソフトウェアエンジニアであるKent Beck (1961-) が『テスト駆動開発』(Kent Beck著、和田 卓人 訳、オーム社、2017年) で示した、ソフトウェアの要件を表すテストケースの開発から始めて、継続的にテストを行いつつ開発を進めるソフトウェア開発手法。

従って、ぼくが望むのは、読者が最も不快で反対したいと感じる**ルール**にこそ、読者が価値を見出すことだ......でも読者が、Dorothy Parker[†2]が出典とされる、別の行動方針に従うことを選ぶなら、それも分かる。

> **本書は、そっと脇に放り捨てられるような小説じゃない。全力でぶん投げるべきものだ。**

　本書を投げるなら、柔らかいものを狙って投げることをお勧めする。

---

†2　訳注：アメリカ合衆国の詩人、評論家 (1893-1967)。映画『スタア誕生』(1937)の脚本家の1人。本書の引用文は、Dorothy Parkerが書いた評論文ではないとする説もある (https://quoteinvestigator.com/2013/03/26/great-force/)。

できるだけ単純であるべき
だが、単純化してはいけない

　プログラミングは難しい。

　難しい、ってことを、きみはとっくに探り当ててる。それがぼくの推測だ。『ルールズ・オブ・プログラミング』と題された書籍を手に取って読む者全員に、おそらく以下2点が両方とも当てはまる。

- プログラミングがちょっとくらいはできる。
- プログラミングがこれ以上簡単にならないので、イライラしている。

　プログラミングが難しい理由はたくさんある。プログラミングをもっと簡単にしようと試みる対策もたくさんある。本書で見ていくのは、以下2つだ。まず、物事を台無しにしてしまうありがちなやり方がいろいろある中から選りすぐった部分集合としての、各種間違い。それから、そんな各種間違いを避けるための**ルール**群だ。全て、ぼく自身が間違っていた件から、他の連中の間違いに対処した件まで、ぼくの長年の経験から引っ張ってきたものだ。

　数々の**ルール**には、全般的なパターンというか、ほとんどの**ルール**に共通するテーマがある。この共通テーマを一番適切に要約しているのは、アルベルト・アインシュタイン[†1]の、理論物理学者が目指すゴールを説明した引用文「できるだけ単純である

---

†1　訳注：Albert Einstein。ドイツ出身のアメリカ合衆国の理論物理学者 (1879-1955)。著者注の引用文 (As simple as possible, but no simpler) は、オックスフォード大学での講演を収めた "On the Method of Theoretical Physics" (1934) からで、西洋哲学由来の経験と理性の関係が説明されている。

べきだが、単純化してはいけない」[†2]だ。その引用文でアインシュタインが言いたかったのは、「最も優れた物理学理論とは、全ての観察可能な現象を完全に記述する、最も単純な理論である」ってことだ。

　こういう考え方を、プログラミングに当てはめてみよう。すると、どんな問題についての解法を実装する場合でも、最も優れた方法ってのは、その問題の要件全てを満たす、最も単純な方法ってことになる。最も優れたコードとは、最も単純なコードのことだ。

　整数の中で立っているビットを数えるコードを書いていると想像してみよう。数えるにはたくさんの方法がある。1回に1ビットずつ0にしていくビット手品[†3]を使って、0になるビットが何個あるか数えるかもしれない[†4]。

```
int countSetBits(int value)
{
    int count = 0;

    while (value)
    {
        ++count;
        value = value & (value - 1);
    }

    return count;
}
```

　または、ビットシフトとビットマスクを使ってビットを並列式に数えるために、

[†2] アインシュタインが、この通りの言葉遣いだったわけじゃないのは、ほぼ確実である。後世の人々が、親切にも、アインシュタインの格言をもっと鋭くしてあげたってわけ。文書として記録がある中で最も近い文は「単一の経験データの十分な表現を放棄する必要なしに、それ以上単純化不能な基本要素というものをできるだけ単純かつ少数とすることこそが、あらゆる理論の究極的ゴールであるのは、ほぼ否定しようがない」だ。つまり、内容はほとんど同じだけど、それほど粋な格言だったわけじゃない。おまけに、アインシュタインの実際の引用文は、**ルール**として章の表題にするにはちょっと長すぎる。

[†3] 以降のコード例3つに出てくるビットいじりについて、非C++プログラマー全員に謝っておく。本書の残りの部分では、ビット上の操作はあまり出てこないと約束する。

[†4] 訳注：ルール1の章末に、詳細を記した（19ページ）。

ループなしの実装の方を選ぶかもしれない[†5]。

```
int countSetBits(int value)
{
    value = ((value & 0xaaaaaaaa) >> 1) + (value & 0x55555555);
    value = ((value & 0xcccccccc) >> 2) + (value & 0x33333333);
    value = ((value & 0xf0f0f0f0) >> 4) + (value & 0x0f0f0f0f);
    value = ((value & 0xff00ff00) >> 8) + (value & 0x00ff00ff);
    value = ((value & 0xffff0000) >> 16) + (value & 0x0000ffff);

    return value;
}
```

または、可能な限り最も明白なコードをただ書くかもしれない[†6]。

```
int countSetBits(int value)
{
    int count = 0;

    for (int bit = 0; bit < 32; ++bit)
    {
        if (value & (1 << bit))
            ++count;
    }

    return count;
}
```

最初の2つの解答は賢い（clever）……そして、賢いってのは褒め言葉のつもりで

---

†5　訳注：【コード例解説】ルール1の章末に、詳細を記した（19ページ）。

†6　訳注：【コード例解説】<<は左シフト演算子で、右オペランドで指定された数分、左オペランドのビットを左にずらす。左側にあふれたビットはなくなり、右側に空いたビットは、0が入る。このコードでは、1（2進数で00000000000000000000000000000001）を1ビットずつ左シフトし32ビットのうち1ビットのみ立てたものをマスクとして、対象の値との論理積を取り、マスクの中で立っているビットが対象の値でも立っていたら合計値を増やすというのを32ビット分繰り返すことで、立っているビットの合計値を求める。

言ってるわけじゃない[7]。どちらの例も、実際にはどうやって動いてるのか、軽く見たくらいじゃ理解するところまでいかない。ちょっとした「ありゃ、何じゃこれは？」的コードが、各コード例でループ内に仕込んであるってわけだ。少し考えれば、何が起こっているかは分かるし、巧みな技を目にするのは楽しいと言えば楽しい。でも、こんがらかった内容の解読には、それなりに労力がかかる。

　そして、ハンデを与えてもらってる状態ですら、その体たらくだ！ そのコードを見せる前に、その関数が何をやるのか教えてあるし、関数名が関数の目的を明記しちゃっている。そのコードが立っているビットを数えているのを知らなかったとしたら、最初の例のどちらであれ、こんがらかった内容の解読作業にはさらに手間取ったことだろう。

　そういう話が、最後の解答には当てはまらない。そのコードが、立っているビットを数えてるってのは、明白だ。そのコードは、できるだけ単純になっているとは言っても、単純化されているわけじゃない。そのために、最初の2つの解答よりマシになっている[8]。

単純さの計測

　何をもってコードを単純とするかについての考え方は、数多く存在する。

　チームにいる他の人間にとってどれだけ理解しやすいコードであるかに基づいて単純さを計測しよう、と決めるかもしれない。無作為に選んだ同僚が、コードをちょっと読み進めて特段の労力もかけずに理解できるなら、そのコードには適切な単純さがある、ってわけだ。

　あるいは、コードをどれだけ簡単に作成できるかに基づいて単純さを計測することに決めるかもしれない。コードをタイプする時間だけじゃなく、完全に機能してバグ

---

[7]　ありそうな別の世界線では、この**ルール**には、「賢さは美徳じゃない」という名前がついている。

[8]　現代的なプロセッサーには、値の中で立っているビットの数を数えるための専用命令がある。例えば、x86プロセッサーでは、単一サイクル内で実行されるpopcntだ。popcntよりずっと高速に多数のビットを数えるSIMD命令にも心奪われることがある。でも、こういうアプローチはどれも理解しにくい上に、どの命令がサポートされてるかは、特定のどのプロセッサーが手元にあるのかっていう点に依存する。自分だったら、一番単純なcountSetBitsの方を見たいところだね、もっと複雑な何かを使うっていう、ほんとにほんとに結構な理由がある、ってことでもなければ。

が存在しない[9]ところまでコードを持っていくのにかかる時間も、含まれる。複雑なコードはまともに動くようにするにも時間がかかるのに対し、単純なコードではゴールにもっと楽にたどり着ける。

　もちろん、以上2つの計測手段には、重複も多い。書くのが簡単なコードは、読むのも簡単な傾向がある。そして、複雑性（complexity）[10]の計測手段として妥当で、使われている可能性があるものは、他にも以下がある。

書かれているコードの量

　　　コード1行にかなりの複雑性を詰め込むのも可能とはいえ、より単純なコードは、より短い傾向がある。

持ち込んでいる概念の数

　　　単純なコードってやつは、チームの誰もが知る概念の上に構築されている傾向がある。つまり、単純なコードは、問題についての新しい考え方や、新しい用語を持ち込まない。

説明するのにかかる時間の量

　　　単純なコードは簡単に説明できる。コードレビューなら、レビュアーがまっすぐ通り過ぎてくくらいに明快ってことだ。複雑なコードだと、説明を要する。

　ある計測手段で単純に見えるコードは、別の計測手段でも単純に見えるだろう。自分の作業向けに集中すべき点を一番明確に提供してくれるのは、どの計測手段なのか、選んでやる必要があるだけだ。とはいえ、作成の簡単さと理解の簡単さから始めるのが、お勧めではある。簡単に読めるコードがすぐに動作するように集中すれば、単純なコードを作成していることになる。

---

[9]　もちろん、実験誤差（訳注：計測手段が原因で生じる誤差）の範囲内ならバグが存在しない、ってことだ。まだ見つかっていないバグってものが、常に存在する。

[10]　訳注：アルゴリズムの文脈では、complexityは「計算量」と訳される場合もある。**ルール5**訳注8【コード例解説】参照。

……だが単純化してはいけない

　コードは単純である方がいいが、ある問題を解くことを意図して書かれたコードは、コードの単純さにかかわらず、常にその問題を解けなければならない。

　ある段数のはしごを登るのに、足を踏み出すたびに1段か2段か3段進むっていう条件がある場合に、登る方法は何通りあるか数えることを想像してみよう。はしごの段数が2段なら、登る方法は2通りだ。つまり、1段目を踏むか踏まないかだ。同じように、3段のはしごには、4通りの登り方がある。1段目を踏むか、2段目を踏むか、1段目と2段目を踏むか、最上段を直接踏むかだ。4段のはしごは7通りで登れるし、5段のはしごは13通りで登れる、といった調子で続く。

　こういうのを再帰的に計算するために、単純なコードを書ける。

```
int countStepPatterns(int stepCount)
{
    if (stepCount < 0)
        return 0;

    if (stepCount == 0)
        return 1;

    return countStepPatterns(stepCount - 3) +
           countStepPatterns(stepCount - 2) +
           countStepPatterns(stepCount - 1);
}
```

　基本的な考え方は、どの登り方でも、最上段の下にある3つの段のうち1つから最上段を踏む必要がある、っていうやつだ。下の各段に登る方法の数を足すと、最上段に登る方法の数が得られる。あとは、基底の場合を考え出すだけになる。上記コードは、再帰を単純にするために、基底の場合として、踏む回数（stepCount）に負の値を許容する。

　残念ながら、こういう解法ではうまくいかない。まあ、この解法は、stepCountの値が小さいうちに限ればうまくいきはするものの、countStepPatterns(20)は、完了にcountStepPatterns(19)の約2倍時間がかかる。指数関数的に処理時間が増大するこういう状況だと、コンピューターがいくら高速でも処理が追いつかなくなってしま

うのだ。ぼくのテストだと、stepCountが20に達したところで、例に挙げたコードはだいぶ遅くなってきた。

　段数がもっと多いはしごを登る方法を数える予定なら、こういうコードでは単純すぎる。主な問題は、countStepPatternsの中間的結果が全部、何度も何度も再計算されていることだ。そのせいで、指数関数的に実行時間が増えることになってしまった。こういう問題に対する標準的解答は、メモ化（memoization）だ。つまり、以下の例のように、計算した中間値を保持して再利用するってわけだ[11]。

```cpp
int countStepPatterns(unordered_map<int, int> * memo, int rungCount)
{
    if (rungCount < 0)
        return 0;

    if (rungCount == 0)
        return 1;

    auto iter = memo->find(rungCount);
    if (iter != memo->end())
        return iter->second;

    int stepPatternCount = countStepPatterns(memo, rungCount - 3) +
                           countStepPatterns(memo, rungCount - 2) +
                           countStepPatterns(memo, rungCount - 1);

    memo->insert({ rungCount, stepPatternCount });
    return stepPatternCount;
}

int countStepPatterns(int rungCount)
{
    unordered_map<int, int> memo;
```

---

[11] 訳注：【コード例解説】C++標準ライブラリーのstd::unordered_mapは、一意なキーと対応する値の組を保持する連想コンテナー。内部的データ構造としてハッシュテーブルを用いており、キーのハッシュをハッシュ関数で計算して内部のハッシュテーブルのインデックス値とする。キーの検索、挿入、削除が、ハッシュの衝突が起こる場合を除き、定数時間で行える。std::mapと異なり、キーの順序はソートされていない。

```
        return countStepPatterns(&memo, rungCount);
    }
```

メモ化が入ると、一度計算された各々の値はハッシュマップへ挿入される。次回以降の関数呼び出しでは、計算済みの値をハッシュマップ内から概ね定数時間で見つけてくるので、実行時間が指数関数的に増大するようなことはなくなる。メモ化されたコードは、ちょっとだけ複雑になってるものの、パフォーマンスの壁にぶつかることはない。

動的計画法（dynamic programming/DP）を使おうと決める場合だってあるかもしれない。そうすれば、概念上の複雑性がほんの少し増すのと引き換えに、コードの単純さが向上する[†12]。

```
    int countStepPatterns(int rungCount)
    {
        vector<int> stepPatternCounts = { 0, 0, 1 };

        for (int rungIndex = 0; rungIndex < rungCount; ++rungIndex)
        {
            stepPatternCounts.push_back(
                stepPatternCounts[rungIndex + 0] +
                stepPatternCounts[rungIndex + 1] +
                stepPatternCounts[rungIndex + 2]);
        }

        return stepPatternCounts.back();
    }
```

こっちのアプローチも、十分速く動作する。おまけに、メモ化再帰バージョンと比べても、より単純だ。

---

†12 訳注：【コード例解説】メモ化の例では、同じ引数での関数呼び出しの結果をキャッシュしている。これに対し動的計画法の例では、C++標準ライブラリーの配列クラスである std::vector の末尾に要素を追加する push_back() メンバー関数で stepPatternCounts に途中の段まで登る方法の数を追加し、次のループで参照しつつ、最後に back() で末尾要素の参照を返すことで、問題を複数の部分的問題（途中の段まで登る方法の数）に分割して解いている。

解法より問題を単純化した方がいい場合もある

countStepPatternsの、元の再帰バージョンでは、はしごが長くなると問題が出てきた。最も単純なコードは、段数が少ない場合だったら完璧に動作したが、段数が多い場合には指数関数的なパフォーマンスの壁にぶつかった。後で出てきたバージョンは、複雑性が少しだけ増すのと引き換えに、指数関数的な壁を回避した……でもすぐに、別の問題に陥る。

countStepPatterns(36)を計算するのに直前のコードを実行すると、正しい解答の2,082,876,103が得られる。でもcountStepPatterns(37)を呼んだら、−463,960,867が返ってくる。こいつが正しくないのは明らかだ！

こうなる理由は、ぼくが使ってるC++のバージョンが、符号有り32ビット値として整数を保存していて、countStepPatterns(37)の計算が、使える分のビットをオーバーフローさせてしまったからだ。37段のはしごを登るには3,831,006,429通りの方法があり、その数は大きすぎて符号有り32ビット整数には収まらない[13]。

ってなわけで、このコードだとまだ単純すぎるのかもしれない。countStepPatternsが、はしごが何段だろうが動作するって期待をするのは、もっともなことだって思えるよね？ C++には、本当に大きな整数を扱うための、標準の解法はない。でも、いろんな類の任意精度整数を実装する、オープンソースのライブラリーが（多数）存在する。あるいは、コードが数百行あってもいいなら、以下のように自前で実装することだってできる[14]。

```
struct Ordinal
{
```

---

[13] 訳注：符号付きの数値では、最も左の最上位ビット（most significant bit/MSB）が0なら正、1なら負を表し、残りのビットで数値を表現するため、32ビット符号有り整数では、31ビットで表現できる-2^{31}（-2,147,483,648）から2^{31}-1（2,147,483,647）の範囲内の数値が表現できる。

[14] 訳注：【コード例解説】int型が32ビット以上の整数の場合、一般的にはlong long型は64ビット以上である。https://oreil.ly/rules-of-programming-code のサンプルコードでは、unsigned long long型の数値を引数としてその引数の下位32ビット以外を& 0xffffffffで0で埋めたものと引数の上位ビットとをそれぞれ分けて保存するコンストラクターや、==演算子も定義されており、またtypedef unsigned int Wordとして符号無し整数をWord型に設定している。Word(sum)でsumをWord型にキャストするとsumの上位32ビットが失われるので、sum >> 32でsumの下位32ビットを消した残りをcarry（繰り上がり）に入れて次のループへ渡す。そのようにして、数値を、Wordのビット数ごとに区切ったWord配列として表現することで、任意のビット数の数値を表現している。

```
public:

    Ordinal() :
        m_words()
        { ; }
    Ordinal(unsigned int value) :
        m_words({ value })
        { ; }

    typedef unsigned int Word;

    Ordinal operator + (const Ordinal & value) const
    {
        int wordCount = max(m_words.size(), value.m_words.size());

        Ordinal result;
        long long carry = 0;

        for (int wordIndex = 0; wordIndex < wordCount; ++wordIndex)
        {
            long long sum = carry +
                                getWord(wordIndex) +
                                value.getWord(wordIndex);

            result.m_words.push_back(Word(sum));
            carry = sum >> 32;
        }

        if (carry > 0)
            result.m_words.push_back(Word(carry));

        return result;
    }

protected:

    Word getWord(int wordIndex) const
    {
        return (wordIndex < m_words.size()) ? m_words[wordIndex] : 0;
```

```
    }

    vector<Word> m_words;
};
```

最後の例でintがあった場所にOrdinalをはめ込んでやることで、もっと長いはし
ご向けに正確な解答が導かれる。

```
Ordinal countStepPatterns(int rungCount)
{
    vector<Ordinal> stepPatternCounts = { 0, 0, 1 };

    for (int rungIndex = 0; rungIndex < rungCount; ++rungIndex)
    {
        stepPatternCounts.push_back(
            stepPatternCounts[rungIndex + 0] +
            stepPatternCounts[rungIndex + 1] +
            stepPatternCounts[rungIndex + 2]);
    }

    return stepPatternCounts.back();
}
```

これで……問題は解決したか？ Ordinalを導入することで、もっともっと長いは
しごについても正確な解答を計算できることはできる。もちろん、Ordinalを実装す
るのにコードを数百行追加するのは、よろしくはない。本体のcountStepPatterns関
数がたった14行の長さしかないことを考え合わせると、なおさらだ。でも、こうい
う問題を正しく解くには、払わざるをえない犠牲なんじゃないか？

　んなことは、多分ない。問題に単純な解法が存在しないんだったら、複雑な解法を
受け入れる前に、問題に対し、問いを投げかけて検討してみるべきだ。解こうとして
いるその問題は、本当に解くべき問題なんだろうか。あるいは、解法を複雑にするよ
うな、問題に関する不要な仮定を設けてしまっていないだろうか。

　今回の場合、現実のはしご向けに踏み方のパターンを実際に数えているなら、はし
ごの最大段数をおそらく仮定できる。例えば最大段数が15段なら、本節の解法は、
どれも完璧に十分だ。一番最初に出した、素朴な再帰のコード例でも、だ。解法のど

れかにアサート（assert）[15]を入れ、関数に元々ある限界について注記したら、もう
それで勝ちを宣言できる。

```
int countStepPatterns(int rungCount)
{

    // 備考(chris) 36段を超えたら、int型ではパターン数を表現できない……

    assert(rungCount <= 36);

    vector<int> stepPatternCounts = { 0, 0, 1 };

    for (int rungIndex = 0; rungIndex < rungCount; ++rungIndex)
    {
        stepPatternCounts.push_back(
            stepPatternCounts[rungIndex + 0] +
            stepPatternCounts[rungIndex + 1] +
            stepPatternCounts[rungIndex + 2]);
    }

    return stepPatternCounts.back();
}
```

　あるいは、例えば風力タービン用の点検はしごを扱う場合のように、本当に長いは
しごに対応するなら、大まかな段数でも十分だったりしないだろうか？ おそらく十
分だし、その場合、整数を浮動小数点数の値に簡単に置換できる[16]。簡単すぎて、そ
のコードはここに載せる価値もないほどだ。

　いいかい？ どの型もいずれはオーバーフローする。問題のために極端な境界例を
解決していれば、複雑すぎる解法に必ず至ってしまう。問題の一番厳密な定義を解く
ことに、とらわれないでほしい。問題の広範な定義に向けた複雑な解法ではなく、問

---

† 15 訳注：引数を評価した結果が真なら何も起こらず、偽ならプログラムを異常終了させるデバッ
　　　グ用関数。
† 16 訳注：浮動小数点型は、符号部、指数部、仮数部を、（符号）仮数×2[指数]のような方式（IEEE
　　　754）で組み合わせることで数値を表現する。数値が大きくなると粗くなるものの、同じビット
　　　数の整数型より大きな数値を表現できる。

題の本当に解くべき部分に向けた単純な解法がある方が、はるかにマシだ。解法を単純化できないなら、問題を単純化できないか試してみよう。

単純なアルゴリズム

アルゴリズムの選択が下手なせいで、コードの複雑性が増すことだってある。結局のところ、どんな特定の問題であれ、解く方法は多数存在しており、方法によって複雑性が異なるってだけの話だ。単純なアルゴリズムは単純なコードにつながる。問題は、単純なアルゴリズムが必ずしも分かりやすいわけじゃないことだ！

カードのデッキをソートするコードを書いているとしよう。明白なアプローチは、子供の頃に多分学んだであろうリフルシャッフルをシミュレートすることだ。リフルシャッフルってのは、デッキを山2つに分割して互いに広げた上で混ぜると、それぞれの山のカードが再度まとまったデッキ内にほぼ同じ確率で次に出てくる、あれだ。デッキがシャッフルされるまで、繰り返さなきゃいけない[17]。

そのコードは、こんな風になるかもしれない。

```
vector<Card> shuffleOnce(const vector<Card> & cards)
{
    vector<Card> shuffledCards;

    int splitIndex = cards.size() / 2;
    int leftIndex = 0;
    int rightIndex = splitIndex;

    while (true)
    {
        if (leftIndex >= splitIndex)
        {
            for (; rightIndex < cards.size(); ++rightIndex)
                shuffledCards.push_back(cards[rightIndex]);
```

---

[17] 7回リフルシャッフルをやると、カードのデッキはかなり無作為に混ざった状態になる。4、5回程度のリフルシャッフルでは、デッキは全然無作為に混ざってはいない。そしてお察しの通り、ぼくの家族は、次の札を配る前にぼくがカードのデッキを何度もシャッフルするので、腹を立てる。「Chrisさぁ、カードゲームをやりに来てるんであって、シャッフルを見に来てるんじゃないんだから」と。ちょっと学があるってのは危険なことだ。

```
            break;
        }
        else if (rightIndex >= cards.size())
        {
            for (; leftIndex < splitIndex; ++leftIndex)
                shuffledCards.push_back(cards[leftIndex]);

            break;
        }
        else if (rand() & 1)
        {
            shuffledCards.push_back(cards[rightIndex]);
            ++rightIndex;
        }
        else
        {
            shuffledCards.push_back(cards[leftIndex]);
            ++leftIndex;
        }
    }

    return shuffledCards;
}

vector<Card> shuffle(const vector<Card> & cards)
{
    vector<Card> shuffledCards = cards;

    for (int i = 0; i < 7; ++i)
    {
        shuffledCards = shuffleOnce(shuffledCards);
    }

    return shuffledCards;
}
```

リフルシャッフルをシミュレートするこのアルゴリズムは、動作はする。そして、

ここで書いたコードは、そのアルゴリズムのかなり単純な実装だ。インデックスのチェックが全部正しいか確認するのに少々エネルギーを費やさなきゃいけないが、まずまずの出来ではある。

　でも、カードのデッキをシャッフルするもっと単純なアルゴリズムが存在する。例えば、一度にカード1枚ずつ、シャッフル済みデッキを構築することもできただろう。反復の各回で、新しいカードを取り、そのカードを、その回でのデッキにある無作為なカードと交換するのだ。実を言うとこの操作は、直接その場でできる。

```
vector<Card> shuffle(const vector<Card> & cards)
{
    vector<Card> shuffledCards = cards;

    for (int cardIndex = shuffledCards.size(); --cardIndex >= 0; )
    {
        int swapIndex = rand() % (cardIndex + 1);
        swap(shuffledCards[swapIndex], shuffledCards[cardIndex]);
    }

    return shuffledCards;
}
```

　先に紹介した、単純さの計測方法に基づくと、こっちのバージョンの方が優れている。また書くのにかかる時間がもっと短い[18]。そしてもっと読みやすい。そしてもっとコードが少ない。そしてもっと説明しやすい。もっと単純で、優れているってわけだ。そうなった理由は、コードのせいじゃなく、アルゴリズムの選択がもっと優れていたからだ。

筋書きを見失うな

　単純なコードは読みやすい。そして、最も単純なコードってものは、本を読むのと全く同様に、最初から最後まで、まっすぐに読み通せる。でも、プログラムは本じゃ

---

[18] 実験によって計測した限りでは、って話だ。人によってここは違うかもしれない。リフルシャッフルのコード例を書いてる時、インデックスと条件分岐に関して少々凝ったので、動作させられるまでに数回試行を要した。無作為にカードを選択するコード例は、初回で動作した。

ない。コードの中を通るフローが単純じゃないと、追っかけるのが難しいコードになってしまいやすい。コードが入り組んでいて、実行フローを追っかけていくのにある場所から別の場所へジャンプするよう強いられる場合、読むのがかなり難しくなる。

　入り組んだコードは、それぞれの概念をきっちり1か所で表現しようと頑張りすぎてしまった成れの果ての可能性がある。前のリフルシャッフルのコードを見てみよう。右と左のカードの山を扱うコード部分は、互いに非常に似てるように見える。1枚または複数枚のカードをシャッフル済みの山へ移すロジックは、別々の関数に分割し、shuffleOnceから呼び出すようにできる。

```cpp
void copyCard(
    vector<Card> * destinationCards,
    const vector<Card> & sourceCards,
    int * sourceIndex)
{
    destinationCards->push_back(sourceCards[*sourceIndex]);
    ++(*sourceIndex);
}

void copyCards(
    vector<Card> * destinationCards,
    const vector<Card> & sourceCards,
    int * sourceIndex,
    int endIndex)
{
    while (*sourceIndex < endIndex)
    {
        copyCard(destinationCards, sourceCards, sourceIndex);
    }
}

vector<Card> shuffleOnce(const vector<Card> & cards)
{
    vector<Card> shuffledCards;

    int splitIndex = cards.size() / 2;
    int leftIndex = 0;
```

```
    int rightIndex = splitIndex;

    while (true)
    {
        if (leftIndex >= splitIndex)
        {
            copyCards(&shuffledCards, cards, &rightIndex, cards.size());
            break;
        }
        else if (rightIndex >= cards.size())
        {
            copyCards(&shuffledCards, cards, &leftIndex, splitIndex);
            break;
        }
        else if (rand() & 1)
        {
            copyCard(&shuffledCards, cards, &rightIndex);
        }
        else
        {
            copyCard(&shuffledCards, cards, &leftIndex);
        }
    }

    return shuffledCards;
}
```

　shuffleOnceの前のバージョンは、最初から最後まで通して読めた。でも今回は違う。そのせいで、読みにくくなってしまってる。shuffleOnceのコードを読み進めると、copyCardかcopyCards関数に出くわす。それから、各関数を追っかけて、何をやる関数か探り出し、元の関数に飛んで戻る。そして今度は、shuffleOnceから渡される引数を、copyCardやcopyCardsについての新しい理解に合致させる。今回のコードは、元のshuffleOnceではループを読むだけだったのと比べると、相当難しい。

　ってなわけで、同じことを繰り返し書かないバージョンの関数は、書く時間が長く

かかるようになり[19]、読みにくくなる。コードの量も多くなる！　重複を取り除こうとすると、コードが複雑になりこそすれ、単純にはならない。

　コード内で重複部分の量を減らすことについては、何らかの利点が存在するのは明らかだ！　でも、重複部分の除去には付随するコストが存在するってのを、認識しておくことが大事だ。そして、少量のコードと単純な概念については、重複部分をそのまま放っておく方がいい。そういうコードは、書くのも読むのも簡単になるだろう。

全てを統べる、一つのルール[20]

　本書に出てくる残りの**ルール**の大半は、この単純さっていうテーマ、「コードをできるだけ単純に保つが単純化はしない」っていうテーマへと立ち返ってくることになるだろう。

　プログラミングの中心にあるのは、複雑性との戦いだ。新しい機能を追加すると、コードが複雑になることが多い。そして、コードが複雑になるにつれ、そのコードで作業するのがどんどん難しくなり、進捗がどんどん遅くなる。ついには、事象の地平面[21]に到達することもあるだろう。そこでは、バグ修正だろうが機能追加だろうが、先に進もうとするどんな試みも、問題を解くそばから、解いた問題の数だけ同じ数の問題を新たに発生させる。その先への進捗は、事実上不可能だ。

　最終的に、プロジェクトを殺すのは、複雑性だろう。

　それはつまり、不可避な結末を遅らせることこそが、効果的なプログラミングの本質であるということだ。機能追加とバグ修正の際に複雑性が増すとしても、増す分はなるべく少量に抑えなきゃいけない。複雑性を取り除く機会を探したり、新機能を追加してもシステムの全体的な複雑性が大して増えないように諸々を設計したりしなきゃいけない。チームが共同作業を行う方式には、単純な部分をできるだけ増やすべきだ。

　精進すれば、不可避な結末を際限なく遅らせることができる。ぼくは、Sucker Punchのコードの1行目を、25年前に書いた。それ以来、そのコードベースは、絶

---

[19]　ここでも、実験によってそう決定している。実のところ、ポインターを使うか参照を使うか決めあぐねたので、コンパイルを通すのに数回の試行を要した。

[20]　訳注：原文は"One Rule to Rule Them All"で、『指輪物語』の"One Ring to rule them all"（全てを統べる、「一つの指輪」）をもじっている。

[21]　訳注：事象の地平面（event horizon）は、相対性理論の概念で、そこを超えると光も戻れない、ブラックホールとの境界を指す。

え間なく進歩を続けてきた。終わりは見えない。そして、ぼくらのコードは、25年前の状態より複雑性を激しく増している。でも、ぼくらはそんな複雑性を制御下に置き続けることができ、相変わらず首尾よく進捗を遂げることができている。

　ぼくらが複雑性を管理できているように、きみにだってできる。油断せず、複雑性こそ究極の敵だと肝に銘じておこう。そうすれば、きっとうまくいく。

訳注4：【コード例解説】

　数値から1を減算すると、一番右の立っている（1である）ビットとそれ以降のビットが全て反転する（他のビットは変わらない）という性質を用いている。例えば、10（2進数では1010）から1を引くと9（2進数では1001）となり、8（2進数では1000）から1を引くと7（2進数では0111）となる。&はビット論理積演算子で、両オペランドの対応するビットが1の場合のみ結果の対応するビットが1になり、それ以外は0になる。例えば、10 & 9は8、8 & 7は0となる。従って、ある値と、その値から1を引いた値とのビット論理積は、一番右の立っているビットのみを落とす（0にする）ことになる。立っている全てのビットが落ちるとループが終了し、ループの回数が立っていたビットの個数に等しくなる。

　このアルゴリズムは、考え出したBrian Kernighan（1942-、Unixの開発に関わったカナダの計算機科学者）にちなみ、「Brian Kernighanアルゴリズム」と呼ばれる。

訳注5：【コード例解説】

　>>は右シフト演算子で、右オペランドで指定された数分、左オペランドのビットを右にずらす。右側にあふれたビットはなくなり、左側に空いたビットは、符号無し数値の場合は、0が入る。符号有り数値の場合は、実装依存だが、通常は数値の正負によって0か1が入る。

　ここでは、valueは32ビット整数である。32ビット整数を16進（0xを先頭に付ける）で表すと0xaaaaaaaaのようになり、2文字（aa）で8ビット＝1バイトを表現している。まず0xaaaaaaaaは、2進数で10101010101010101010101010101010というビットパターンであり、特定のビットにのみ操作を行うためのマスクとして機能する。例えば、value & 0xaaaaaaaaは、右側から見て偶数番目に位置する立ったビットのみを立った状態で残し、他のビットを落とすことになる。また、0x55555555は2進数であれば01010101010101010101010101010101で、value & 0x55555555は右側から見て奇数番目に位置する立ったビットのみを立った状態で残す。例えば、valueが120（2

19

進数で00000000000000000000000001111000）である時、value & 0xaaaaaaaaは2
進数で00000000000000000000000000101000であり、(value & 0xaaaaaaaa) >> 1
は、00000000000000000000000000010100となる。また、value & 0x55555555は、
00000000000000000000000001010000である。そして、((value & 0xaaaaaaaa) >> 1)
+ (value & 0x55555555)は、00000000000000000000000001100100となる。

　この値の右側8ビット分01100100を取り出し右側から2ビットずつ区切ると、00、
01、10、01となり、2進数の00は10進数の0、2進数の01は10進数の1、2進数の10
は10進数の2であることに着目すると、0、1、2、1となり、これらの各値は、元の
valueの右側8ビット分（01111000）を右側から2ビットずつ区切った部分00、10、11、
01のように分けた時に各部分で立っているビットの個数（0個、1個、2個、1個）に対応
する。0xccccccccは2進数で11001100110011001100110011001100、0x33333333は2
進数で00110011001100110011001100110011となり、((value & 0xcccccccc) >> 2)
+ (value & 0x33333333)は2進数で00000000000000000000000000110001である。

　この値の右側8ビット分を右側から4ビットずつ区切ると、0001、0011となり、2進
数の0001は10進数の1、2進数の0011は10進数の3で、コードの前の行で求めた、元
のvalueを2ビットずつ区切り各部分で立っていたビットの個数が今度は4ビットごと
に合計された数値（0＋1＝1、2＋1＝3）となっている。このようにして、コード各
行で2ビットずつ、4ビットずつ、8ビットずつ、16ビットずつ、最終行で32ビット全
体での立っているビットの個数をまとめていくことで、立っているビットを数えられる。

バグは伝染する

　バグってやつは、早期に見つけるほど修正しやすくなる。プログラミングについての、そんな当たり前の話がある。この話は、一般的にはその通りだ……でも、「バグを見つけるのが後になればなるほど直すのがウザくなる」っていう方が、ずっと正確なんじゃないかって思う。

　いったんバグが存在するようになると、そのバグに依存したコードを、みんな意図せず書いてしまう。バグに依存したその手の不安定なコードが、バグがあるシステム内でバグの近くに存在することもある。そういうコードが、バグの近くに存在しないことだってある。つまり、対象のシステムを呼び出し、そのシステム内のバグが発生させる不正な結果に依存する、下流に存在するかもしれない。そうでなかったら、バグに依存するコード部位は、上流に存在する。つまり、バグのせいで特定の方法で呼び出されるようになっており、そのおかげで動作しているものの、バグが消えると動作しなくなるような、上流にあるコードの塊だ。

　こういうのは自然の成り行きで、避けようがない。ぼくらが気づくのは、うまくいかない物事であって、うまくいく物事じゃない。うまくいかない時は、ぼくらは原因を探る。でも、物事がうまくいかない時以外は、調査しない。コードが動作する、あるいは動作しているように少なくとも見える場合、自分が想定している方法で動作していると思い込む、自然な習性がある。でもほとんどの場合は、全然想像もしなかった理由で動作していたりする。そして調査しないので、コードが偶然動作する原因となった、こんがらかった状況の数々を発見することは、決してない。

　これは、自分で書いたコードにも言えるし、自分のコードを呼び出す、他者が書いたコードにも言えることだ。チームのコードベースにバグをコミットすると、そのバグに依存する他のコード部位がゆっくりと、しかし必然的に、コードベース内に蓄積されていく。明白に現れているバグを修正し、プロジェクトのどこか他の部分が不思議なことに動作しなくなった時に初めて、それまで隠れてたこんがらかってる部分が

21

目に入るようになる。

　バグを早く見つければ見つけるほど、こういうこんがらかった部分の成長を許す時間が少なくなる。つまり、整理しなきゃいけない依存関係が減るってことだ。依存関係の整理は、バグ修正作業のうち、最も時間のかかる部分であることが多い。バグ修正自体より、バグ修正の影響への対処に時間を取られるってのは、うんざりするほどよくあることだ。

　バグとは伝染するものだと考えてやると、役に立つ。システム内にあるバグそれぞれに、新しいバグを生み出す傾向がある。新しいコードが、そういうバグを回避したり、バグの不正な挙動に依存したりするからだ。その結果生じる伝染を食い止める最善の方法とは、バグによる悪影響の拡散を許さないうちに、できるだけ早くバグを除去することだ。

ユーザーを当てにしちゃいけない

　なるほど、だから問題を早期に検出したいってわけだ。どうすればいいんだろう？

　ここで1つ、当てにしちゃいけないものがある。それはユーザーだ。自分の書いたコードをチームメンバーが呼び出すにせよ、自分が作った機能を顧客が実行するにせよ、ユーザーは、第一の防衛線としてはあまりよろしくない。もちろん、ユーザーが問題を報告してくれることもある。でもユーザーが、自身が観察してる挙動を、コードの作者が意図した通りの挙動だと思い込んでしまうことの方が多い。それが、例のこんがらかった部分が生じる場所だ。つまり、まだ気づかれていない問題は当然として、気づかれてはいるものの設計仕様の一部として勘違いされる問題もある。

　こういう状態を改善しようとすることだってできる。ユーザー向けのドキュメントは、もっとマシなやつを書ける。新しいシステムや機能を説明するために、チームを会議室に引きずり込んでもいい。また、各部がまとまって協調動作する様子の詳細に関する最新情報が掲載されるよう社内Wikiを保守したり、サポート用ウェブサイトに技術的メモを掲載したりもできる。そういう活動にはそれなりの費用がかかる上に効果はまちまちであるとはいえ、どれも価値はあり助けにはなる。でも、今回の問題を解決してはくれない。根本的にユーザーは、コードの作者ほどに作者の意図を理解していないので、作者側で何をしようが、バグを機能だと思い込んでしまうのだ。

　もっとマシな解答としては、ある種の継続的な自動テストがある。ほとんどのプログラマーは、自動テストが「良いもの」であるって点に同意するんじゃないか。少な

くともプログラマーは、自分自身でわざわざやれるかはともかく、**他の**プログラマーがやる限り自動テストは「良いもの」であると考えている。

継続的な自動テストっていう概念については、自家製の多種多様なものがある他、テスト駆動開発（https://en.wikipedia.org/wiki/Test-driven_development）みたいなもっと形式化された方法論もある。

継続的な自動テストというのは一般的に言って、システム（それか、プロジェクト全体ならもっといい）のために一連のテストが用意されていて、迅速かつ簡便に実行できるようになっているとか、そういうテストがシステム（またはプロジェクト）を徹底的に[†1]動かして問題を報告してくれるとか、そんな話だ。テストが本当に迅速かつ簡便なら、いつでも実行されることになる。いつでも、ってのは、プロジェクトをコンパイルしたり実行したりするたびに、毎回テストが実行されるということだ。それくらい早期に顔を出すバグはどれも、芽生えて間もないうちに簡単に摘み取れる。テストが**理論上は**迅速で簡便であるというだけの場合、テストが実行されるのはコミットのプロセス内になりがちだ。それでも、バグ修正を難しくする例のこんがらかった部分の拡大を避けられるくらいには、十分早い段階ではある。

この種のテストは、コストが高くつく。あるコード向けにテストを書くと、そのコード自体を書くのと同じくらい時間がかかることがある。でも、自動テストの支持者たちは、そんなのは幻想だと（まことしやかに！）主張する。結局のところ、テストなしのコードを書くという行為には、問題を、修正が困難になった後の段階で検出したり調査したりする羽目になるという、隠れたコストが付随するってわけだ。コードを書くってのは、デバッグすることに**等しい**、だろ？ テストの支持者は、前もってテストする方が速いと主張する。そしてガチなテスト信者だったら、テスト対象のコードを書く前にテストを書いちゃったりするかもしれない。

継続的な自動テストは、個人的なプラクティスの形で簡単に取り入れられるようなものじゃない。うまく機能させるには、インフラへの相当な投資が要る。非侵襲的なテストフレームワーク、テストに適したデプロイ実行システム、そして自動テストの哲学に信念を持ち責任を持って取り組むチームなどが必要だ。チーム全体が賛同しない限り、流れに逆らって泳ぐことになってしまう。でも、賛同してくれるチームにい

[†1] ……ひょっとすると全てを網羅してるわけじゃないかもしれないけど。コードベース内で、自動テストの対象範囲に含める（cover）ことを目指すべき割合については、ぼくは意見を述べないことにしている。本文をそのまま読み進めてほしいが、Sucker Punchでは、その割合は非常に低くなっている。

るのなら、素晴らしいことだ！

　テスト中心のアプローチに価値があるのは明らかだ。でも Sucker Punch では、そのアプローチに信念を持って取り組んではいない。ぼくらは自動テストを様々なシステム向けに実際に用意してるけど、全体で言うとコードベースのほんの一部しか対象範囲に含めていない。どうしてだろうか？

自動テストは扱いにくい場合がある

　プロジェクトや問題によって、自動テストに適しているものとそうじゃないものがある。

　テストしにくいものが存在する原因は、ありうる全ての入力を対象範囲に含めて対処するのが難しいか、あるいはテストの出力の検証が難しいか、そのどちらかだ。新しい非可逆圧縮方式の音声圧縮コーデックを書いているとしよう。そのコーデック向けの自動テストは、どんな風に書くか？

　圧縮機構がクラッシュしないのを確認したり、テストファイルのセットがどの程度圧縮されるかっていう結果を計測したりするのは、簡単だ。でも、展開された音声が元の音声と同じように実際に聞こえるかどうか検証するのは、そんなに簡単じゃない。音声圧縮コーデックを書いているわけなので、問題があるのが明白な箇所にフラグ（flag：目印）を立てるテストを書ける程度の、信号処理関連の数学知識くらいは、おそらく備えているだろう。でもある時点で、人間の耳にヘッドフォンをくっつけ、その連中に選択肢3つの中から圧縮済みサンプルを選んでもらう必要が出てくる。こいつは、迅速かつ簡便に実行できるテストじゃない。

　成功度合いの計測が難しいために、テストするのがその性質上難しいコードってものがある。そして、Sucker Punch で書かれているコードの多くが、そういった性質に該当するコードだ。店主のキャラクターは、本物の人間の店主が振る舞うように振る舞えているか？　その顔アニメーションは、嫌悪感を人に実際に伝える表情になっているか、それともただゲップしようとしてるように見えるか？　手に持っているのが実際はコントローラーだったとしても、弓を射るような感触をここで覚えられるだろうか？

　テストしにくいコードが大量にあるプロジェクトに携わっているなら、混合モデルの採用を余儀なくされるだろう。テストできるものはテストし、コントロールできるものはコントロールしなきゃいけない。そして、何もかもテストしてるわけじゃな

いってのを忘れないようにしよう。自動テストの対象範囲に含められていない部分は全部、手動でテストしなきゃならないだろう。そういう事情を念頭に置き、よしなに計画を立てておくべきだ。

とはいえ、テストが簡単になるようにコードを構成することは**可能**だ。何かのちょっとしたコード用に、そのコードの外部に自動テストを書こうとしているとしよう。つまり、開発中コードとは別の、これまたちょっとしたテスト用コードだ。まず、開発中コードの各種機能を存分に見せつけるために設計した入力のセットを用意する。その上で、テスト用コードが、その入力セットを用いて、開発中コードを呼び出す。そして、その出力が期待した結果と一致するかどうかチェックするってわけだ。そういうテストを書きやすくするためには、開発中コードをどんな風に構成すればいいだろうか？

ステートレスなコードはテストしやすい

1つ重要な戦略は、コード内の状態（state）の量を減らすことだ。状態に依存しないコードだと、テストがとても楽になる。純粋関数、つまり直接の入力にのみ依存し、副作用がなく、結果が予測可能なコードは、どれもテストが容易だ。

```cpp
int sumVector(const vector<int> & values)
{
    int sum = 0;
    for (int value : values)
    {
        sum += value;
    }
    return sum;
}
```

以上のコードの方が、以下のコードより優れている[2]。

---

† 2　訳注：【コード例解説】reduce関数の引数のreduceFunctionは、指定されている引数と返り値を持つ任意の関数への関数ポインター（関数が存在するメモリーのアドレス）で、その関数をreduce関数内で参照して呼び出せる。呼び出し時には(*reduceFunction)(...)のように書く必要はなく、普通の関数呼び出しのように書ける。

```
int reduce(
    int initialValue,
    int (*reduceFunction)(int, int),
    const vector<int> & values)
{
    int reducedValue = initialValue;
    for (int value : values)
    {
        reducedValue = reduceFunction(reducedValue, value);
    }
    return reducedValue;
}
```

　sumVectorのテストに必要なのは、入力のセットと、それらの入力に対して期待される出力だけだ。そういうのがまさに、テスト駆動開発フレームワークの得意とするところだ。状態が入ってくると、コードを徹底的に実行するために必要な入力のセットは、もっと複雑になる。

　reduceのテストの方が難しい。見た感じ一般性を追求しているか、あるいはおそらくスレッド化に向けての道半ばなのか、reduceは、vector内にある複数の値に対し、引数で渡された関数を繰り返し呼び出す。確かに、vector内の値を合計するためにreduceを使うことはできる。

```
int sum(int value, int otherValue)
{
    return value + otherValue;
}

int vectorSum = reduce(0, sum, values);
```

　でも、reduceをテストしようとすると問題が出てくる。reduceFunction関数が何をしようとしてるか、知ってるやつはいるんだっけ？　何かの外部の状態に依存してるのか？　副作用があったらどうする？　その関数を呼び出すことで、繰り返し処理中の配列valuesから何かが削除されたら？　あるのはvaluesへのconst参照なので、valuesは変更されないと想定して差し支えないように思えるかもしれない。でもreduceFunctionが、その配列を指す非constポインターへのアクセスをあっさり得

て、その配列を恣意的に操作したりしかねない。reduceをテストする場合、そういうことを何もかも予期した上でテストしなきゃいけない。sumVector用よりはるかに複雑なテストがいろいろ必要になる。

　コードを徹底的にテストするには、コードが出くわす可能性のある全状態を徹底的に表現したものをコードに提示し、各状態に対するコードの出力を評価しなければいけない。純粋関数の場合、状態として重要なのは関数の引数だけだ。でも、副作用や内部状態、任意の関数へのコールアウト（callout）[3]を考慮すると、影響があるかもしれない状態の量は爆発的に増加する。このため、テストが持つカバレッジ（coverage：対象範囲）の徹底度を下げることを受け入れるか、管理しきれないほどの数のテストケースを書くか、その間での妥協を迫られる。

　単純な例を見てみるとしよう。キャラクターが入っている、優先順位付けされたリストを追跡してるところを思い浮かべてほしい。各キャラクターには優先順位があり、その優先順位でソートされた全キャラクターのリストを簡単に取得できる。インターフェイスは単純だ。

```
class Character
{
public:

    Character(int priority);
    ~Character();

    void setPriority(int priority);
    int getPriority() const;

    static const vector<Character *> & getAllCharacters();

protected:

    int m_priority;
```

---

†3　訳注：外部から提供される関数への呼び出しを行うこと。組み込み関数等で途中にユーザー定義処理を実行させたい場合にコールアウト関数を渡せるようになっていることがある。サンプルコードでは、関数ポインターとして引数に渡されるreduceFunctionを、処理の途中で呼び出している。

```
    int m_index;

    static vector<Character *> s_allCharacters;
};
```

　s_allCharactersをソートして、全キャラクターを優先順位順に並べておくのは、
難しいことじゃない。各キャラクターについて、優先順位付けされたリスト内のどこ
に位置するかを追跡し、優先順位の変更時はリスト内で前後に最小限の量だけ素早く
動かせるよう注意しつつ、インクリメンタル（incremental：段階的）にソートでき
るはずだ。その場合、キャラクターが作成されたら、適切な場所に挿入することにな
る。

```
Character::Character(int priority) :
    m_priority(priority),
    m_index(0)
{
    int index = 0;
    for (; index < s_allCharacters.size(); ++index)
    {
        if (priority <= s_allCharacters[index]->m_priority)
            break;
    }

    s_allCharacters.insert(s_allCharacters.begin() + index, this);

    for (; index < s_allCharacters.size(); ++index)
    {
        s_allCharacters[index]->m_index = index;
    }
}
```

キャラクターが破棄される場合、インデックスを整理する。

```
Character::~Character()
{
        s_allCharacters.erase(s_allCharacters.begin() + m_index);
```

```
        for (int index = m_index; index < s_allCharacters.size(); ++index)
        {
            s_allCharacters[index]->m_index = index;
        }
    }
```

　そして、キャラクターの優先順位が変われば、キャラクターをリスト内で前後に最小限の量だけ素早く移動させる。

```
    void Character::setPriority(int priority)
    {
        if (priority == m_priority)
            return;
        m_priority = priority;

        while (m_index > 0)
        {
            Character * character = s_allCharacters[m_index - 1];
            if (character->m_priority <= priority)
                break;

            s_allCharacters[m_index] = character;
            character->m_index = m_index;

            --m_index;
        }

        while (m_index + 1 < s_allCharacters.size())
        {
            Character * character = s_allCharacters[m_index + 1];
            if (character->m_priority >= priority)
                break;

            s_allCharacters[m_index] = character;
            character->m_index = m_index;

            ++m_index;
```

```
        }

        s_allCharacters[m_index] = this;
    }
```

　こうするとうまくいくものの、テストが複雑になってしまう。外部からのテストが
到達できない、隠れた状態があるからだ。優先順位を付けたキャラクターのセットを
作成し、それらのキャラクターをgetAllCharactersが正しい順序で返すかどうかを
チェックするテストは、バグをいくつか捕捉はするだろうが、見逃しもする。キャラ
クターが正しい順序で並んでいても、現在のインデックスがおかしくなってる可能性
がある。そして、Characterクラスが公開してるメソッドを使ってインデックスを
チェックする術はない。不正なインデックスが問題を引き起こすかもしれないが、そ
の問題がすぐに露見する保証はない（もっと言えば、いつか日の目を見る保証すらな
い）。また、コードの経路が3つ別々にあり、それぞれがインデックスを正しく保と
うとしているので、あっさりしくじってしまう。
　状態を保持しようとしない、ステートレス[4]なバージョンのCharacterをテストす
る方が、単純だ[5]。

```
    class Character
    {
    public:

        Character(int priority) :
            m_priority(priority)
        {
            s_allCharacters.push_back(this);
        }
```

---

[4]　訳注：ステートフル (stateful)は、何らかの状態を保持するものを指す属性（アプリケーション、
　　　API、プロトコルなど様々なものの性質を記述するために使われる）。逆に状態を何も保持しな
　　　いものの属性を、ステートレス (stateless) という。
[5]　訳注：【コード例解説】状態のm_indexがなくなっている。m_priorityのみが状態として残って
　　　いるが、public（公開）なメンバー関数setPriority/getPriorityでアクセスできる。C++標
　　　準ライブラリーのalgorithmヘッダーに定義されるstd::sortは、3番目の引数で渡される比較
　　　条件（この場合sortByPriority）を用いて、コンテナの要素をソートする。

```
    ~Character()
    {
        auto iter = find(
                      s_allCharacters.begin(),
                      s_allCharacters.end(),
                      this);
        s_allCharacters.erase(iter);
    }

    void setPriority(int priority)
    {
        m_priority = priority;
    }

    int getPriority() const
    {
        return m_priority;
    }

    static int sortByPriority(
        Character * left,
        Character * right)
    {
        return left->m_priority < right->m_priority;
    }

    static vector<Character *> getAllCharacters()
    {
        vector<Character *> sortedCharacters = s_allCharacters;

        sort(
            sortedCharacters.begin(),
            sortedCharacters.end(),
            sortByPriority);

        return sortedCharacters;
    }

protected:
```

```
    int m_priority;

    static vector<Character *> s_allCharacters;
};
```

　s_allCharacters内にある全キャラクターを追跡しているので、ここでも状態がま
だ残っているとはいえ、その状態は隠されてはいない。とはいえ、このバージョンの
コード向けにテストを書くのは、純粋関数向けほど簡単じゃないかもしれない。でも、
最初に見た、Characterのインクリメンタル処理バージョン向けにテストを書く場合
に比べたら、ずっと単純だ。
　前出の、状態ベースのアプローチでは、物事を行う順序について神経質にならざる
をえなかった。状態さえなくなれば、期待される出力をチェックするだけでよく、だ
いぶ安全そうな感じがする。
　この種のステートレスなコードはそもそも、まともに動作させるのが比較的簡単で
もある。これはテスト駆動開発の隠れた利点で、テストしやすいコードには、書きや
すいという傾向もある。これから書こうとしているコードのテスト方法についてどう
したものかと思案していると、結局は、もっと単純なコードを書く羽目になるってわ
けだ。

除去できない状態は、監査しよう

　例えば、何らかの状態を残しておかざるをえない状況に陥ったとしよう。呼び出し
パターンが、状態を残しておくよう促すかもしれない。例えば、ソートされたキャラ
クターのリストが、AllCharactersを何回か呼び出す合間に細かい優先順位の調整を
受けるため、ステートレスな実装ではソートのたびにメモリーキャッシュにスラッシ
ング[6]が発生するような場合だ。
　何かの内部状態にアクセスできないせいで外部テストを書くのが難しいなら、代わ

---

†6　訳注：スラッシング（thrashing）は、物理メモリーの外にディスクベースの仮想メモリーを設
　　けた際のディスクへのアクセスや、キャッシュの中身の入れ替えが必要となり起こるキャッ
　　シュ外へのアクセスなど、メモリー階層のうちアクセス速度の遅い別の階層へのアクセスが頻
　　繁に起こって、システムの処理が遅くなる状態。**ルール20**参照。

りに内部テストを書くべきだ[7]。そのために、データについての監査（audit）メソッドを用意するっていう簡単なやり方がある。今回の場合だと、内部状態の一貫性をチェックする、監査のための関数になる[8]。

```
void Character::audit()
{
    assert(s_allCharacters[m_index] == this);
}
```

この audit は監査用の関数としてはかなり短いが、それは今回の Character クラスでは面白い部分を全部取り除いて例に使ったからだ。本物の Character クラスは多分、内部に状態をもっと持っていて、audit 関数も長くなるはずだ。

配列の一貫性を監査することだってできる。

```
void Character::auditAll()
{
    for (int index = 0; index < s_allCharacters.size(); ++index)
    {
        Character * character = s_allCharacters[index];

        if (index > 0)
        {
            Character * prevCharacter = s_allCharacters[index - 1];
            assert(character->m_priority >= prevCharacter->m_priority);
        }

        character->audit();
    }
}
```

---

[7] どうにかして、テストコードに内部状態を公開することもできる。例えば、テストコードと「フレンド」（訳注：C++では、friendキーワードで、クラスのメンバーにアクセスできる外部の関数やクラスを指定できる）になることで、カプセル化を弱めることができる。ぼくの経験では、代わりに内部テストを追加する方が、保守はしやすい。

[8] 訳注：【コード例解説】assertマクロについては、本章の後の注を参照のこと（40ページ）。

　こういう類の内部テストには利点がある。内部テストが外部テストを補完すると考えるなら、なおさらだ。多くの場合、内部テストは常時稼働させておける。つまり、ユニットテストのために構築した人工的なテストケースではなく、実世界の実際のテストケースで実行されることになる。

　こういう内部関数が有用であるためには、誰かが呼び出さなきゃいけないのは明らかだ！　経験則としては、キャラクターの状態を更新する全メソッドの最後にCharacter::auditを呼び出し、リストが変更されるたびにCharacter::auditAllを呼び出すとよい。監査の頻度は、必要に応じて増減できる。

呼び出し側を信用するな

　通常のプログラミングの過程では、チームにいる他の人から呼び出されるコードを書くことになる。きみがたとえ1人だけのプロジェクトで作業していたとしても、未来のどこかの時点にいるきみのバージョンが、きみのコードを呼び出すことになる。そして、その未来のきみは、見知らぬ人同然かもしれない。「未来のきみ」は詳細を覚えてないだろうし、他の呼び出した人だって詳細を全然分かっちゃいなかった。だから、呼び出し側が詳細を正しく理解するだろうとか、信じちゃいけない！

　呼び出し側は、互換性のない引数セットを渡しちゃったりするだろう。期待されてる初期化関数の呼び出しをサボり、シャットダウン関数の呼び出しを忘れてしまいもする。コールバック関数を提供しはするものの、その関数に期待される基本的要件を実際には満たしちゃいない。呼び出し側は、何もかも間違えるんだ……そして、きみがそういう間違いに気づかなければ、間違いが修正されることはない。代わりに、こんがらかった部分が拡大してしまう。今回は、きみのコードのバグじゃなく、呼び出し側コードのバグが、拡大の原因だ。

　直感に反するかもしれないが、バグを見つけるのが一番簡単な場所は、呼び出し側のコードじゃなく、呼び出される側のコードなのだ。呼び出し側が間違いを犯していることはあるかもしれない。でもその間違いを、呼び出し側より発見しやすい立場にあるのが、**きみ**だ。

　さて、設計さえ良ければ、呼び出し側が細かいところまで間違えようがない形にできることが多い。ってのは、**ルール7**「失敗が起こる場合をなくす」の主題だ。でも、それができないことだってある。そんな場合はどうする？

　一例を挙げる。会社で開発している別々のビデオゲーム3タイトルが利用予定の、

剛体物理シミュレーターを書いているとしよう。どの剛体が互いに接触しているか等、内部の状態を追跡することになるが、その状態はどこかに保存しておく必要がある。でも、標準C++のコードのように、ただoperator newを呼び出すわけにはいかない。メモリーが限られており、提供先のゲームが持つ独自のメモリーマネージャーを統合する必要がある[9]。

　この問題には、単純明快な解答がある。初期化手順の一部として、必要なメモリーを確保したり解放したりする関数を、提供先のゲームに渡してもらえばいい。初期化方法の悪い例から始めたい誘惑に駆られるが、それは飛ばして、まともな例に直接行ってしまおう。剛体物理シミュレーターを実際に書いていると、以下のコードで挙げた2つ以外にも初期化パラメーターが多分ある。例えば、重力定数。初期化パラメーターを全部集めてただ1つの構造体に収め、ただ1つの初期化関数に渡すってわけだ。

```
struct RigidBodySimulator
{
    struct InitializationParameters
    {
        void * (* m_allocationFunction)(size_t size);
        void (* m_freeFunction)(void * memory);
        float m_gravity;
    };

    void initialize(const InitializationParameters & params);
    void shutDown();
};
```

---

†9　訳注：newは、スタック（stack：実行中のスレッドでの作業用に確保されるメモリー領域）ではなくヒープ（heap：プログラムの実行中を通じた動的なメモリー確保のためにプールとしてまとめて予約されるメモリー領域）にメモリーを確保するが、C++例外を発生させたり、ガベージコレクション等で実行に時間がかかったりする場合がある。そこで、パフォーマンスが重要になるゲームでは、ゲームコードの側で、あらかじめヒープメモリーをまとめて確保しておき、スタック（この場合は、スタックメモリーのことではなく、データ構造としてのスタック）として自前で管理する、スタックアロケーター（**ルール19**）を用いることが多い。データ構造としてのスタックは、後入れ先出し（Last In First Out/LIFO）のデータ構造であり、プッシュ（push）メソッドにより末尾に要素を追加し、ポップ（pop）メソッドにより末尾から要素を取り出す。

　新しくシミュレーションされる剛体について、システムに追加・削除したり、現在
の状態を取得・設定するために、メソッドを公開しよう[10]。

```
struct RigidBodySimulator
{
    struct ObjectDefinition
    {
        float m_mass;
        Matrix<3, 3> m_momentOfInertia;
        vector<Triangle> m_triangles;
    };

    struct ObjectState
    {
        Point m_position;
        Quaternion m_orientation;
        Vector m_velocity;
        Vector m_angularVelocity;
    };

    ObjectID createObject(
        const ObjectDefinition & objectDefinition,
        const ObjectState & objectState);
    void destroyObject(
        ObjectID objectID);
    ObjectState getObjectState(
        ObjectID objectID) const;
    void setObjectState(
        ObjectID objectID,
        const ObjectState & objectState);
};
```

---

[10]　訳注：【コード例解説】剛体固有の属性を定義する構造体ObjectDefinitionのうち、m_mass
　　　は重量、m_momentOfInertiaは慣性モーメントで回転のしにくさを表す3×3の行列、m_
　　　trianglesは形状を示すポリゴン（**ルール11**訳注3、199ページ参照）である。剛体の状態を
　　　示す構造体ObjectStateのうちm_positionは座標、m_orientationはクォータニオン（四元
　　　数）で表す回転状態、ベクトルのm_velocityとm_angularVelocityはそれぞれ速度と角速度
　　　（回転の速度）である。

　想定利用パターンは、一目瞭然だよね？　利用前にシミュレーターを初期化し、使い終わったらシャットダウンする。オブジェクトを追加し、操作して、済んだら破棄する。何も複雑じゃない。

　でも、単純で些細なことすら、呼び出し側がちゃんとできると信じて任せてはおけない。呼び出し側は、initializeの呼び出しを忘れたり、削除済みオブジェクトの状態を問い合わせたり、絶対に発行していない適当なObjectIDのオブジェクトに状態を設定しようとしたりする。

　こういった場合をただ無視したくなる、言い換えれば、みんなが些細なことをちゃんとやってくれるだろうと想定して成り行きに任せたくなるのはやまやまだが、そいつは大きな間違いだ。間違いを検出し、何らかの形で報告しなければ、悲劇的結末に陥る。呼び出し側は、自分の間違いに気づかないか、あるいは観察された挙動を機能だと思い込んでしまうからだ。

　ObjectIDを、それより小さな整数を包含するラッパーとして実装し、ObjectState構造体が入ってる線形リスト内の要素を指すインデックスに使うことにした場合を考えてみよう。

```
struct RigidBodySimulator
{
    struct ObjectID
    {
        int m_index;
    };

    ObjectState getObjectState(
        ObjectID objectID) const
    {
        return m_objectStates[objectID.m_index];
    }

    void setObjectState(
        ObjectID objectID,
        const ObjectState & objectState)
    {
        m_objectStates[objectID.m_index] = objectState;
    }
```

```
    vector<ObjectState> m_objectStates;
};
```

この設計は、単純で分かりやすいが、かなり不安定だ。呼び出し側がやりがちな間違いを見逃すことになる。オブジェクトを破棄した後にそのオブジェクトの状態を取得しようとすると、結果が未定義になるのだ。

ってのが、こういうインターフェイスについて通常語られる問題だが、実際のところ、未定義ってのはやや誤解を招く。破棄されたオブジェクトについてgetObjectStateを呼び出した場合に、インターフェイスが特定の結果を何も約束しないっていう意味で、ここでは「未定義」と表現している。でも実際のところは、結果は完全に定義されているのだ！（ここで見せてはいない）実装では、destroyObjectでオブジェクトを破棄した直後にgetObjectStateを呼び出すと、削除直前のオブジェクトの状態が取得される。暗黙的あるいは明示的に、そういうのが意図通りの挙動だと思い込んでしまいやすい……そして、そういう思い込みから、こんがらかった部分が拡大していく[11]。

結果が未定義になる、ってのは、下手に設計されたインターフェイスの証だ。

こういう間違った使い方を見過ごしたりしないように。destroyObjectの後にgetObjectStateを呼び出す者はみんな、この問題について知っておくべきだ。でもまずは、問題を検出しなきゃいけない。簡単な修正方法が1つあり、それはObjectID内のインデックスを「世代（generation）」番号で補うことだ。

```
struct RigidBodySimulator
{
    class ObjectID
    {
        friend struct RigidBodySimulator;

    public:

        ObjectID() :
```

---

[11]　これは様々な自動テストに見られる欠陥でもある。大半の自動テストでは、指定されてないケースを、指定されたケースと同じくらい徹底的にテストすることは、滅多にない。自動テストが、こうしたdestroyObject + getObjectStateの事例を検出することは、まずない。

```
            m_index(-1), m_generation(-1)
            { ; }

    protected:

        ObjectID(int index, int generation) :
            m_index(index), m_generation(generation)
            { ; }

        int m_index;
        int m_generation;
    };

    bool isObjectIDValid(const ObjectID objectID) const
    {
        return objectID.m_index >= 0 &&
            objectID.m_index < m_indexGenerations.size() &&
            m_indexGenerations[objectID.m_index] == objectID.m_generation;
    }

    ObjectID createObject(
        const ObjectDefinition & objectDefinition,
        const ObjectState & objectState)
    {
        int index = findUnusedIndex();

        ++m_indexGenerations[index];
        m_objectDefinitions[index] = objectDefinition;
        m_objectStates[index] = objectState;

        return ObjectID(index, m_indexGenerations[index]);
    }

void destroyObject(ObjectID objectID)
{
    assert(isObjectIDValid(objectID));
    ++m_indexGenerations[objectID.m_index];
}
```

```
ObjectState getObjectState(ObjectID objectID) const
{
    assert(isObjectIDValid(objectID));
    return m_objectStates[objectID.m_index];
}

void setObjectState(
    ObjectID objectID,
    const ObjectState & objectState)
{
    assert(isObjectIDValid(objectID));
    m_objectStates[objectID.m_index] = objectState;
}

    vector<int> m_indexGenerations;
    vector<ObjectDefinition> m_objectDefinitions;
    vector<ObjectState> m_objectStates;
};
```

　オブジェクトIDの不正な利用は、世代が検出してくれる。オブジェクトを作成または破棄する場合、オブジェクトの世代バージョン番号を上げるのだ。オブジェクトを破棄してからその状態を取得しようとすると、世代が一致せず、不一致として報告されることになる[12]。呼び出し側は、間違いを犯したっていう通知を受け取り、間違いが悪化しないうちに修正できる。

　ぼくが指摘した、他の間違った使い方、例えばinitializeの呼び忘れや複数回呼び出し等をチェックするコードは、簡単に付け足せるだろう。前述のコードでは、インターフェイスのちょっとした再設計が行われていて、無効なオブジェクトIDを作成しにくくなっている。要は、有効なオブジェクトIDを作成するのは、ただ1つの公開コンストラクターだけなので、呼び出し側は、正しく作成された上で返されるオブジェクトIDだけに簡単にアクセスできるってわけだ。

---

[12]　C言語では、問題報告用の標準的パラダイムとして、assertマクロがある。渡された条件がfalse（偽）であれば、何らかの形で実行時にメッセージを出す。メッセージは、どのコンパイラーやオペレーティングシステムを使っているかによって変わる（！）ものの、普通は、アサートが失敗したソースコードの行番号と、アサートに渡された式が含まれる（**ルール1**訳注15参照）。

この手の間違った使い方にフラグを立てる方法については、話し合っておくのが妥当ではある。アサートを使えるとはいえ、エラーコードを返したり例外を発生させるのだって同じくらい簡単にできるからだ。方法についての答えは、所属するチームの規則次第になる。重要なのは、エラーにフラグを立てることであって、フラグを立てる方法じゃない。

コードを健全に保つ

テストしやすいコードや、もっと優れた、自身のテストを継続的に実行するコードは、比較的健全な状態を維持できる期間が延びる。テストに関するそういう点は、プロジェクトのどこか新しい部分向けにコードの1行目を書く前に、しょっぱなから考慮しておくのが一番いい。テスト駆動開発同様、自動テストを書くことから始めるのもいい。その機能をステートレスに実装する選択をしてもいいし、内部を継続的に監査してコードが機能してるか確かめるテストを追加してもいい。

そういう風にしておけば、結果として、伝染性のバグを増殖前に早期発見できる。つまり、修正しなきゃいけない問題が減り、修正しなきゃいけない場合でも修正が楽になる。

そして、隠れた便益もある！ コードをテストしやすくするテクニックはたいてい、コードを書きやすくもする。全ユースケースに対してテストを書かなきゃいけないので、ユースケースを減らして単純にするよう促されるってわけだ。状態を除去すれば、扱いにくいコードが減っていくことになる。エラーが起こりにくいインターフェイスにすれば、インターフェイスは単純になる。

こりゃ一石二鳥じゃないか。ってなわけで、物事を単純に保ち続け、テストも続けることだ。

優れた名前こそ
最高のドキュメントである

　至極当たり前のことだが、シェイクスピアを引用せずして、プログラミングについて書くことなどできようか。今となっては、言い古された耳タコ的な話だ。だがしかし、ここであえて『ロミオとジュリエット』をさくっとおさらいしておきたい。ロミオとジュリエットは不運な星のせいで行き違いとなった[†1]10代の若者たちで、互いに愛し合っているものの、両家の間にある怨恨に阻まれ、幸福な人生を添い遂げることができない。この物語は、関係者全員にとって残念な結末に終わる。

　第2幕第2場。ジュリエットは、劇中で5番目に有名な引用で、そういう状況を嘆くのだ。

> **名前に、どんな意味があるというの？ わたしたちが薔薇と呼ぶもの、**
> **それは他のどんな名前で呼ばれたって、変わらず甘く香るものだというのに。**

　コードに関しても、似たような主張を耳にしたことがある。それは決まって、物事の名前の付け方について、ぼくが重箱の隅をつつくようにコードレビューする態度にいらだった、同僚からの声。変数名、関数名、メンバー名、ソースファイル名、クラス名、構造体名……どれもこれも難癖をつけやがる、らしい。

　頭がイカれた相手を軽蔑するようにたいていは白目をむき、連中は主張する。「名前が重要なんじゃない、重要なのは名前が付いている物の方だ。変数（または関数、クラス、などなど）の本当の意味は、コードを実際に見ることでしか決定できない。変数の真の意味とは、変数が表現する物だ。つまり、その変数がどのように設定され、どのように使われるかであって、その名前が何であるかってことじゃない。名前が変

---

†1　訳注：原文は、『ロミオとジュリエット』のプロローグに出てくるstar-crossedという表現を使っている。

わっても、機能は変わりゃしない」

そして連中は、入力しやすいものをとにかく名前に選んで、さっさとコーディングに取り掛かりやがれ、とのたまうのだ。

そいつらは間違ってる。

物の名前こそが、手元にある最初にして最重要なドキュメントだ。名前とは、逃れることのできないものだ。名前は、常にそこにある。物についてどんな類の参照を目にする場合であれ、その参照は名前を介している。常に継続的に名前がそこに存在してるっていう状態は、読者が物を目にするたびにその物が何であるかを伝える、またとない名誉な機会なのだ。

その手の機会は、決して無駄にしちゃいけない。

何かの名前を選ぶにあたってのゴールは、単純だ。名前は、その物について何が重要なのかを要約し、コードの読者がその物に関しどう考えるべきか、導くものでなきゃいけない。変数に名前を付けるなら、その変数が何を表してるのかを読者に直ちに伝える名前にすべきだ。関数に名前を付けるなら、その関数が何をするか読者に伝える名前であるべきだ。

簡単そうだろ？ じゃあ、物事が計画通りに進まないのはどういうわけだろう？ 失敗例は、空の星の数ほどあるが、ここでは一般的な形態をいくつか紹介する。

キー入力数の最小化を目指してはいけない

物事が計画通りに進まなくなるやり方の1番目は、名前を簡略化しすぎることだ。コードは、書くことより読むことの方がずっと多い。コードを書いてると、そのことを忘れて、読みやすいコードを書く労力を少々余計に費やす代わりに、キー入力しやすい名前を優先する方向を目指しがちだ。

そういう方向を突き詰めると、すごく短い変数名になってしまう。コードが古ければ古いほど、その手のスタイルが頻繁に出てくる。あるいは太古の昔の、例えば1960年代や1970年代にプログラミングを始めたような、いにしえのプログラマーに

よる作品に出くわすと、1文字や2文字の名前を目にすることが多くなるだろう[†2]。

　ぼくはそういうやつを、『Numerical Recipes』風コードとみなしている[†3]。ぼくは『Numerical Recipes』の大ファンだけど、その本のコーディングスタイルはずいぶん不明瞭だ。言い換えると、こういうコード。

```
void cp(
    int n,
    float rr[],
    float ii[],
    float xr,
    float xi,
    float * yr,
    float * yi)
{
    float rn = 1.0f, in = 0.0f;
    *yr = 0.0f;
    *yi = 0.0f;
    for (int i = 0; i <= n; ++i)
    {
        *yr += rr[i] * rn - ii[i] * in;
        *yi += ii[i] * rn + rr[i] * in;
        float rn2 = rn * xr - in * xi;
        in = in * xr + rn * xi;
        rn = rn2;
    }
}
```

---

†2　初めてのプログラミング言語が、長い変数名を許容しつつも、最初の2文字にしか注意を払わないApplesoft BASIC（訳注：1977年に出たApple IIパーソナルコンピューター向けにAppleがMicrosoftからライセンスを得たBASICプログラミング言語のバージョン）だったのが、ぼくの世代だ。そう、きみの理解で正しい、JUDGE$（裁判官）とJUROR$（陪審員）が、同じ文字列変数のエイリアス（alias：別名）なんだ。古き良き時代だったね。ぼくのBASICの変数は、この後に出てくるコーディング例のように、どれも1文字か2文字だった。

†3　『Numerical Recipes』は、数学や科学のあらゆるアルゴリズムを解説した古典的な本だ。Sucker Punchのコードベースには、この本から転用されたアイデアが散りばめられている。10点中10点満点、イチオシだ。（訳注：1986年からシリーズとしてプログラミング言語別に改版含め10冊が出版されており、和訳されたものとしては『ニューメリカルレシピ・イン・シー日本語版―C言語による数値計算のレシピ』[William H. Press他 著、技術評論社、1993年]がある）

　何が起こってるか、すぐには分かんないよね？　このコードが複素数の多項式を評価してるってのを解明はできるかもしれない。でもそれなりに大変だ。もっと適切な名前を付ければ、ずっと簡単になる[4]。

```
void evaluateComplexPolynomial(
    int degree,
    float realCoeffs[],
    float imagCoeffs[],
    float realX,
    float imagX,
    float * realY,
    float * imagY)
{
    float realXN = 1.0f, imagXN = 0.0f;
    *realY = 0.0f;
    *imagY = 0.0f;
    for (int n = 0; n <= degree; ++n)
    {
        *realY += realCoeffs[n] * realXN - imagCoeffs[n] * imagXN;
        *imagY += imagCoeffs[n] * realXN + realCoeffs[n] * imagXN;
        float realTemp = realXN * realX - imagXN * imagX;
        imagXN = imagXN * realX + realXN * imagX;
        realXN = realTemp;
    }
}
```

　そして、このコードに限って言うと、複素数用のデータ型があればもっと単純になるのが明らかだ。

```
void evaluateComplexPolynomial(
    vector<complex<float>> & coeffs,
    complex<float> x,
    complex<float> * y)
{
```

----

[4]　訳注：【コード例解説】ルール3の章末に、詳細を記した（57ページ）。

```
        complex<float> xN = { 1.0f, 0.0f };
        *y = { 0.0f, 0.0f };
        for (const complex<float> & coeff : coeffs)
        {
            *y += xN * coeff;
            xN *= x;
        }
    }
```

　これで、複素数の仕組みさえ思い出せば、アルゴリズムの構造が明白になる。定義域の値*x*の*N*乗と各係数を乗算し、結果を値域変数*y*に順次加算するという構造だ。

規則を混ぜ合わせてはいけない

　名前で失敗するやり方の2番目は、一貫性を欠く場合だ。コードで、命名法に一貫したルールがないと、読者を混乱させてしまいやすい。

　ほとんどのプロジェクトでは、一貫性を多少欠く状態の回避は難しい。外部のライブラリーを何か使っていると、問題が発生する。全依存関係が同じ命名ルールを共有し、自分もそのルールの範囲内で作業する気があるわけでもない限り、問題になる。例えば、Windowsのネイティブアプリを書いていて、自分もMicrosoftの命名規則を採用する気があるなら、コードの一貫性を保てる。あるいは、C++の標準テンプレートライブラリーを使い、その規則とよろしくやっていけるっていう場合でも、一貫性を保てる。それ以外の場合だと、競合する規則が混在してるので、目に見える継ぎ目ができてしまう。

　決まった数の要素のために記憶領域をあらかじめ確保するベクター[†5]のクラスがあるとする。便利だが、C++標準ライブラリーが提供するクラスじゃない。プロジェクトでは、オブジェクトのメソッドが従う単純な命名規則として、動詞から始まるキャメルケースを使っているとしよう。詳細をだいぶ省くと、そのクラスは次のようになる。

```
template <class ELEM, int MAX_COUNT = 8>
```

[†5]　訳注：ベクター（vector）は、数学的なベクトルの英語読み。vectorクラスは、C++標準テンプレートライブラリー（Standard Template Library/STL）の可変長配列。ベクトルを数値の配列とみなした処理については、**ルール5**訳注5参照。

```cpp
class FixedVector
{
public:

    FixedVector() :
        m_count(0)
        { ; }

    void append(const ELEM & elem)
        {
            assert(!isFull());
            (void) new (&m_elements[m_count++]) ELEM(elem);
        }
    void empty()
        {
            while (m_count > 0)
            {
                m_elements[--m_count].~ELEM();
            }
        }
    int getCount() const
        { return m_count; }
    bool isEmpty() const
        { return m_count == 0; }
    bool isFull() const
        { return m_count >= MAX_COUNT; }

protected:

    int m_count;
    union
    {
        ELEM m_elements[0];
        char m_storage[sizeof(ELEM) * MAX_COUNT];
    };
};
```

　このコードはかなり素直だ[†6]。appendメソッドは新しい要素を追加し、emptyメソッドは配列全体を空にし、ベクター内の現在の要素数をチェックするアクセッサーメソッドもいくつか用意されている。でも、こういうFixedVectorクラスと標準的なC++コンテナーを混在させたコードを書くと、未来は薔薇色じゃなくなってくる。

```
void reverseToFixedVector(
    vector<int> * source,
    FixedVector<int, 8> * dest)
{
    dest->empty();
    while (!source->empty())
    {
        if (dest->isFull())
            break;

        dest->append(source->back());
        source->pop_back();
    }
}
```

　ここでは、ベクターに対してemptyメソッドを呼び出す行が2行連続してるものの、2回の呼び出しが各々やっているのは、全然違うことだ。1番目の呼び出しは出力先のベクターを空にする。一方で、2番目の呼び出しは、入力元のベクターが空かどうか確認する。こいつが招く混乱は、一目瞭然だ！

　当たり前だが、FixedVectorクラス向けにC++標準テンプレートライブラリー（STL）の規則を採用することだってできた。クラスの名前をfixed_vectorと変え、クラスの全メソッドにSTLスタイルの名前を使うってわけだ。でもそれじゃあ、混乱の元になる行を、同じプロジェクト内のどこか別の部分に動かしているにすぎない。そうなると、プログラマーに、外部の命名規則に馴染んだ上でその規則に基づいたコードを理解するよう求めるだけじゃなく、その規則でコードを書くことも求めて

[†6]　ま、サイズがゼロの配列は素直じゃないけれども。そういう配列のサポートは、コンパイラー依存だ。ぼくが使ってるコンパイラーは、サポートはしているもののそういう配列には不機嫌になる。サイズがゼロの配列を使わなくてもそのコードは書けるけど、使うと読んで理解するのが楽になるので、こうした。

いる。相当でかい業務を負担させてるってことだ。

　複数の規則を混在させたせいで生ずる、こういう認知的負荷は、見くびってしまいやすい。読んでいる対象を、使っている規則の組はいろいろあれど「きっとこれだろう」っていう観点で規則を切り替えつつ、常に行ったり来たりしながら再解釈するってのは、実にコストがかかる。今回の例で言えば、どの変数がどの型か、つまりどの規則を使っているかを把握するために、コード内のあちこちを急いで行き来することにあたる。もちろん、どの型がどの規則を使っているか知っているのが前提だけど！

　Sucker Punchでは、全コンテナークラスについて、STL版を使わずに自社の独自版を書くことで、ぼくらの規則と標準C++コンテナーの規則との間にある不整合っていう具体的問題を回避している。これはかなり極端な解法だが、相当な量の認知的負担を実際に除去してくれる。独自版コンテナークラスは、ぼくらが書く他のコードと全く同様に動くので、デバッガーのシングルステップ実行でコンテナークラスのメソッドに入っていっても、異質で見慣れない風景に放り込まれるようなことはない。異質ってのは例えば、STLにある、マクロのジャングルとか、頭のネジがマジで外れたテンプレートマジックとか。悪口言うわけじゃあないが、にしてもああいうのはね。

　そうは言っても、PlayStationプラットフォームのライブラリーのように、自分たちが書いていないコードを使うことはあるので、外部の異質な規則から完全に解き放たれるわけじゃない。ほとんどのプロジェクトでは、規則がある程度混在するのは避けられない。重要なのは、混在を可能な限り減らすことだ。できれば異物を囲い込んで、みんながいつも扱ってるコードに異質な規則が漏れ出してくるのを防ぐべきだ。

墓穴を掘ってはいけない

　自傷行為は避けなきゃいけない。同じチームのプログラマーたちが一貫した命名規則を使っていないようだと、自分たち自身にとっての、完全にやり過ごせてたはずの問題を、チーム全員が作り出していることになる。命名規則がバラバラだと、素直なコードすら頭の中での整理が大変になる。

```
int split(int min, int max, int index, int count)
{
    return min + (max - min) * index / count;
}
```

```
void split(int x0, int x1, int y0, int y1, int & r0, int & r1)
{
    r0 = split(x0, x1, y0, y1);
    r1 = split(x0, x1, y0 + 1, y1);
}


void layoutWindows(vector<HWND> ww, LPRECT rc)
{
    int w = ww.size();
    int rowCount = int(sqrtf(float(w - 1))) + 1;
    int extra = rowCount * rowCount - w;
    int r = 0, c = 0;
    HWND hWndPrev = HWND_TOP;
    for (HWND theWindow : ww)
    {
        int cols = (r < extra) ? rowCount - 1 : rowCount;
        int x0, x1, y0, y1;
        split(rc->left, rc->right, c, cols, x0, x1);
        split(rc->top, rc->bottom, r, rowCount, y0, y1);
        SetWindowPos(
            theWindow,
            hWndPrev,
            x0,
            y0,
            x1 - x0,
            y1 - y0,
            SWP_NOZORDER);
        hWndPrev = theWindow;
        if (++c >= cols)
        {
            c = 0;
            ++r;
        }
    }
}
```

　今現在、ちょっと吐きそうになってる。このコードを入力するのはキツかった。ぼく自らが進んで犠牲になってあげてるってわけだ[†7]。

　アルゴリズムはさほど複雑じゃない。ウィンドウを列（column）と行（row）に分割して、ターゲットの長方形とほぼ同じ縦横比に保ったまま、ターゲットの長方形を埋めるようにウィンドウを配置しているだけだ。でも、選んだ命名規則のせいで、何が起こってるかを理解するのが余計に難しくなってしまっている。

　一番明白な問題は、3つか4つの異なる命名スタイルが混在してることで、そいつだけでも十分まずい。でも、もっと一貫性のある名前の付け方をしてるコードにさえ、別の問題が出現する。関数に渡される際に名前が変わってしまうものがあるのだ。最初に split を呼び出す時、最後の2つの引数として x0 と x1 を渡す。これらの引数は、ウィンドウが占める新しい矩形の右辺と左辺を受け取る。でも split 関数の内部では、x0 と x1 は全く別の物を表す。

　こいつは問題だ。デバッガーのシングルステップ実行で layoutWindows 関数へ入っていく時には、x0 と x1 とは何であるかについてのメンタルモデル[†8]が頭の中にある。でも、split 関数にシングルステップ実行で入っていくと、相変わらず x0 と x1 が表示されるのに意味は全く異なる。split 関数は、代数学の授業でやるのと全く同様に、一般的な変数名として x と y を使っている。layoutWindows 関数内の x と y が、座標系と関係があるのに対し、split 関数内の x と y は座標系に一切関係ない。ある関数では代数学、次の関数ではデカルト座標系。それこそが認知的負荷ってやつで、速度低下や間違いが起こる原因になる。

　関数呼び出しについて、こうした名称変更がある程度出てくるのは、避けられない。関数の引数は、別の変数を渡すだけじゃなく、式の結果が入ることがよくある。今回の例では、split 関数の引数のうち最初2つは rc->left と rc->right だが、split 関数内にある概念の名前としては使えない。変数名を新規に作らなきゃいけないのだ。賢い人間が作れば、そういう変数名は left と right になるので、関数内をシングルステップ実行する際にどの変数が何を表すか追跡するのが楽になる。

　以下は、同じ関数を少々再構成して、一貫性と読みやすさを高めたコードだ。

---

†7　訳注：【コード例解説】Microsoft Windows の Windows API を使った、GUI 操作コード。HWND は、各ウィジェットを識別管理するための番号であるウィンドウハンドルの型。

†8　訳注：メンタルモデル（mental model）は、外の世の中がどう動いているかについての、頭の中での思い込み。

```
int divideRange(int min, int max, int index, int count)
{
    return min + (max - min) * index / count;
}


void layoutWindows(vector<HWND> windows, LPRECT rect)
{
    int windowCount = windows.size();
    int rowCount = int(sqrtf(float(windowCount - 1))) + 1;
    int shortRowCount = rowCount * rowCount - windowCount;

    HWND lastWindow = HWND_TOP;
    int rowIndex = 0, colIndex = 0;

    for (HWND window : windows)
    {
        int colCount = (rowIndex < shortRowCount) ?
                            rowCount - 1 :
                            rowCount;
        int left = divideRange(
                        rect->left,
                        rect->right,
                        colIndex,
                        colCount);
        int right = divideRange(
                        rect->left,
                        rect->right,
                        colIndex + 1,
                        colCount);
        int top = divideRange(
                        rect->top,
                        rect->bottom,
                        rowIndex, rowCount);
        int bottom = divideRange(
                        rect->top,
                        rect->bottom,
                        rowIndex + 1,
                        rowCount);
        SetWindowPos(
```

```
            window,
            lastWindow,
            left,
            top,
            right - left,
            bottom - top,
            SWP_NOACTIVATE);

        lastWindow = window;
        if (++colIndex >= colCount)
        {
            colIndex = 0;
            ++rowIndex;
        }
    }
  }
```

　アルゴリズムは相変わらず同じだが、ずっと理解しやすくなった。一貫性のある命名パターンのおかげで、何が起こってるか追跡するのが楽になる。コードの中身を精査して変数の意味を推測したりせずに、変数が表現する概念をその変数の名前だけに基づいて特定するってのがやりやすくなる。例えば、rowIndex っていう名前の変数について、何もかも分かっているわけじゃないものの、行のインデックスなのはほぼ間違いないと確信できる。どの行か、何の行なのかはそこまで明確じゃないとはいえ、行のインデックスだと分かっているのは、手始めとしては上々だ。

　インデックスや、行と列の数について、一貫性のある名前を付ければ、好ましい副次的効果がいくつか出てくる。divideRange 関数にステップ実行で入っていくと、この関数でも引数名として index と count が使われている。layoutWindows 関数の変数 colIndex と colCount を、divideRange 関数の引数 index と count に、頭の中で変換するのは簡単だ。特にこの関数の、ぼくが最初に作ったバージョンで起こった x0/x1 の混乱に比べると、認知的負荷は最小限に抑えられている。

　こんなのはよくあることだ。命名ルールに一貫性があれば、異なる関数や、コードベースの異なる区域の間を行き来する際、似たような物には似たような名前が付けられることになる。同じ物には、通常、同じ名前が付けられる。コード内をシングルステップ実行したり、あるいはコードの異なる部位同士がどのように相互作用するか理解しようとしたりする時に、ただ1つの物事に対して、いくつもの名前を取っ替え

引っ替えジャグリングしないでいい。名前は1つだけ存在する。もしくは、先ほどの index + count の例のように、明白かつ密接な関連性を持つ名前が少数存在するだけだ。

いちいち頭使わせるな

　実は、一貫性を生み出すためのルールについて、もっと突き詰めることができる。

　一貫性を保つための鍵は、全てが**可能な限り機械的である**ことだ。チームでの命名規則が、主観的判断や熟慮を要するなら、そういう規則はうまくいかない。別々のプログラマーは、別々の主観的判断をすることになる。そして、全員別々の名前を付けることになるだろう。

　みんなが自然に、同じ物には同じ名前を選ぶような、幸せなところにいる方がマシだ。みんなのコードを扱うのがずっと楽になるからだ。そして、そういうレベルの一貫性を生み出す一番簡単な方法は、誰もが従う機械的なルールを設けることだ。

　変数の命名に関するSucker Punchのルールは、特に機械的だ。本書の例では、大体において親しみやすさを重視してるので、そのルールは使っていない。ぼくらのルールは、ぼくらにとってはうまく機能している。でもそれは、そのルールをぼくら全員が常日頃使っているからだ。初めて見る人にとっては、ちょっと変な見た目をしている。

　代わりに、本書の例には、もっと穏健な規則を使っている。ゲームに登場するキャラクターを表すクラスがある場合、そのクラスはCharacterと名付けられ、キャラクターを保持する変数は、通常characterと名付けられる。一方で、キャラクターでいっぱいの配列はcharactersと名付けられる[9]。読みやすさのために選んだ単純な規則だが、一貫して使われている。

　Sucker Punchのコードベースも、志の上では似たようなものとはいえ、もっと徹底したルールのセットを備え、もうちょっと簡潔になってるってだけのことだ。変数の命名には、Microsoftのハンガリアン記法の変種を使っている。これには……賛否両論がある。とても素早く適応するSucker Punchのプログラマーについてはそうでもないが、ハンガリアン記法の命名標準は、Microsoftのエコシステム外では一般

---

[9]　驚くようなことではないが、このクラスはcharacter.hとcharacter.cppという名前のファイルで実装されることになる。

に嘲笑の的だ[10]。

　ハンガリアン記法標準で核となる考え方は、変数の型（場合によっては使い方）によって、その変数名の全部あるいは一部が機械的に決定されるというものだ。徒党を組んだ人々の集団（faction）が複数入った配列の要素を指すインデックスがあれば、その変数はiFactionと名付けられる。キャラクターを指すポインターが複数入ったvector型配列があれば、その変数はvpCharacterっていう名前になる。

　多くの場合、そこで物語は終わりだ。変数名は完全に機械的になり、その結果、誰もが全く同じ変数名を使う。それこそ、ぼくらが望んできたこと！

　同じ型の変数が複数ある場合は、変数名の末尾に修飾子を付ける。キャラクターを指すポインターが2つある場合、pCharacterならびにpCharacterOtherって呼ばれるかもしれない。こうすると主観的判断が導入されるものの、一般的な修飾子パターンに関してぼくらが守る規則のおかげで、一貫性に欠ける要素が入り込みにくくなる。

　ぼくらの命名規則の細部なんぞは、重要じゃない。重要なのは、ぼくらが厳格な規則を**持っていて**、その規則が可能な限り機械的であり、その規則についてのドキュメントが十分に存在すると同時に、強制力を持つ形でその規則が運用されていることだ。そうなっていれば、誰もが同じ物に対して同じ名前を選び、他人のコードを扱うことが自分のコードを扱うのと同じように感じられるっていう、幸せな境地に至る。

　自分のプロジェクトでの規則のうち、どの規則をもっと機械的に適用できるよう変えられるか探り出し、変える行為を実行に移そう。そうすれば、今後何年にもわたってその恩恵を享受できるはずだ。

---

[10]　否定的な意見は、ハンガリアン記法標準が持つ利点を誤解してるように思う。元々、この標準の使用は、初期のC言語用コンパイラーでは型安全（訳注：コンパイラーが、変数の型に基づき、文字列型変数に数値を代入する等、許容されない操作を検出してエラーを出してくれる状態）なリンクができなかったことに対する回避策だった。変数名や関数名に型名を埋め込むことで、規則に頼ってではあるものの、ある程度の型安全性が足されたってわけだ。今となってはどうでもいいことだが、嘲笑のほとんどはこの点に集中している。また、この命名規則を使ったコードは読むのが難しいっていう批判もある。でもそれは、アイスランド語が読みにくいと言ってるようなものだ。そりゃ読みにくいだろ、アイスランド語話さないんだったらな！　今日のぼくらにとって、ハンガリアン記法の標準が持つ真価は、そういうルールに従うといろいろな物について全員が同じ名前を自然と作成するようになり、コードベースが作業しやすくなることにある。

訳注4：【コード例解説】

　実数（real number）は、連続的な量としての数値。$i^2 = -1$となるiを虚数単位（imaginary unit）と言い、虚数（imaginary number）は、虚数単位を用いて表せる、実数ではない数で、$a + bi$（aは実数、bは0以外の実数、iは虚数単位）で表せる複素数（complex number）である。aのことを実部（real part）と言い、bのことを虚部（imaginary part）と言う。

　多項式（polynomial）は、0でない項（term）の和であり、各項は、係数（coefficient）という数値と、変数（variable）を冪乗したもの（例えば変数がxなら、x^3など）とを、乗算したものである。1つの項は、単項式（monomial）とも呼ばれ、単項式で変数が冪乗される数（変数が複数ある場合はこの数の合計）を次数（degree）と言う（例えば単項式が$2x^3$なら次数は3）。多項式の次数は、次数が最も高い項の次数を指す（例えば、変数xの多項式$5 + 6x + 7x^2$は、5、6、7が各項の係数、多項式の次数は2）。

　evaluateComplexPolynomial関数の引数は、degreeが多項式の次数、realCoeffsとimagCoeffsが、次数が低い項から高い項の順に各項の係数である複素数の実部と虚部がそれぞれ入った配列で、realXとimagXが、変数に入る複素数の実部と虚部、realYとimagYが、多項式を評価した結果として出力される複素数の実部と虚部である。虚数単位iについて$i^2 = -1$となるので、複素数$a + bi$と$c + di$の積は、$ac - bd + (ad + bc)i$と表せる。複素数を変数とする関数の計算ができると、ゲーム関連では、2D座標を複素数で表現すること（複素平面）で、図形の拡大・縮小・回転や、フラクタル図形の描画に応用できる。

一般化には3つの例が必要

　ぼくらはみんな、新米プログラマーだった時に、特殊な解法よりも一般的な解法が望ましいと教わった。各問題に対して別々の関数を書くより、2つの問題を解決する1つの関数を書いた方がいいってわけだ。

　こういうコードを書くことはまずない[†1]。

```
Sign * findRedSign(const vector<Sign *> & signs)
{
    for (Sign * sign : signs)
        if (sign->color() == Color::Red)
            return sign;

    return nullptr;
}
```

何故かと言うと、次のコードを簡単に書けるからだ。

```
Sign * findSignByColor(const vector<Sign *> & signs, Color color)
{
    for (Sign * sign : signs)
        if (sign->color() == color)
            return sign;

    return nullptr;
}
```

---

†1　訳注:【コード例解説】nullptrは、指しているオブジェクトがないことを示すnullポインターの値を表すC++キーワード。

　こういう単純な例では特に、一般化っていう観点から考えるのは、自然なことだ。世界中の赤い標識（sign）を見つけなきゃいけないとしよう。プログラマーとしての自然な直感に従えば、任意の色（color）の標識を見つけるコードを書き、標識の色としてそのコードに赤を渡すことになる。自然は真空を嫌い[†2]、プログラマーは1つの問題しか解決できないコードを嫌う。

　そういう風にするのが何故そんなに自然に感じられるのか、考えてみる価値はある。findRedSignの代わりにfindSignByColorを書こうとする直感は、ある程度は予想に基づいたものだ。赤い標識を探している以上、いつかは青い標識も探したくなり、そういう場合を処理するコードも書くだろうっていう具合に、自信を持って予想できる。

　っていうか、何故そこで止まる？　標識を見つけるための解法として、今書いたコードよりさらに一般的なコードを書くってのはどうだ？

　色、サイズ、位置、文字列等、標識のあらゆる属性について問い合わせ（query）できる、もっと一般的なインターフェイスを作成できる。そうすれば、標識を色で探すってのは、特殊な部分的問題でしかなくなる。そんなインターフェイスを作るには、標識が持つ各属性向けの許容値を定義する構造体を作るとよさそうだ。

```
bool matchColors(
    const vector<Color> & colors,
    Color colorMatch)
{
    if (colors.empty())
        return true;

    for (Color color : colors)
        if (color == colorMatch)
            return true;
```

---

†2　訳注：「自然は真空を嫌う」は、古代ギリシアの哲学者 Aristotle（紀元前384-紀元前322）の著書『自然学』（邦訳は『新版 アリストテレス全集 第4巻—自然学』[内山勝利、神崎繁、中畑正志編、岩波書店、2017年]）に由来する、自然界に真空は存在できないという、後の物理学で否定されることになる説を述べた格言。一般的には、何かで空きが生じてもすぐに埋められるといったありがちな傾向を指すのに使われる表現。

```
        return false;
    }

    bool matchLocation(
        Location location,
        float distanceMax,
        Location locationMatch)
    {
        float distance = getDistance(location, locationMatch);
        return distance < distanceMax;
    }

    struct SignQuery
    {
        SignQuery() :
            m_colors(),
            m_location(),
            m_distance(FLT_MAX),
            m_textExpression(".*")
        {
            ;
        }

        bool matchSign(const Sign * sign) const
        {
            return matchColors(m_colors, sign->color()) &&
                matchLocation(m_location, m_distance, sign->location()) &&
                regex_match(sign->text(), m_textExpression);
        }

        vector<Color> m_colors;
        Location m_location;
        float m_distance;
        regex m_textExpression;
    };
```

　問い合わせの引数の設計では、主観的判断が何個か要る。各属性が、それぞれ異な
る問い合わせモデルの使用を強いるからだ。今回の例では、ぼくが行った主観的判断

は以下となる。

- 単一の色を指定するのではなく、許容される色のリストを提供できる。空のリストは、どんな色でも許容されるっていう指定だ。
- 内部的には、Location（位置）は緯度と経度を浮動小数点値で保存しているので、正確に一致する位置を探すのには使いにくい[†3]。その代わり、ある位置からの最大距離を指定することになる。
- 正規表現を使用して、標識の文字列全体または部分文字列に一致させれば、探している標識なのが一目瞭然な場合を多数処理できる。

一致する標識を見つける実際のコードは、単純だ。

```
Sign * findSign(const SignQuery & query, const vector<Sign *> & signs)
{
    for (Sign * sign : signs)
        if (query.matchSign(sign))
            return sign;

    return nullptr;
}
```

こっちのモデルでも、赤い標識を見つけるのは、相変わらずとても単純明快だ。SignQuery を作成し、赤色のみを許容できる色として指定してから、findSign を呼び出す。

```
Sign * findRedSign(const vector<Sign *> & signs)
{
    SignQuery query;
    query.m_colors = { Color::Red };
    return findSign(query, signs);
}
```

[†3]　訳注：浮動小数点数は、内部的な表現形式の都合で丸め誤差があるため、単純な等値比較が意図通りには動作しない。**ルール1**訳注16参照。

SignQueryの設計は、1つの例、つまりただ1つの赤い標識を見つけるという例に基づいていることを、忘れないでほしい。あとは全部憶測だ。現時点では、SignQueryの設計がその上に構築されているような例が、その1つの例以外にないため、他のどんな種類の標識を見つける必要が出てくるかについては、予測しているにすぎない。

そして、それこそが問題なのだ。予測ってものは、間違いやすい。運が良ければ、ちょっと間違ってるだけで済む……でもきみは多分、運が悪い。

YAGNI

一番明白な間違いは、実際には決して起こらない事例を予期して解決に向かってしまうことだ。標識を見つけるというユースケース（use case：利用事例）の、最初の数個は、以下みたいなものかもしれない。

- 赤い標識を見つける。
- Main StreetとBarr Streetの角付近で標識を見つける。
- 212 South Water Street付近で赤い標識を見つける。
- 緑の標識を見つける。
- 902 Mill Street付近で赤い標識を見つける。

これらの事例はSignQueryとfindSignのコードで全部解決できるので、その意味では、そのコードはユースケースを予測する上でいい仕事をしている。でも、標識の色を複数受け取るユースケースは見当たらないし、どのユースケースも看板の文字列は見ていない。実際のユースケースは全て、たかだかただ1つの色を探すだけだ。位置を限定しているユースケースもある。SignQueryのコードは、実際には発生しない事例向けに解法を提供しているのだ。

これはよくあるパターンで、エクストリームプログラミング[†4]の哲学で「YAGNI」、つまり「You Ain't Gonna Need It（そいつは必要にならねえだろ）」と

[†4] 訳注：エクストリームプログラミング（Extreme Programming/XP）は、『エクストリームプログラミング』（Kent Beck、Cynthia Andres著、角 征典 訳、オーム社、2015年）を代表として、1999年頃からKent Beckが提唱した、アジャイルソフトウェア開発の価値を実現する、コードレビュー、ペアプログラミング、TDD、継続的インテグレーション等から成るソフトウェア開発プロセス。

呼ばれるほどに一般的になっている。既知のユースケースに出てくるただ1つの色じゃなく、許容される色のリストを定義するために行った作業はどうなった？ 無駄な時間と労力になっちまった。C++の正規表現クラスを使い、完全一致と部分一致を区別する方法を考え出した実験は？ そいつは、もう取り返しようのない時間だ。

　さらに、SignQueryが持つ余分な複雑性は、使う者全員にコストを課している。findSignByColor関数の使い方は一目瞭然だが、findSign関数はもう少し調査を要する。なんてったって、findSign関数内には異なる問い合わせモデルが3つ詰まってるんだから！

　正規表現の部分一致で十分か、それとも標識の文字列全体と一致する必要があるか？ 3つの条件がどのように相互作用するのか、つまりこれは「and」なのか「or」なのかが、一目瞭然じゃない。コードを読めば、**全ての**条件が一致する場合にのみ、標識が問い合わせに一致するのは明らかだ。でもそれにはコードを読む必要がある。そのため、SignQueryのどのフィールド[5]が必要なのか、というちょっとした混乱が新たに発生する。コードに書かれているように、SignQueryのコンストラクターで作成されたばかりの空の問い合わせは、全ての標識に一致するので、フィルター処理を行う際に考慮されるべきフィールドだけを設定すればよい。でも、それを知るには、調査が多少必要になっていた。

　現実世界でのユースケースには明確なパターンがある以上、**実際の問題**を解決するだけでよかった…ってことだろう。

```
Sign * findSignWithColorNearLocation(
    const vector<Sign *> & signs,
    Color color = Color::Invalid,
    Location location = Location::Invalid,
    float distance = 0.0f)
{
    for (Sign * sign : signs)
    {
        if (isColorValid(color) &&
            sign->color() != color)
```

---

†5　訳注：フィールド（field）は、複数部分から成るデータの各部分を指す。例として、C++オブジェクト内のメンバー変数や、リレーショナルデータベースの保持するデータ内の行にある各列のデータがある。

```
        {
            continue;
        }

        if (isLocationValid(location) &&
            getDistance(sign->location(), location) > distance)
        {
            continue;
        }
        return sign;
    }

    return nullptr;
}
```

　現時点での読者の反応は、ぼくがズルをしてるっていう非難の声かもしれない。確かに、最初のユースケースを数個検討した後では、findSignWithColorNearLocationはSignQueryよりも良い解法のように見える。でも、一番初めのユースケースを見ただけの時点では、そんなことを予測できたはずがない。一般的な解法としてfindSignWithColorNearLocationを書いたところで、SignQueryを書いた場合の結果より、成功の見込みが高いなんてことは全くなかった。複数の色を許容したり、標識の文字列を参照したりするユースケースが出てきたかもしれない。

　それこそが、まさにぼくの言いたいことだ！ ユースケースが1つあるだけで予測を行えるような一般的解法は、**皆無**だ。従って、一般的解法を書こうとしたのが間違いだったのだ。findSignWithColorNearLocationとSignQueryは、どちらも間違いってことになる。ここには勝者はおらず、敗者が2人いるだけだ。

　赤い標識の見つけ方で、一番優れたものをお見せしよう。

```
Sign * findRedSign(const vector<Sign *> & signs)
{
    for (Sign * sign : signs)
        if (sign->color() == Color::Red)
            return sign;

    return nullptr;
}
```

　そう、ぼくは本気だ。一致する色を渡すことはあるかもしれないが、そこまでがせいぜいだ。ユースケースが1つあれば、**そのユースケースを解決するコードを書けばいい**。2つ目のユースケースがどんなものになるかを推測しようとするな。推測している問題ではなく、理解している問題を解決するために、コードを書こう。

そういう戦略に対し当然出てくる反対意見と、応戦するぼくの倍賭け

　「ちょっと待った」と、この時点できみは言うかもしれない。「ユースケースにある様々な要件にほとんど応えないコードを書いてると、そのコードが扱えないユースケースに出くわす事態が必ず起こるって約束されちゃうんじゃないの？　次に出てくるユースケースが、書いたコードに合わない場合、どうするわけ？　そういう事態を避けようがないみたいだけど？」

　「そして、これこそが、より一般的なコードを書くべきだって主張の論拠なんじゃない？　確かに、SignQueryを使ってた時に出くわした最初のユースケース5個は、ぼくらが書いたコードを全部使い尽くしてはいなかったけれど、6番目のユースケースが使い尽くすとしたら？　その時にSignQueryのコードが全部書かれていて、すぐ使えるようになっていたら、嬉しいって思わない？」

　いや、んなこたないね。労力は節約した方がいい。コードで処理できないユースケースが出てきたら、そのユースケースを処理するコードを書くべきだ。最初に労力を使って書いたコードからカット＆ペーストして、新しいユースケースに対応できるよう調整してもよい。あらためてゼロから書き始めてもよい。どちらでもかまわない。

　ユースケース5つのリストのうち、最初のユースケースは「赤い標識を見つける」だった。2番目のユースケースは「Main StreetとBarr Streetの角付近で標識を見つける」だったので、今度はまさにそれをやるコードを書き、それ以上は書かない。

```
Sign * findSignNearLocation(
    const vector<Sign *> & signs,
    Location location,
    float distance)
{
    for (Sign * sign : signs)
```

```
    {
        if (getDistance(sign->location(), location) <= distance)
        {
            return sign;
        }
    }

    return nullptr;
}
```

3つ目のユースケースは「212 South Water Street付近で赤い標識を見つける」ってやつで、ぼくが書いた2つの関数のどちらもこういうユースケースは扱っていない。ここが変曲点[†6]だ。3つの独立したユースケースを得たことで、一般化することに意味が出てくるようになってきた。3つの独立したユースケースがあれば、4つ目、5つ目のユースケースをもっと確実に予測できるようになるってわけだ。

何故3なのか？ 3が魔法の数字になる理由は？ 1でも2でもないって事実を除けば、実は何も理由はない。一般的なパターンを推測するには、1つの例では不十分だ。ぼくの経験では、2つでも十分じゃない。例が2つ出たら、自分の不正確な一般化に関して自信が増すってだけだ。異なる例が3つ出ると、パターン予測が正確さを増し、**同時**に、一般化をやる方針について前よりちょっと慎重になりそうだ。1つ目と2つ目の例が出た後で間違うことほど、自分を謙虚にさせてくれる機会もない！

それでも現時点では、一般化しなきゃいけないっていう**要件**があるわけじゃない！ 最初の2つの関数を織り込んでいない3つ目の関数を書いても、全く問題ないだろう。

```
Sign * findSignWithColorNearLocation(
    const vector<Sign *> & signs,
    Color color,
    Location location,
    float distance)
{
    for (Sign * sign : signs)
    {
```

---

†6　訳注：変曲点（inflection point）は、元々数学の用語で、曲線の曲率が符号を変える点を指し、転じて物事の転機を指すようになった。

```
        if (sign->color() == color &&
            getDistance(sign->location(), location) <= distance)
        {
            return sign;
        }
    }

    return nullptr;
}
```

　３つの別々に分かれた関数がある、こういうアプローチには、重要な利点が１つある。それは、それぞれの関数がとても単純になることだ。どの関数を呼び出せばいいかは、一目瞭然となっている。色と位置があるなら、findSignWithColorNearLocationを呼び出す。色だけならfindSignWithColor、位置だけならfindSignNearLocationだ[†7]。

　標識を見つけるユースケースが単一の色や位置をチェックし続けるのであれば、こういう関数３つで永遠に問題ない。もちろん、このアプローチはあまりよくスケールしない[†8]。２つの別々の引数と、３つの別々のfindSign関数がある程度なら、このアプローチでも大惨事にはならないで済む。でも引数が増える可能性があるので、すぐにバカげたアプローチになる。標識の文字列を見なきゃいけないユースケースがどこかの時点で出てきたら、findSign関数のバリエーションを７つ作成するってのは多分避けるだろう。

　そうなった時点で、３つのfindSign関数を組み合わせて、３つの事例を全て処理する１つの関数にしても、何も問題はないだろう。別々のユースケースが３つ出たら、一般化する方が安全だ。でも一般化するのは、手元にあるユースケース**のみ**に基づいて、一般化した方がコードを書いたり読んだりしやすくなると思った場合だけにしてほしい。次に出てくるユースケースを心配して一般化するというのは、絶対にやってはいけない。自分が知っているユースケースにのみ基づいて、一般化するようにしよう。

---

†7　あるいは、C++のように関数のオーバーロードをサポートする言語を使用している場合、３つのバージョンのfindSignを一気に呼び出し、コンパイラーに整理と解決を任せられる。

†8　訳注：スケール (scale：規模) は、「スケールする」のように動詞で使うと、「規模の増大に比例してコストが増大するわけではなく、規模が増大してもコストの増加ペースが許容範囲内に抑えられる」ことを指す。

　C++には省略できるオプション引数がなく、引数のデフォルト値しかない。そのため、一般化されたコードを今回の例向けにC++で書くのは少々大変だ。つまり、対象の引数に「存在しない」ものとして印を付ける方法を考えなきゃいけない。1つ解法となるのは、色と位置にInvalid（無効）という値を追加して、色や位置を考慮しない場合に使用することだ。findSignWithColorNearLocationの最初のバージョンを再掲する。

```
Sign * findSignWithColorNearLocation(
    const vector<Sign *> & signs,
    Color color = Color::Invalid,
    Location location = Location::Invalid,
    float distance = 0.0f)
{
    for (Sign * sign : signs)
    {
        if (isColorValid(color) &&
            sign->color() != color)
        {
            continue;
        }

        if (isLocationValid(location) &&
            getDistance(sign->location(), location) > distance)
        {
            continue;
        }
        return sign;
    }

    return nullptr;
}
```

　この関数を書いておけば、findSignWithColorとfindSignNearLocationの呼び出しは全て、findSignWithColorNearLocationの呼び出しに置き換えることができる。

YAGNIよりマズいことに実はなっている

　一般化を行うのを早まると、決して実行されることのないコードを書いてしまう可能性があり、それは悪いことであるってのを、ここまで見てきた。そういう問題ほどには明白じゃない問題点もある。それは、一般化を行うのを早まると、予想外のユースケースへの適応が難しくなるという問題だ。一般化されたコードとして書くと複雑性が増すので、調整に手間がかかるのが一因だが、もっと微妙な問題も起こる。一度、一般化のためにテンプレートを確立すると、将来のユースケースのために、そのテンプレートを再評価せず拡張してしまう可能性が高いのだ。

　時計の針を少し戻してみよう。SignQueryクラスを用いて早いうちから一般化を行ったが、今回は最初の数個のユースケースは次のようになったと想像してほしい。

- 　赤い標識を見つける。
- 　Main StreetとBarr Streetの交差点付近にある赤い「STOP」標識を見つける。
- 　Main Streetにある赤や緑の標識を全て見つける。
- 　Wabash AvenueまたはWater Streetにある、「MPH」の文字が入った白い標識を見つける。
- 　902 Mill Street付近で、「Lane」の文字が入った標識、または青い色の標識を見つける。

　このリストの最初のユースケース2つは、SignQueryに非常によく合う。でもその後、破綻が始まるのだ。

　3番目のユースケース「Main Streetにある赤や緑の標識を全て見つける」では、新たに2つの要件が追加されている。第一の要件として、コードは、ただ1つの標識ではなく、一致する標識を全て返さなければならない。これは難しくはない。

```
vector<Sign *> findSigns(
    const SignQuery & query,
    const vector<Sign *> & signs)
{
    vector<Sign *> matchedSigns;
```

```
    for (Sign * sign : signs)
    {
        if (query.matchSign(sign))
            matchedSigns.push_back(sign);
    }

    return matchedSigns;
}
```

　第二の新しい要件は、街路（street）に沿った標識を全て見つけることで、これはもっとややこしい。街路が、複数の位置を結ぶ線分の組として表現できると仮定すれば、位置と街路の両方を、新しいArea構造体へ詰め込める。

```
struct Area
{
    enum class Kind
    {
        Invalid,
        Point,
        Street,
    };

    Kind m_kind;
    vector<Location> m_locations;
    float m_maxDistance;
};

static bool matchArea(const Area & area, Location matchLocation)
{
    switch (area.m_kind)
    {
    case Area::Kind::Invalid:
        return true;

    case Area::Kind::Point:
        {
            float distance = getDistance(
```

```
                                area.m_locations[0],
                                matchLocation);
            return distance <= area.m_maxDistance;
        }
        break;

    case Area::Kind::Street:
        {
            for (int index = 0;
                 index < area.m_locations.size() - 1;
                 ++index)
            {
                Location location = getClosestLocationOnSegment(
                                area.m_locations[index + 0],
                                area.m_locations[index + 1],
                                matchLocation);

                float distance = getDistance(location, matchLocation);
                if (distance <= area.m_maxDistance)
                    return true;
            }

            return false;
        }
        break;
    }
    return false;
}
```

　それから、新しいArea構造体を用いて、SignQuery内にある位置と最大距離を置き
換えていける。

```
struct SignQuery
{
    SignQuery() :
        m_colors(),
        m_area(),
        m_textExpression(".*")
```

```
    {
        ;
    }

    bool matchSign(const Sign * sign) const
    {
        return matchColors(m_colors, sign->color()) &&
        matchArea(m_area, sign->location()) &&
        regex_match(sign->m_text, m_textExpression);
    }

    vector<Color> m_colors;
    Area m_area;
    regex m_textExpression;
};
```

　4番目のユースケースは、2つの街路のどちらかにある速度制限標識を全部要求するが、このユースケースは現在のコードには収まらない。地域（area）のリストに対応するくらいは、朝飯前だ。

```
bool matchAreas(const vector<Area> & areas, Location matchLocation)
{
    if (areas.empty())
        return true;

    for (const Area & area : areas)
        if (matchArea(area, matchLocation))
            return true;

    return false;
}
```

　その上で、SignQuery内にある単一の地域を、リスト（m_areas）で置き換えられる。

```
struct SignQuery
{
    SignQuery() :
```

```
            m_colors(),
            m_areas(),
            m_textExpression(".*")
    {
            ;
    }

    bool matchSign(const Sign * sign) const
    {
        return matchColors(m_colors, sign->color()) &&
                matchAreas(m_areas, sign->location()) &&
                regex_match(sign->m_text, m_textExpression);
    }

    vector<Color> m_colors;
    vector<Area> m_areas;
    regex m_textExpression;
};
```

　5番目のユースケースは、いろいろなものを思いっきり混ぜ合わせ、歴史的な名所を示す標識を探している。そういう標識は普通は青色なのでそれを探すが、緑色で特定の文字列が載っている場合もある。これはSignQueryのモデルには収まらない。

　またしても、不可能なんてことはない。SignQueryにブール演算を追加してやれば、新しいユースケースに対応できる。

```
    struct SignQuery
    {
        SignQuery() :
            m_colors(),
            m_areas(),
            m_textExpression(".*"),
            m_boolean(Boolean::None),
            m_queries()
        {
            ;
        }
```

```cpp
~SignQuery()
{
    for (SignQuery * query : m_queries)
        delete query;
}

enum class Boolean
{
    None,
    And,
    Or,
    Not
};

static bool matchBoolean(
    Boolean boolean,
    const vector<SignQuery *> & queries,
    const Sign * sign)
{
    switch (boolean)
    {
    case Boolean::Not:
        return !queries[0]->matchSign(sign);

    case Boolean::Or:
        {
            for (const SignQuery * query : queries)
                if (query->matchSign(sign))
                    return true;

            return false;
        }
        break;

    case Boolean::And:
        {
            for (const SignQuery * query : queries)
                if (!query->matchSign(sign))
                    return false;
```

```
        return true;
    }
    break;
}

return true;
}

bool matchSign(const Sign * sign) const
{
    return matchColors(m_colors, sign->color()) &&
           matchAreas(m_areas, sign->location()) &&
           regex_match(sign->m_text, m_textExpression) &&
           matchBoolean(m_boolean, m_queries, sign);
}

vector<Color> m_colors;
vector<Area> m_areas;
regex m_textExpression;
Boolean m_boolean;
vector<SignQuery *> m_queries;
};
```

　やれやれ。こいつは、今回の**ルール**の冒頭で見たやつよりキツいユースケースの
セットだった。でも、変更をたくさん行った結果、QuerySignモデルは幅広い要求を
処理できるようになった。要求としては妥当（例えば「互いの10メートル以内にある
2つの標識を見つける」）であってもまだ答えられない要求もある。とはいえ、重要な
事例を扱う対象に含めることができたというのは、容易に想像がつく。これで勝ちだ
よね？

成功ってのはこんなもんじゃない

　実のところ、SignQueryをこれほど拡張したことで良い状態になったかは、定か
じゃない。ぼくが慎重に適切に振る舞うことで、どの拡張バージョンにもYAGNI
が存在しなくなり、全てが最大限整理整頓された状態が保たれるようになったにもか

かわらず、だ。

　一般的な解法を拡張し続けると、文脈を見失うことがある。ここで起きているのは、まさにそういうことだ。

　例の最後のユースケースをSignQueryを使って解決する場合と、同じことを直接やる場合を比較してみよう。SignQueryを使った方の解法はこれだ。

```
SignQuery * blueQuery = new SignQuery;
blueQuery->m_colors = { Color::Blue };

SignQuery * locationQuery = new SignQuery;
locationQuery->m_areas = { mainStreet };

SignQuery query;
query.m_boolean = SignQuery::Boolean::Or;
query.m_queries = { blueQuery, locationQuery };

vector<Sign *> locationSigns = findSigns(query, signs);
```

そして、こっちが直接やるバージョンだ。

```
vector<Sign *> locationSigns;
for (Sign * sign : signs)
{
    if (sign->color() == Color::Blue ||
        matchArea(mainStreet, sign->location()))
    {
        locationSigns.push_back(sign);
    }
}
```

　直接やる解法の方が優れている。より単純で、より理解しやすく、よりデバッグしやすく、より拡張しやすいからだ。SignQuery向けに行ったあらゆる作業は、一番単純で優れた答えからますます遠いところへと、ぼくらを追いやっただけだった。これこそが、早まった一般化に潜む本当の危険だ。決して使われることのない機能を実装してしまうだけじゃなく、**一般化によって、変更しにくいような方向性が確立されて**

しまう。

　一般化された解法は、本当にくっついて離れない。一度、問題解決のために抽象化を確立してしまうと、他の選択肢について思い描くことすら難しくなる。いったんfindSignsを使って赤い標識を全部見つけると、どんな種類であれ、標識を見つける（find signs）必要がある場合は、直感的にfindSignsを使うようになる。この関数の名前そのものが、そうするよう告げているってわけだ！

　そして、既存の解法に全く収まらない事例があった場合、SignQueryとfindSignsを拡張して新しい事例に対応させるというのが明白な答えになる。同じことが、既存の解法に収まらない次の事例や、その次の事例にも当てはまる。一般的な解法は、表現力が豊かになるにつれて、肥大して扱いにくくもなる……そして、よほど注意深くない限り、一般化を、その自然な境界を超えて拡張してしまったことに、気づきすらしないだろう。

　ハンマーを持っていると、何でもかんでも釘に見えるよね？[†9] 一般的な解法を作ることは、ハンマーを配ることに等しい。ネジの袋ではなく、釘の袋を手に入れたと確信できるまでは、ハンマーを配っちゃいけない[†10]。

[†9] 訳注：アメリカ合衆国の哲学者Abraham Kaplan（1918-1993）やアメリカ合衆国の心理学者Abraham Maslow（1908-1970）が指摘した、「ハンマーしか手元になければ何でもかんでも叩きたくなる」という認知バイアスで、「道具の法則」「Maslowのハンマー」「ゴールデンハンマー」等と呼ばれるアンチパターンにちなんでいる。

[†10] ちなみに、ハンマーを使ってネジを打ち込むことはできる。ハンマーをもっと激しく振ればいいだけだ。イタいくらいに当たり前のことをあえて言うと、コードにも同じことが言える。下手な抽象化でも、物事を動作させることはできる。その抽象化をもっと激しく振る必要があるってだけだ。

最適化に関する教訓その1は、 「最適化するな」

　プログラミング上の作業の中でも、ぼくのお気に入りなのは、最適化だ。通常は、何らかのコードのシステムがもっと高速に動作するよう手を加えることを意味するが、時には、メモリー使用量やネットワーク帯域幅やその他のリソースを最適化することもある。

　最適化がぼくのお気に入りの作業である理由は、成功度合いの計測が単純だからだ。ほとんどのコーディング作業では、何をもって成功とするかは曖昧になっている。本書みたいな数々の書籍が、良いコードや良いシステムとはどんなものなのかを一生懸命定義しようとしているものの、何をもって1行のコードを良いとするのかは、不明確なのが常だ。

　最適化については、そんなことはない。最適化の場では、答えはもっと鮮明だ。何かをもっと速く動かそうとするなら、その成功度合いを直接計測できる。その成功に伴う、コードのサイズや複雑性の増大という形で出てくるコストについても、同じことが言える。中途半端に定義された長期的利益のことを心配したりしないでいい。きみの新しいコードを数年後に読んだ誰かが、そのコードをすぐ理解して、プログラマーとしてのきみに対する感謝感激の波に押し流されるだろう……みたいなことを確信できるようにコードを整えたりしなくてもいい。目に見える成果が直ちに出るってだけのことだ。

　最適化が好きなのは、ぼくだけじゃない。実際、プログラマーなら誰でも知ってるプログラミングの格言を1つ生み出すきっかけになるほど、最適化っていう作業は魅力的だ。

　　早まった最適化は諸悪の根源である。

ちなみに、これは引用文の全体じゃない。原文は、1974年にDonald Knuth[1]が書いていて、もっと多様な意味を含む。

> **例えば97%くらいの時間帯の間は、些細な効率については無視すべきだ。早まった最適化は諸悪の根源である。**[2]

重要なことなので、この引用の文脈について言及しておこう[3]。1974年当時、コンパイラーは今よりずっと洗練されていなかった。Knuthが言うところの「些細な効率」とは多くの場合、意図通りのコードをコンパイラーに生成させるための、ちょっとした巧妙なコードのことだ。例えば、終端点をキャッシュして、パフォーマンスを少しでもどうにか引き出そうとするようなことだった[4]。

```
int stripNegativeValues(int count, int * data)
{
    int * to = data;

    for (int * from = data, * end = data + count;
        from < end;
        ++from)
    {
        if (*from >= 0)
            *to++ = *from;
```

---

[1] 訳注：アメリカ合衆国の数学者、計算機科学者(1938-)。『The Art of Computer Programming』シリーズ（有澤 誠、和田 英一 監訳、青木 孝、筧 一彦、鈴木 健一、長尾 高弘 翻訳、KADOKAWA、2015年）の著者。

[2] 訳注：『文芸的プログラミング』（ドナルド・E. クヌース 著、有沢 誠 訳、アスキー・メディアワークス、1994年）の2章に収録（引用文は本書訳者訳）。

[3] この引用文の出典については諸説あるが、Knuthの文が最初に発表されたものとして知られている。また、Tony Hoareの言葉とも言われているが、彼はEdsger Djikstraが言いそうなことだと思ったという。三者とも実際の由来について確信を持っていないようで、界隈で当時共有されていた集合知に由来を帰している。これこそ、インターネット上での果てなき議論（https://oreil.ly/feSrN）を生み出すための、完璧な手順書だ。

[4] 訳注：【コード例解説】入力データdataの終端を表すint* endを定義せず、forループの終了条件をfrom < data + countとすると、ループ最適化ができないコンパイラーが生成するバイナリではループ内の処理を反復するたびにdata + countの計算が実行されてしまうため、endを定義してその計算を省いている。

```
    }

    return to - data;
}
```

あるいは、関数呼び出しコスト[†5]を回避するために使うマクロだ[†6]。

```
typedef struct
{
    float x, y, z;
} Vector;

#define dotProduct(A, B) (A.x * B.x + A.y * B.y + A.z * B.z)
```

　幸いなことに最近のコンパイラーは賢く、単純で素直なコードを書いてさえいれば、ソースコードに対応する正しい命令を生成するくらいのことはできる。でも、巧妙なことをやろうとすればするほど、何をやろうとしてるかをコンパイラーが理解する可能性は低くなる。そのため、昔ながらの巧妙なコードや、行き過ぎたC++魔術は、ロジックを単純に表現しただけの場合に生成されるコードより劣るコードを生成する羽目になることが多い。

　でも、賢いコンパイラーがあったとしても、自分自身の問題から救ってくれるわけじゃない。プログラマーには、時間やストレージや帯域幅といったリソースを気にする本能がある。そのせいで、パフォーマンスの問題を、問題が顕在化する前に解決しようとすることがある。

　ゲームではよくやることだが、リストから無作為に項目を選ぼうとしているとしよう。項目が選ばれる確率は、同じじゃない。各項目が選ばれる確率に、重み（weight）

---

†5　訳注：【コード例解説】ベクトルは、数値の配列とみなして処理できる。成分が3つ（x、y、z）のベクトルは、3次元空間内の座標を表現できる。2つのベクトル同士のドット積（dot product）（ベクトルでは、内積［inner product］と同じ）は、求めると1つのスカラー量が得られ、ベクトル同士の位置関係を表現できるため、3Dゲームのコードで非常に頻繁に呼び出される処理。

†6　ここの古風な構文に注目してほしい。こいつは、古参を過去の懐かしの思い出に浸らせてあげようってことで、ぼくがおまけに入れておいた。

81

が付いている[7]。

```
template <class T>
T chooseRandomValue(int count, const int * weights, const T * values)
{
    int totalWeight = 0;
    for (int index = 0; index < count; ++index)
    {
        totalWeight += weights[index];
    }

    int selectWeight = randomInRange(0, totalWeight - 1);
    for (int index = 0;; ++index)
    {
        selectWeight -= weights[index];
        if (selectWeight < 0)
            return values[index];
    }

    assert(false);
    return T();
}
```

　このコードはとても単純だ。全ての重みを合計し、その合計より大きくない乱数を選ぶ。その乱数から各項目の重みを引いていくと、そのうちの1つで合計がマイナスになり、その重みの付いた値が選ばれる。そういうことが起こる確率は、重みに比例する。以上！

　でも、こういうコードを見ると、もっと処理を速くできそうだと判断しやすい。各値を見ていく2回目のループは必要ないように思える。各重みの累計を保持しておけ

---

[7]　訳注：【コード例解説】GitHubリポジトリーのサンプルコードでは、乱数を返す関数int randomInRange(int first, int last)の実装はreturn first + rand() % (1 + last - first)となっている。

ば、分割統治して答えを得ることができ、2回目のループはもっと速くなる[†8]。

```
template <class T>
T chooseRandomValue(int count, const int * weights, const T * values)
{
    vector<int> weightSums = { 0 };
    for (int index = 0; index < count; ++index)
    {
        weightSums.push_back(weightSums.back() + weights[index]);
    }

    int weight = randomInRange(0, weightSums.back() - 1);

    int minIndex = 0;
    int maxIndex = count;

    while (minIndex + 1 < maxIndex)
    {
        int midIndex = (minIndex + maxIndex) / 2;
        if (weight >= weightSums[midIndex])
            minIndex = midIndex;
        else
            maxIndex = midIndex;
    }

    return values[minIndex];
}
```

---

† 8　訳注：【コード例解説】weightSums は、重みの累計が順に入っているソート済み配列で、要素の
　　　増加に応じ動的にメモリーを確保する vector を使っている。2番目のループでは weightSums の
　　　中にある目的の値が中間のインデックス（midIndex）より大きいインデックスの方にあるか小さ
　　　いインデックスの方にあるかに応じて探索範囲を1/2ずつ狭めていく二分探索を行っている。
　　　二分探索法は、問題を直接解けるようになるまで分割した後に、各分割部分を合成して最終的
　　　な解を得る分割統治法の一種である。Big O 記法は、アルゴリズムの時間計算量（time
　　　complexity）を表すのに、括弧内にオーダーを書いて表す。二分探索では、データの要素数 N、
　　　全探索回数を x とする時、毎回対象の要素数が1/2になる探索が全部終わった段階で目的の1要
　　　素が残るため、$N / 2^x = 1$ すなわち $2^x = N$ が成立し、両辺について2を底とする対数を取ると
　　　$x = \log_2 N$ となる。従って、（Big O 記法では底の2を省略するため）2番目のループの時間計算
　　　量は $O(\log N)$ となる。$O(\log N)$ の場合、N に比例した時間がかかる線形の時間計算量 $O(N)$
　　　と比べ、N が大きくなるにつれ処理が相対的にかなり速くなり、N が大きくなっても影響を受
　　　けにくい。

　これこそ、初歩的な失敗だ。実のところ、ありとあらゆる初歩的な失敗が、互いに入れ子になった状態で集まっている。確かに2番目のループは、線形じゃなく今や$O(\log N)$になった。でもそのことには、1番目のループがまだ線形である以上、大した意味がない。全体のパフォーマンスには、目立つ影響を何ら与えちゃいない。

　でもその失敗さえも、問題そのものってわけじゃない。重み付けされた無作為な選択肢が**たくさん**あるってことが分かっていない限り、単純な線形ループの方が速くなるのだ。少なくともぼくのPCで計測した限りでは、200（！）くらいの選択肢になるまでは、線形ループの方が二分探索より速い。これって、想像以上に大きな数字だろ？　そこまで多くなるまでは、ロジックが単純で、メモリーへのアクセスのパターンが優れている方が、アルゴリズム上の効率に勝る。

　けどそれも、本当の問題じゃない。探索の速さは問題じゃないんだ。というのは、2番目のバージョンではメモリーの確保が行われる。その処理が、他のどんな処理よりもはるかに遅いのだ。さっき書いた2つの関数を実際に動かしてみると、1番目の関数は2番目の関数の20倍も速い。**20倍だ！**

　ちょっと待った、そいつもまだ本当の問題にまで行き着いてない！　**本当**の問題は、ちょっとプロファイル[†9]すればすぐ分かるように、chooseRandomValueがどれだけ速いかなんて重要じゃない、ってことだ。毎秒何百回も呼び出すかもしれないが、実行時間全体の無意味な一瞬を占めるにすぎないってのをプロファイル用ツールが教えてくれるだろう。Sucker Punchのエンジンには、毎秒数百万回呼び出される関数がある。ゲームを書いてるなら、きみだってそういう関数を入れてるだろう。パフォーマンスに関して言えば、そういう関数が重要なのであって、chooseRandomValueじゃない。

最適化の教訓その1

　というわけで、最適化の教訓その1はこれだ。**最適化するな。**

　コードはできるだけ単純に。実行速度は気にしない。十分速くなるだろう。そして速くなかったら、速くするのは簡単だ。この、「単純なコードを速くするのは簡単だ」ってのが、最適化の教訓その2になる。

---

†9　訳注：プロファイル（profile）は、パフォーマンス計測のことで、しばしば専用のツールを用いて行われる。

最適化の教訓その2

　きみがしかるべき注意を払って書いた、単純でしっかりしたコードがあるとする。プロジェクトの担当部分の動作が少し遅くなってきたので、計測してみたところ、この小さなコードがパフォーマンスの半分を食いつぶしているのを発見する。

　この発見は素晴らしいニュースだ！　そういうコード1個のパフォーマンスを修正できれば、全体のパフォーマンスを2倍にできるってわけだ。

　ところで、こういうのは例としてはかなりありがちなものになる。全く最適化されたことのないコードのパフォーマンスを初めて見れば、決まって良いニュースがある。何に取り組むべきかが明白なのだ。

　悪いニュースがあるとすれば、明らかに遅いものが何もないと分かる場合だろう。でも、最適化を数回経ながらも生き残ってきたわけでもないコードの場合、そういうことは稀だ。

　経験則から言うと、これまで全く最適化したことのないコードは、大した作業をしなくても、5倍から10倍は速くすることができる。楽観的に思えるかもしれないが、そんなことはない。実際には、最適化されてないコードには、低いところに生っている果実[10]がたくさんある。

教訓その2を検証する

　教訓その2の経験則を検証してみよう。chooseRandomValueについて、ぼくが間違っていたと想像してみてほしい。chooseRandomValueは頻繁に呼び出され、選択肢がたくさんあるので、実際には処理時間の半分を占めている。

　さて、きみが2番目の実装から始めていたとしたら、ぼくの経験則を証明するのは簡単だろう。1番目の実装のように、もっと単純な、メモリー確保のないモデルに切り替えるだけで、20倍速く実行できるのだ。経験則証明完了！

　でも、それじゃ簡単すぎる。メモリー確保を削除するっていう簡単な解法がないよう、1番目の実装から始めると仮定してみよう。実際のところは、そういう仮定はちょっと非現実的だ。通常、パフォーマンスを調べる時に最初に発見するのは、誰かがループの中でメモリーを確保していることで、簡単に修正できる。けど、不運にも

---

[10] 訳注：低いところに生っている果実（low-hanging fruit）は、相対的に簡単に達成できる目標のたとえ。

それが簡単じゃなかったとしよう。

　ここで、何かの最適化をする場合の、5つの手順から成るプロセスを紹介する。ここではパフォーマンス（はっきり書くと「プロセッサー時間」）に焦点を当てるが、どんなリソースに対しても同じ手順で対応できる。ネットワーク帯域幅、メモリー使用量、消費電力、あるいは最適化を試みている計測可能なものなら何でも、以下の手順内でプロセッサー時間と置き換えるだけでいい。

手順その1：プロセッサー時間を測定し、原因を関連付ける

　つまり、プロセッサー時間がどれだけ費やされているか計測し、その原因として、関数とかオブジェクトとか都合のよい何かを関連付けるってことだ。先ほどの例では、chooseRandomValue がプロセッサー時間の半分を消費してるとぼくには分かってるので、この手順をすでに済ませていたに違いない。

手順その2：バグがないことを確認する

　パフォーマンスの問題のように見えるものが、実はバグだったってのはよくあることだ。今回の事例の場合ぼくなら、chooseRandomValue がサイクルの半分を本当に消費してるんだったら、バグがどこかにあると強く疑う。chooseRandomValue の呼び出しがどれも適切かどうか、かなり厳しく調べることになる。

　誰かがループの条件を間違えたせいで、カウンターが処理可能な範囲を超えて、巻き戻ってしまっているかもしれない。ほんの数回反復するどころか、正か負で 2^{32} 回ループしてるってわけだ。こいつは大量の chooseRandomValue 呼び出しだ！（そしてお察しの通り、ぼくはまさにそのまんまのバグを修正したことがある）

手順その3：データを計測する

　扱うのがどんな感じのデータなのか分かっていないうちは、最適化を考えるどころじゃない。chooseRandomValue は何回呼び出されるのか？　いくつの選択肢から選んでいるのか？　少数の重み付き分布から繰り返し選択しているか、それとも、あまり予測できないのか？　そのリストに重みがゼロの項目はいくつ入っているか？　選択する値のリストには、同じ値が複数含まれているか？

　ほとんどの最適化は、データまたはその使用方法が持つ、何らかの属性を活用している。データの特徴を徹底的に理解することなしに、最適化について適切な判断を下すことはできないのだ。

手順その4：計画し、プロトタイプを作成する

　最適化が完璧に機能するとしたら、つまり最適化によって処理時間をゼロにまで減らすことができるなら、全体のパフォーマンスはどのようになるのか？　今回の事例では、chooseRandomValueの実行時間がゼロになることを意味する。そうなれば、パフォーマンス面での目標を達成できるだろうか？

　達成できないなら、きみの計画は十分練られていない。コードのうち最適化可能な他の部分を特定しなきゃいけなくなることだろう。ある最適化に取り掛かるのは、その最適化が、成功の見込みがある計画の一部を構成すると分かってからでも遅くはない。

　完璧な最適化を行った場合に全体的なパフォーマンスがどうなるか、予測が難しい場合がある。コードというものは、予測のつかない形で他のコードと相互作用する。chooseRandomValueが、重みの値をプロセッサーのデータキャッシュに取り込んでいて、他の何かの関数もその値を使っているかもしれない。最悪の場合、chooseRandomValueのサイクルがゼロになるまで追い込んでも、全体的なパフォーマンスは変わらない。問題の核心は、重みの値をデータキャッシュにロードしていることで、きみはその責任を新しい犯人に転嫁しただけだ[†11]。

　最適化のプロトタイプを作成する機会を探さなきゃいけない。今回の事例では、chooseRandomValueが毎回、選択肢のリスト内で1番目の値をただ返すようにすればよいかもしれない。これは処理としては正しくないが、完璧に最適化された解法がある場合にどの程度のパフォーマンスが得られるかについて、十分な見通しを得られる可能性がある。

手順その5：最適化し、繰り返す

　冒頭から手順4つを終えたところでやっと、最適化について考え始められる。どれだけの量のロジックが関与し、どれだけの量のメモリーがアクセスされるかに基づき、コードの様々な部分でかかるコストはどの程度が適切かについての考えがまとまる。そういうコードやメモリーアクセスの一部は、単純化したり、スキップしたりで

[†11] 訳注：著者によると、最初はプロファイル用ツールが、「データをキャッシュに入れるというchooseRandomValueの挙動のコストが高く、ある別の関数fはコストがない」と報告していた。だがchooseRandomValueが何もしないようになると、今度は、fが同じデータをキャッシュに入れるようになり、プロファイル用ツールは「fのコストが高い」と報告するようになったものの、全体的な処理時間に変動はなかった。

きるかもしれない。コードを高速化する単純な方法がない場合、データの中で活用で
きるものを探すべきだ。例えば、chooseRandomValue に渡される重みの値のほとんど
が0なら、そのことを活用できる。重複する値があれば、それを利用して何かできる
かもしれない。

　でも、闇雲に突入しちゃいけない。「遅そうなコードを探して速くする」って手順
だけの最適化計画じゃあうまくいかないだろう。きみの直感は、問題がどこにあるの
か、データがどのようなものなのか、正しい修正方法は何なのかについて、全部間
違ってるからだ[†12]。

　手順その5が完了したら、もう一度パフォーマンスを計測すべきだ。目標に到達し
ていれば、上出来だ！ 勝利を宣言し、最適化を中止しよう。到達していなければ、
手順その1に戻らなきゃいけない。2回目に手順をこなしていく際には、もっと早く
終わる手順もあるかもしれない。それでも各手順でいったん立ち止まり、そこまでで
分かっている件について考えてみる価値はある。

手順1〜5の最適化プロセスを実際のコードに適用する

　よし、プロセスを適用する準備はできた！ 本書の文章を執筆する手を休め、開発
環境を立ち上げる。chooseRandomValue の最初の実装から始めて、手順5つの最適化
プロセスを適用し、10倍の高速化を達成するのにどれだけ労力が要るかを見てみる
ことにする。

　chooseRandomValue の1番目の実装は、コードを書く際に払うしかるべき注意につ
いての、しっかりした例となっている。このコードは単純さと明快さに向けて最適化
されている。出発点となるべきなのは常に、そんなコードだ。ぼくの経験則が正しけ
れば、あまり手をかけずに5倍から10倍の高速化ができるはず。

　っていう文章を入力しつつも、ちょいと緊張しているのは認める。こういう文章は、
マジで恥ずかしい結末のフラグを立ててしまう可能性を秘めている。

　ぼくはすでに手順その1を済ませており、全サイクルの半分を chooseRandomValue
に費やしていることが分かっている。

　手順その2では、渾身の力を振り絞ったものの、バグは見つからない。どの関数呼
び出しにも正当な呼び出しの理由があるし、明らかに間違ったことをしてるわけでも

[†12] きみの直感が、誰かがどこかでメモリーを確保してる、ってものじゃないならば。そういう直
　　感だったら、おそらくきみが正しい。

ない。

　手順その3で、問題が見つかる。それは、chooseRandomValueへの呼び出しを多数行っていて、ほとんどの場合、重みの数値と項目の値それぞれの長いリストを渡していることだ。データはかなり無作為に見えるが、重みは小さい。ほとんどの値は5より小さく、15より大きいものはない。興味深いことに、呼び出し回数は多いものの、全て少数の決まった数の分布から呼び出されている。つまり、何千もの重みの数値と項目の値について、同じリストが何度も何度も渡されてるってわけだ。

　手順その4では、完璧なパフォーマンスを実現するchooseRandomValueのバージョンを作成する。今回の事例では、重みを無視してリストから無作為な値を返すバージョンで代用する。これ以上単純なバージョンは考えにくい。リストの1番目の値をただ返すこともできるが、そうすると、多分不可避な乱数生成の呼び出しをスキップしてしまう。そのため、重みのない無作為な選択肢を返す方が、優れたプロトタイプのように思える。

　現在そのプロトタイプをテスト中だ……このコードはぼくのベースライン[13]実装に比べ、およそ50倍高速に動作する。ぼくが予想した、5倍から10倍の高速化の余地がありそうだ。手順その5へ移り、コードを高速化していこう！

　コードの実行を高速化しなきゃいけない時に最初に起こる衝動は、ご存知のように、実際に**コード自体が高速に動作するようにする**ことかもしれない。ループを展開する、複数のエントリーをマルチメディア命令で一気に処理する、アセンブリ言語を多少書く、ちょっとした計算をループの外に出すとか、同じことをもっと速くやるだけでいい。

　こいつは、悪い衝動だ。この種の最適化は、最初に試すべきじゃなく、**最後に試す**べきなのだ。『Ghost of Tsushima』の200万行あまりのコード内で、この種のマイクロ最適化を行った箇所は、2、30か所しかない。ぼくらが最適化に多くの労力を費やしていないわけじゃない。結局のところ、ぼくらのやることは全部、60分の1

---

†13　訳注：ベースライン（baseline）は、実験の効果を計測するために実験後のデータと比較する基準として用いる、実験の影響を欠くデータ。

秒[†14]以内に完了しなきゃいけないのだから[†15]。ゲームがそれくらい速く動作するよう、ぼくらは無茶苦茶気を揉みはする。でも稀な例外を除けば、同じことをより速くやるっていうのは、ぼくらのパフォーマンス改善方法じゃない。

　コードの実行を速める方法になるのは、同じことを速くやるんじゃなく、**やることを減らす**というやつだ。コードがやっていることの中で、やる必要のないこと、あるいは1回で済むのに何度もやっていることを突き止めなければいけない。そういうコード部位を除去してやれば、実行が高速化されるだろう。

　今回の事例で明らかな候補となるのは、分布に対する重みの総計の計算だ。chooseRandomValueの1番目の実装では、その計算を毎回やっている……でも手順その3でデータを計測したところ、限られた数の分布から乱数値を生成していることが分かった。各分布について重みの総計を一度だけ計算し、それをchooseRandomValueで再利用することだって、簡単にできたはずだ。

```
struct Distribution
{
    Distribution(int count, int * weights, int * values);

    int chooseRandomValue() const;

    vector<int> m_weights;
    vector<int> m_values;
    int m_totalWeight;
};

Distribution::Distribution(int count, int * weights, int * values) :
```

---

†14　訳注：NTSC TVが60Hzで画面を表示していた歴史的経緯で、1秒に60回画面（フレーム）の更新を行うこと（60 frames per second/fps）が、ゲームにおける標準的なフレームレートとみなされている。そのため、ゲームのコードは、ゲームループと呼ばれる常に動作しているメインのループ1回を1/60秒以内に完了しなければならない。ただし、フレームレートと、グラフィックスレンダリングの品質は、トレードオフの関係にあるため、1フレームを描画する処理能力の予算を高めてリッチな演出を行うために、近年は30fpsのゲームが大半となっている。一方で60fpsのなめらかな画面描画を好むゲームファンも多く、ゲームのフレームレートは常に議論となる。『Ghost of Tsushima』は、PS4/PS4 Pro上では30fpsだが、PS5上では60fpsで実行される。**ルール20**参照（344ページ）。

†15　あるいは、ゲームによっては、30分の1秒。今後のゲームについて、特定のパフォーマンス数値を約束するものではない、念のため。

```cpp
    m_weights(),
    m_values(),
    m_totalWeight(0)
{
    int totalWeight = 0;

    for (int index = 0; index < count; ++index)
    {
        m_weights.push_back(weights[index]);
        m_values.push_back(values[index]);

        totalWeight += weights[index];
    }

    m_totalWeight = totalWeight;
}

int Distribution::chooseRandomValue() const
{
    int select = randomInRange(0, m_totalWeight - 1);

    for (int index = 0;; ++index)
    {
        select -= m_weights[index];
        if (select < 0)
            return m_values[index];
    }

    assert(false);
    return 0;
}
```

　メモリーの確保は、高くつく。そのため、chooseRandomValue を最適化するっていう最初の不運な試みは、失敗に終わった。呼び出しのたびにメモリーを確保していたため、関数の実行コスト全体で完全に首位を占めてしまった。でもこちらのコードでは、分布ごとに1回だけメモリー確保を行っているので、関数呼び出しごとに1回ってわけじゃない。新しい分布を絶えず作っているならこういうメモリー確保はとんで

もないことになってしまう。でも手順その3（データを計測した）により、分布のリストは比較的短いことが分かっている。その短いリスト内の各分布に対して、メモリーの塊を確保してやればいい。

　もう一度コードを実行してみると……ベースラインより約1.7倍速くなっている。勇気付けられはするものの、完全な勝利とは言えない。とはいえこの計算について考えてみると、期待するのはたかだか3倍程度の高速化にしておけばよかったことに気づくだろう。以前は、重みのリストを、平均1.5回は走査していた。1回全部を見て総重量を計算し、平均して半分のところで無作為な値を引いていた。今のバージョンがやってるのは、無作為な値を引くところだけだ。

　違いは、メモリーアクセスにある。以前は、重みのリストを通っていくパス全体（pass：何らかの処理工程1回）を経ると、データキャッシュのレベル[16]のどれかに全ての重みが引き込まれたので、2回目の参照パスで素早くアクセスできた。でも現在は、2回目のパスで値を取ってくるのに時間がかかるため、3倍じゃなく1.7倍の高速化っていう結果になっている。

　次の手順は明らかだ。メモリー確保が妥当なものになったので、二分探索がもっと理にかなうようになっている。この手順はちょっと面倒なだけで、適切にやるのが難しいなんてことはない。

```
struct Distribution
{
    Distribution(int count, int * weights, int * values);

    int chooseRandomValue() const;

    vector<int> m_weights;
    vector<int> m_values;
    vector<int> m_weightSums;
};

Distribution::Distribution(int count, int * weights, int * values) :
    m_weights(),
    m_values(),
```

---

[16] 訳注：現代のプロセッサー（CPU）には、速い順からL1、L2、L3と、複数レベルのキャッシュメモリーが搭載されている。

```
    m_weightSums()
{
    int totalWeight = 0;

    for (int index = 0; index < count; ++index)
    {
        m_weights.push_back(weights[index]);
        m_values.push_back(values[index]);
        m_weightSums.push_back(totalWeight);

        totalWeight += weights[index];
    }

    m_weightSums.push_back(totalWeight);
}

int Distribution::chooseRandomValue() const
{
    int select = randomInRange(0, m_weightSums.back() - 1);

    int minIndex = 0;
    int maxIndex = m_weights.size();

    while (minIndex + 1 < maxIndex)
    {
        int midIndex = (minIndex + maxIndex) / 2;
        if (select >= m_weightSums[midIndex])
            minIndex = midIndex;
        else
            maxIndex = midIndex;
    }

    return m_values[minIndex];
}
```

　今回の試みをテストすると……ベースラインより約12倍速い。経験則が証明された！　自分の正当性を証明した著者がここで本書執筆に戻る時に聞こえる、安堵のため息を想像してほしい。

　たいていの場合は、12倍も高速化すれば十分だ。低いところに生っている果実を摘んだら、他のことに移ろう。最適化を続ける誘惑には抗うべきだ。目に見える成功の喜びにとらわれ、必要のないパフォーマンス向上を追い求めてしまいやすい。パフォーマンス上の問題だった関数が、もはや問題ではなくなった。今や、プロジェクト内の他の関数と変わらない。この関数に、これ以上の最適化は必要ない。

　ほら、まさに今、ぼくがその誘惑と戦っているところ。chooseRandomValueがさらに速くなるかもしれない方法について、アイデアがまだまだあるんだ。どれが実際にうまくいくか興味津々で、その好奇心を満たしたいって衝動と戦っている。でもパフォーマンス上の目標を達成したら、次にとるべき正しい行動は、最適化のアイデアをコメントとしてコードに追加し、そこにしまっておくことだ。勝利宣言をして、次に進もう。

　ぼくが対処していない、当然の疑問がある。最適化に関する教訓その1は「最適化するな」だったよね？　しかるべき注意を払い、単純で明快なコードを書く。そして、コードを5倍から10倍高速化できることを求められる場合でも、簡単に高速化できると信じてほしい。

　だけど、5倍から10倍の高速化くらいでは十分じゃないとしたら？　システムの初期設計で大きな間違いを犯したら、そして100倍とか1000倍速くしなきゃいけないくらいその間違いが大きいとしたら、どうだろう？

最適化の教訓その3は、存在しない

　最適化に関して、教訓その3「でも、バカなことは一切やっちゃいけない」があると、きみは主張するかもしれない。「マイクロ秒が問題になるような高頻度取引アプリケーションを作るなら、Pythonでは作らない方がいい」「C++コード内であらゆる場所に渡される、何らかの結果を表す構造体を定義する場合、コピーするたびにメモリー確保が発生するような設計はやめよう」みたいな教訓だ。

　正直なところ、教訓その3は存在しないとぼくは思っている。プログラマーはパフォーマンスについて心配しすぎる、以上。

　分かるよ。ぼくも同じ弱点を持ってる。パフォーマンスが重要になるのを示す証拠のかけらもないまま、パフォーマンスのためってことでコードに複雑性を入れ込んでしまうのだ。ぼく自身、自分がそういうことをやってしまってるのにはたと気づくことがある。いつも、ずっと、常に、嫌になるほどよく気づく。

　教訓その3があるとすれば、「失敗することを恐れるな、修正のきかない失敗なんてできるわけないのだから」、かもしれない。

　Pythonで高頻度取引アプリを**本当**に書いた後、トラブルに見舞われたとしても、まだ希望はある。高速に処理しなきゃいけないものはC++に変換し、遅くてもいいものはPythonのままにしておけばよい。PythonからC++にただ変換するだけで、（もう1つの経験則として）10倍の高速化を達成できる。また、今回の**ルール**での実験によると、C++にした後なら、5倍から10倍の高速化は余裕で期待できる。そら来た、これで50倍から100倍の高速化だ。

　実のところ、そういうアップグレードの道を、Sucker Punchにいるぼくらはかなり頻繁にたどっている。魅力的だが比較的遅いスクリプト言語を使って何かの最初のバージョンを書き、そのバージョンがボトルネックになるとC++に変換する。パフォーマンス改善が必要と判明した場合でも、逃げ道があると分かっているので、アイデアを素早く試せるっていう利点がある。

　覚えておいてほしいのは、100倍ものパフォーマンス改善分をどうにか工面しなきゃいけないほどのひどい失敗を実際に犯したら、早期に分かるだろう、ってことだ。そこまでひどい失敗は、草むらに潜んでるなんてことはない。最初から明らかなので、見つからないうちに深入りしてしまっているようなことはない。だから、もう一度言うが、心配は無用だ。

　最適化の教訓その1とその2を信じよう。単純で明快なコードを書き、どんなパフォーマンスの問題に直面しようが解法は現れると信じることだ。

ルール5の章への批判として

　ルール5の章の発するメッセージを支持するのが、ぼくの立場ってことになる。要は、最適化に関する第一の教訓「最適化するな」だ。だがしかし！　この強い主張は、本書に出てくる数々の強い主張の中で唯一、Sucker Punchにいる同僚の大部分から、不支持を即座に表明されてしまった。

　同僚たちからの、十分理屈の通った反論に耳を傾けるのが、公正ってものだろう！そこで今回、ドラマチックな演出効果を狙って多数の反対論者を合成した1人の人物と、ぼくとの間で起こる、架空のソクラテス[†1]的対話として、反対論者の見解を提示する。反論を寄せた同僚たちには全員、自身の見解が公正に代表されているかどうか確認するために、**ルール5**の章をレビューする機会が与えられた。

反対論者　「**ルール5**の章の前提に対する不賛成を、正式に申し立てます[†2]」

Chris　　「**ルール5**はただの常識だと思ってた。Knuthの引用を見なかった？『例えば97％くらいの時間帯は、些細な効率は無視すべき。早まった最適化こそ諸悪の根源！』」

反対論者　「その引用文は、あらゆる種類の、パフォーマンスがとんでもなく悪いコードの正当化に使われてきました。そして、あなたはそんな悪習をさらに助長しているだけです」

Chris　　「うわー。そういう反応の裏には、激情がたぎってるよね。そういう反応になっちゃったのは、ひょっとして、そもそも存在してるのがおかしいレベルのパフォーマンス問題を修正するために、他人のコードの書き直

---

†1　訳注：古代ギリシアの哲学者（紀元前470年頃-紀元前399年）で、弟子ら対話相手に質問を繰り返していき相手自身に真理に至らせる、いわゆるソクラテス式問答法で知られる。

†2　ここは、伝えられたままを引用している（I formally lodge my disagreement with the premise of this chapter）。

しに無茶苦茶たくさん時間を使わされたからじゃないの？　それと、人気
のあるビデオゲームのくせに起動を待たされる、ってのもかな？」

反対論者「はい、両方ともその通りです」

Chris　「そしてきみは、ぼくらのコードベースの中でもパフォーマンスが決定的
　　　　に重要な部分を担当してるので、例えばユーザーインターフェイスのロ
　　　　ジックの担当者とは、優先順位が多分異なりそうだね」

反対論者「その通りです。しかしながら、ユーザーインターフェイスのアーキテク
　　　　チャーがとんでもなくひどい思いつきだったせいで、パフォーマンス上
　　　　の問題が修正不可能と見なされたゲーム[†3]のことを、わたしもあなたも
　　　　知っているという点には、言及しておきたいと思います。ユーザーイン
　　　　ターフェイス全体を破棄して作り直さなければならず、その結果、ゲーム
　　　　の出荷時期が半年も遅延してしまったのです」

Chris　「そうだね。**ルール20**『計算をやっておけ』が、その事例に当てはまる。
　　　　今にして思えば、その連中は、プロジェクトのもっと早い段階で自分た
　　　　ちのアーキテクチャーがいかに悪いか悟り、修正すべきだった。パフォー
　　　　マンス上の本当に大きな問題は、すぐに明らかになる傾向がある。けど
　　　　それは、問題を計測している場合のみだ。最適化のルールその4として、
　　　　『コードが十分に速くなると仮定して、とにかく計測してみること』って
　　　　いうのがあってもおかしくはない」

反対論者「それを聞いて、ちょっとだけ気持ちが収まります。プロジェクト末期に
　　　　起こる最適化の課題にわたしたちが対処できている最大の理由は、正確
　　　　なプロファイル用ツールを導入し、日々のエンジニアリング反復作業の
　　　　一部として利用しているからです」

Chris　「そういうことだ。そいつこそが、Sucker Punch が何を重視するか示す
　　　　ものだと思う。多くのコーディングチームがテストを重視するのと同じ
　　　　ように、ぼくらは別のことを重視している。ぼくらがユニットテストを
　　　　あまり行わないのは、バグが少々潜り込んでも構わないが、パフォーマ
　　　　ンスの問題に不意を突かれるのは避けたいからだ」

反対論者「とはいえ、**ルール5**のためにあなたが行った主張は、重要な点を指摘し
　　　　そこねていると思います。その主張を『最適化のことは気にしないでい

---

†3　何という名前のゲームかについては、語らない。

い』と解釈してしまいやすいですが、あなたが本当に言いたいのは『単純
なコードは最適化しやすいから、単純なコードを書け』ということです」

Chris　　「そう、その通り。その話は**ルール1**や、本書の全体的なテーマでもある
『コードはできるだけ単純であるべきだが、単純化してはいけない』に合
致する。こういうアプローチの利点の1つは、コードが最適化しやすく
なることだ」

反対論者「たとえそういう前提であったとしても、単純なコードを書く時、速くな
いといけないコードをどうすればもっと速くできるか考えるものです。
あなたのコードをわたしがレビューした時に、そのことが話題になった
のは確かです。あるいは、わたしのコードをあなたがレビューした時も。
実際にはおそらく、両方で話題になったでしょう」

Chris　　「間違いないね。ぼくらはみな、最適化のことを考えはする。でもコー
ドにとって、最適化は優先順位の第一じゃない。優先順位の第一は、コー
ドの正しさと単純さだ。けど、最適化のための逃げ道を探っておくって
のは、たとえ逃げ道が必要でなかったとしても、良い習慣ではある。そ
して、そんな逃げ道が必要と後から判明するようなことは、普通はない」

反対論者「最適化に伴うコストはゼロではないことも多いというのは、その通りで
す。最適化によって、コードが複雑になったり、使うメモリーが増えた
り、何らかの前処理手順が追加されたりと、コストが発生する場合、そ
の最適化の見返りがコストに見合うようでなければなりません。コード
が速くなったからといって、厳密な意味において良いコードになるわけ
ではありません。その点では、わたしたちは同意見です」

Chris　　「いいね！」

反対論者「単純なコードであれば最適化しやすいかもしれませんが、遅いからと
言ってコードが単純になるわけではないことも、指摘しておきたいです。
事実、コードを過度に複雑にするというのが、コードを遅くする最も簡
単な方法です」

Chris　　「間違いない」

反対論者「今回の**ルール**は、わたしが行っている最適化作業の大半がどのようなも
のなのか、その全体像を大して捉えていない、と言わざるをえません。
通常わたしは、新しいコードを最適化しているわけではなく、既に最適
化済みのコードからさらにパフォーマンスを引き出そうとしているので

　　　　　　　す。これはもっと難しいことです」

Chris　　　「そうだね。この章は実際、新しいコードを書く場合の話だ」

反対論者　「そうなんです。とはいえその場合であっても、パフォーマンスが決定的に重要だと既に分かっているシステムに新しいコードを追加するなら、最初からパフォーマンスについて考えなければなりません。単純なコードを書いて、うまくいくことを祈るだけではダメなんです」

Chris　　　「そいつは多分当たってるな。そういう場合に限れば、最初の一歩からパフォーマンスについて考えれば妥当な結果が得られることが多い、って言えるくらいには当たってる。最初からパフォーマンスを気にしたことがおそらく原因で、必要以上に最適化されちゃったコードがあったことはあった、って話には同意する？」

反対論者　「不本意ではあるんですが、同意はします。ですが、一般的ではないと思っています。そういうことがあったとしても、わたしの場合、すぐに最適化が必要になる類のコードを書かないようにすることで、全体的に見ると時間の節約になっています」

Chris　　　「その話、信じよう。Knuthのルールでさえ、97％で止まってるよね？過去の経験に基づいて、残りの3％のコードで作業してる自信があるんだったら、最初の実装でパフォーマンスを考慮するのは合理的だ。ただ、コードを計測して問題を発見するまでは、調子に乗っちゃいけない。また、3％のコードで作業してるとチーム全員が思ってるんだったら、コードのプロファイル作業を全員がもっとうまくやる必要がある」

反対論者　「最適化済みのコード上で作業することに関してもう1つ言いたいのは、パフォーマンスの改善余地が小さくなることです。わたしは、『新しいコードは通常、大した労力をかけずとも5倍や10倍は速くできる』という考えを支持します。しかしある時点で、手軽なアイデアが尽きてしまうと、パフォーマンス改善の余地を見つけるのが相当難しくなるんです」

Chris　　　「そうだね、そしてその時点でルールが変わる。大きな変更を1つ加えるよりも、小さな変更を5つ加える方が、実行時間を半分に短縮できる可能性が高くなるんだ。ただし、その場合でも、もっと大きなアルゴリズム的修正が存在するかもしれない、って考えに注意しておく必要がある。例えば『怪盗スライ・クーパー』のゲーム第1作では、メイン描画ループの最適化に数週間の労力を費やした。ぼくらは、パフォーマンスをほん

のわずかずつ、どうにかこうにか引き出していっていた。ただ結局分かったのは、空間分割システムに切り替えてやりさえすれば、パフォーマンスが５倍になるってことだった」

反対論者「わたしの入社前のことですね。でも、素敵な話です」

Chris　「手順５つの最適化プロセスについてはどう？」

反対論者「かなりしっかりしています。その部分は問題ありませんでした」

Chris　「『手順その２：バグがないことを確認する』の見事な洞察について、誰からもコメントがないっていうのが信じらんないな。この手順を誇りに思ってたってのに」

反対論者「わたしは、手順その２を批判しないことで、その手順を評価していることを示しました。褒めまくられるなんてことはあんまり期待しないでくださいね、Chris。わたしたちの中で、今以上に自己満になったバージョンのあなたの相手をしたい者なんていませんし」

Chris　「しゃあないな、もうええわ」

コードレビューが役に立つ 3つの理由

　ぼくがプログラミングを本業として飯を食ってきた30年そこそこの間で、一二を争う大きな変化と言えば、様々な形式のコードレビューが徐々に受け入れられるようになっていったことだ。

　ぼくは、1990年代初頭まで、コードレビューなる言葉を聞いたことすらなかった。コードレビューが行われていなかったと言ってるわけじゃなく、もちろん行われていたわけだけど、医療機器のファームウェアとかロケットの制御コードとか、失敗という選択肢の存在しない状況以外では、広まっていなかった。分かると思うけど、そういう状況ってのはバグが人を殺す類の状況だ[†1]。

　30年前、ほとんどのプログラマーにとって、誰かが自分のコードに目を通すってことは……侵略を受けるような気分だった。確かに、人と共同作業をしてるなら、チームメイトのコードが持つインターフェイスを調べるくらいのことはやって、接続方法を見つけ出さなきゃいけないし、おそらくは誰か他人のコードを1行ずつステップ実行していく羽目になる。でも、実際にコードを1行1行見ていって、コードについて判断を下すってのは、ずいぶん奇妙な感じがしたものだった。誰かの日記を読むような、あるいは（今風に言えば）誰かのネット閲覧履歴を偶然見ちゃうような。

　何はともあれ、1990年代初頭にMicrosoft社で、コードレビューに関するポリシーが定められている部署にぼくは異動した。ぼくの担当するプロジェクトは、その部署全体の壮大な計画の中では、取るに足らない存在だった。そのためぼくにとって幸運なことに、ぼくと、ぼくが担当するプロジェクトのチームは、完全に忘れ去られたのだった。ぼくらに任されたことの中には、自分たちのコードレビュープロセスを決めるという項目もあった。部署全体での公式なコードレビュープロセスが実際どんなプ

[†1]　仮想の人間じゃなく、現実の人間だ。ぼくはビデオゲームのプログラマーで、仮想の人間がぼくのバグでいつも死んでる。

ロセスなのかさえ、ぼくには分かっていなかった。ぼくらは自分たちが正しいと思うことをやるだけで、誰かがぼくらをチェックすることは一切なかった。何かのぞっとするプロセスが自分たちに課されることを恐れていたので、他からの指導を頼むなんてことは、当然ながらやるつもりがなかった。許可よりも許しを請う方がずっといい[†2]。

やってみたコードレビューってやつが、直ちに明白に役に立つのを知って、ぼくは衝撃を受けた。それ以来ぼくは、自分のチームでコードレビューをやり続けている。でもコードレビューが役立つ理由は、ぼくが当初想定していた理由とは違っていた。

コードレビューをやる理由として一番明白なのは、プロジェクトへのチェックイン前にバグを検出することだ。ちょっとでも筋の通ったコードレビューのプロセスなら、レビューをやる者は、チェックインされるコードを理解する準備がそれなりにできている。そのコード部分の実装に参加したことがあったり、新しいコードが依存している他のコードの専門家であったり、レビュー対象のコードをよく使う利用者である、等だ。いずれにせよ、レビュアーが何か問題を発見できるかもしれない。チェックインされるコードが見逃したり違反したりしている前提条件とか、呼び出している何かのコードの誤用とか、レビュアーが作業中の何か他のコードを壊すような、システムの挙動変更とか。

でも、そういうことってある？　コードレビューでバグが発見されるなんてことが**本当に**あるんだっけ？　もちろんある。少なくともぼくの経験では、ぼくのチームでのコードレビューのやり方を前提とする限りの話ではあるが、ないわけじゃない。

そういう前提こそが、重要な注意点となる。**コードレビューから得られる価値は、コードレビューに費やす時間と労力、そして、実施の仕方次第で変わる。**以下は、Sucker Punchのコードレビューの大部分が近年どのように運用されているかについての、簡単な説明だ。

- レビューは、リアルタイムに実施される。つまり、2人が（パンデミック以前の時代に限れば）同じコンピューターの前に座っている。
- レビューは、形式張っていない。レビューの準備ができたコードがある場合、

[†2] 訳注：アメリカ合衆国の軍人、計算機科学者で、COBOL言語の開発者である、Grace Hopper（1906-1992）の言葉。許可を得ていなかったとしても、時間をかけて許可を得るのではなく、リスクを取ってスピード優先の行動をする方がよい場合もある（何か問題が実際に起こったら、後で許しを請えばよい）という意味に解釈されている。

レビュアーとして妥当な者がいる部屋まで歩いて行って、レビューを依頼する。ぼくらの間にある、社会的交流に関する（social）契約として、誰かがレビューを依頼したら本当に差し迫った事情がない限り応じる、っていう決まりがある。

- レビュイー（reviewee：レビューを受ける者）が各変更点について解説を行いつつ、レビュアーは差分ユーティリティで変更点を確認していく。レビュアーは、行われる変更内容を理解したと納得がいくまで質問し、変更を提案し、テストが必要な点を指摘し、別のアプローチについて議論する。つまりこれは、レビュアーとレビュイーの間の、いわば対話だ。レビューの主導権を一方的にレビュイーに握らせるようなことは、普通はやっちゃいけない。レビュアーが自分で物事をとことん考えず、レビュイーの言うことをそのまま受け入れてしまいがちになるからだ。

- レビュイーには、提案を受けた変更点と、追加で実行が必要なテストについて、全部メモを取る責任がある。社会的交流に関する契約として、通常の場合であれば提案は全て取り込まれることになっている。

- 変更の範囲にもよるが、コードレビューは5分で済むこともあれば、5時間かかることもある。チェックイン前には、最低でも1、2点の変更が追加で行われることになる。追加の変更が入らないコードレビューは稀だ。大規模なコードレビューでは、取り入れるべき項目のメモが何ページにもわたる事態もありうる。

- 通常、コードレビューは1回で十分だ。適切な変更を加え、追加のテストを実行した後、レビュイーがそのコードをコミットする。レビューでのメモが多数ある大きな変更の場合、更新された変更をレビュアーが再度レビューすることがある。変更の一部を、レビュアーが理解している自信がない場合、チームにいる別の者もレビューするよう元のレビュアーが提案するかもしれない。でも大半の場合は、コードレビュー ＋ 追加の変更点の取り込み ＋ コミット、という流れになる。

こういうプロセスを用いることで、ぼくらはバグを実際に見つけることができている……だがまたしても、きみの想像するような形で見つけているわけじゃない。以下では、コードレビューでぼくらがバグを発見する基本的な方法を3つ、バグが発見される頻度別に、一番一般的なものから一番一般的でないものへと、大まかに分類して

いる。

- レビューの依頼をする前に、自分で差分を一通り確認する。恥ずかしい部分が
  あれば全部、他人に見せる前に必ずきれいに整えておく。自己レビューの過程
  で、バグが見つかることがある。例えば、エラーが起こる場合を見逃してたと
  か。誰も見ないうちに、そういう問題は修正する。
- レビューの間、あるコード部分に関し、順を追ってレビュアーに説明していく。
  ……そして、往々にして、自分のアプローチを説明するよう強いられることは、
  何故そのアプローチに欠陥があるのかを理解するのに役立つ。結果、バグがあ
  るのに気づく。レビュアーに対してそのバグを示し、続いて起こる議論を経て、
  メモを取り次に進むことになる。あるいは、発見した欠陥がそれなりに大きい
  場合、コードレビューを完全に脱し、必要となった広範な変更を適用してから
  レビューを再開することもできる。
- レビューの間に、レビュイーが見落とした問題をレビュアーが発見する。ある
  いは、レビュイーがやったことを説明した結果、呼び出している何らかのコー
  ドをレビュイーが誤解しているのが明らかになる。問題になりそうな部分を議
  論した上で、実際に問題であるとレビュイーが同意し、メモを取る。

レビュアーが問題のコードをじっと見て、深い洞察力を働かせるだけでバグを発見
するようなことは、稀だ。コードレビューのプロセスそのものに、準備の段階で、あ
るいは変更点について順を追って説明した結果として、バグを浮かび上がらせる性質
がある。だからこそ、コードレビューが対話であることに利点があるのだ。物事を説
明し、その説明を理解する過程で、レビュアーとレビュイーそれぞれが想定している
内容が一致しない箇所が全て浮き彫りになる。そうなると、バグを見つける上で役立
つことに加え、コメントが必要なところや名前を変更しなきゃいけないところを知る
ためにも役立つ。

ぼくらのコードレビュープロセスに間違いなく存在する限界を指摘しておくこと
も、重要だ。ぼくらのコードに含まれるバグの１つ１つが、コードレビューをどうに
かして潜り抜けてきており、しかもその数は数千にものぼる！　ぼくたちはコードレ
ビューを要求されるコードに例外を設けていない。つまり、チェックインされるコー
ドの１行１行は、全てレビューされている。従って、コードに残ったバグは全て、
チェックイン前に複数の人が見落としてきているのだ。コードレビューはバグを発見

しはするものの、バグを全部発見できるわけじゃないのは確かだ。

　コードレビューは、バグを見つけるには非効率的な方法だ。それでも、ぼくらはまだコードレビューを続けている。何故なら、バグの発見は、コードレビューを行う数々の理由の**1つ**にすぎず、さらに言えば、数々の理由の中で最重要ってわけでもないからだ。

コードレビューの目的は、知識の共有

　コードレビューを行う、もっと重要な理由がある。コードレビューが適切に実施されれば、チーム全体に知識を広める優れた方法となるのだ。

　Sucker Punchのチームでは、コーダーがコードベースの様々な部分をかなり自由に行き来して、柔軟に仕事を担当できるので、この点は特に重要だ。コードベースの各部分がどのように動作するかに関する基本的知識を各コーダーが持っていれば、そういう仕事のやり方がずっとうまく機能する。コードレビューは、こうした知識を広める良い方法なのだ。

　きみのチームのプログラマーを、コードベースへの精通度合いを大まかな基準として、「ジュニア（junior：下級）」と「シニア（senior：上級）」に、きみの一存で分けたとしよう。シニアコーダーはコードベースを熟知しており、ジュニアコーダーはまだその詳細を学んでいるところだ。ぼくらのコードレビューには2人が参加するので、レビューアーとレビューイーの序列の組み合わせは4通りある。表6-1に示すように、有用なのはそのうちの3つだけだ。

表6-1　コードレビューの分類

	シニアレビュアー	ジュニアレビュアー
シニアレビューイー	有用	有用
ジュニアレビューイー	有用	絶対禁止

　シニアコーダーがジュニアコーダーの作業内容をレビューする場合、レビューを受けるコードのバグだけじゃなく、ジュニアコーダーが持つ誤解全般まで含む、様々な問題を発見するのに適した立場にある。おそらくジュニアコーダーは、チームの書式整形基準に正しく従っていなかったり、解法の一般化が早すぎたり、単純な問題に対して複雑な解法を書いてしまったりしている。こういう問題はいずれも、それ自体ではいわゆるバグじゃない。とはいえ、プログラミングの**ルール**への違反はコードの質

を低下させるので、修正されるべきものとしてシニアコーダーがコードレビューで言及すべきだ。

　ジュニアコーダーがレビュアーとなって、レビューイであるシニアコーダーの作業内容をレビューする場合、問題を見つける可能性は低くなるが、何が起こっているか理解するために質問する可能性は高くなる。レビューイは、そういう質問に答える過程で、コードの文脈に対するレビュアーの理解を手伝う。こういう流れを通じ、レビュアーとレビューイ双方が、コードベースの各部分が全体としてどのように組み合わさっているかについての理解を深められる。レビュアーは、正しい書式、適切な設計、明確な構造および命名法といった、優れたコードの例を見つつ、例について質問もできるのだ。

　ジュニアとシニアのコーダーたちの間で起こる、２人の交流は、チームにいる新人コーダーに対する教育プロセスの一部であると見なしてほしい。効果的に仕事をするために、新入社員は、全部品がどう組み合わさっているか、チームではどのようにコードが書かれているか、そして何故現在のやり方で仕事が行われているかを知る必要がある。形式を持たないこうした知識を全て、新人メンバーに伝えるための方法として、コードレビューは優れている。

　有用な組み合わせの３番目は、シニアコーダーによる、別のシニアコーダーが書いたコードのレビューだ。こういうレビューは、バグを発見する良い機会となる。またレビュー対象のコード変更が、大局へはどんな風に収まるかについて、コーダー両人の想定をチェックする良い機会でもある。そして、対象の領域で起こる将来の作業について話し合ったり、追加で実行が要るかもしれないテストを特定したり、チェックインされるコードの各行を最低２人が理解しているよう保証したりするのにも良い機会だ。

禁断のコードレビュー

　最後の組み合わせは、ジュニアコーダーが他のジュニアコーダーの作業内容をレビューするやつで、これは有用じゃない。むしろ、思いっきり壊滅的になりかねない。先ほど説明したばかりの利点は、コーダー両人がジュニアである場合、雲散霧消してしまう。知識の伝達もなく、バグを発見するに足る十分な文脈もなく、コードレビューを踏み台に将来の方向性を話し合うこともない。最悪の場合、２人のジュニアコーダーは、中途半端な意見を互いの間で反響させ合い、それらが挙げ句にはチーム

の公式方針に思えてくる始末だ。Sucker Punchのコードに奇妙なパラダイムや慣習が現れる場合（これはぼくらが最善を尽くしていても起こりえるのだが）、ジュニアコーダー2人がレビューの応酬をした結果であることが多い。というわけで、ぼくらはこういうコードレビューを禁止している。

コードレビューの真価

　ぼくらはバグを発見するし、知識の伝達もする。こういう成果さえあれば多分、コードレビューにかける労力を正当化するに足る。そもそも、コードレビューは通常、コードを書くのに費やした時間の5%から10%程度を占めるにすぎない。でもコードレビューには、重要な利点がもう1つある。全ての利点の中で、おそらく一番重要なものだ。そしてその利点とは、完全に社会的交流に関するものになる。

> **誰かが見ることになると分かっていれば、より良いコードを誰しも書くようになる。**

　みんなが、書式整形や命名の規則をもっとしっかり守れるようになるだろう。手っ取り早い回避策を取ったり、作業項目を後回しにすることもない。コメントは明確になるだろう。ハックや回避策を用いずに、正しい方法に則って問題を解決するだろう。問題を診断するために使った一時的なコードは、忘れずに削除するだろう。
　こういうこと全部が、コードレビュー自体に先立って起こる。これは、プログラマーとしての自分たち自身にぼくらが課す、「仲間に喜んで見せたり誇れたりする仕事をしなきゃいけない」っていうプレッシャーの成果だ。仲間同士の同調圧力（peer pressure）の健全版、ってわけだ。ぼくらがより良いコードを書けば、時間の経過とともに、コードベースは健全になり、チームは生産的になるという成果が生まれる。

コードレビューとは内在的に、社会的交流を含むもの

　まとめると、適切に実施されるコードレビューが役に立つ理由は、3つある。

- バグを見つけられる。
- 誰もがコードの理解を深められる。
- 人に進んで見せたくなるようなコードをみんなが書く。

　いいかい？　コードレビューだって、他のプロセスと変わりゃしない。どうせ時間をかけるなら、生産的なレビューにしたい。つまり、レビューから何を得ているのか、何故得ているのか、考え抜くことになる。レビューのプロセスのうち役に立っていない部分を取り除き、機能している部分にさらに投資するってわけだ。そうすれば、費やした時間から得るものが増えるか、同じ価値を得るために費やす時間が減るかの、どっちかだ。

　ペアプログラミングでもしない限り、コードを書いたりデバッグしたりするのは、通常、孤独な行為となる。たった１人でキーボードに向かい、バグや手に負えないライブラリーに打ち勝つ、孤独な戦士。

　コードレビューは、孤独じゃない。コードレビューの価値の大半は、レビュアーとレビュイーの間で起こる社会的交流の相互作用から生まれるのだ。コードのある行を説明する間にバグに気づいたり、レビュアーが次回そのコードを呼び出す時に正しく使えるようコードの一部を詳しく説明したりすることがある。また、誰にも見せたくないハックをレビュー依頼前に一掃したり、レビュアーが使っているテクニックの説明から、何かをやる上でのもっと単純な方法を学んだりもする。

　コードレビューが持つ価値の源泉は、２人の人間が変更点についてとことん話し合うことによる社会的交流の相互作用であるのを理解した上で、コードレビュープロセスがそういう相互作用を促進するように保証しなければいけない。レビューが静かな場合、つまり、レビュイーが無言で見守る間に、レビュアーが黙って差分のページをめくりつつ時々唸り声を上げたりしてるようなら、何かが間違っている。確かに、行われていることは依然としてコードレビューではあるものの、レビューが提供しうる真の価値を逃してしまっているのだ。

　また、コードレビューが全部論争になってしまうなら、やり方を間違えてる！　レビュアーからの意見に寛容でないレビュイーは、何も学べない。レビュイーが選択したあるコードの書き方の理由を理解するよう努めないレビュアーも、同様だ。そしていずれにせよ、コードレビューは、プロジェクトの方向性やチームの規則や哲学について議論する場じゃない。そういう問題は、チームで解決すべきだ。２人だけの喧嘩を続けたって、何も解決しない。

　健全なコードレビューってものは、コードベースを強化すると同時に、チームの絆も深める。そういうコードレビューは、プロフェッショナルで開かれた対話なのであって、そこから参加者双方が何かを学んで帰れるのだ。

失敗が起こる場合をなくす

　この表題は、楽観的な感じがするよね？　一体どういう意味なんだろう？

　回避しようのない失敗の場合だってある、そうだろ？　あるファイルを開こうとしたところで、そのファイルは存在しないかもしれないし、他のユーザーがロックしてるかもしれない。どんなに賢いインターフェイス設計も、ファイルを開こうとして失敗する可能性を回避できない。だから、そういう話じゃないってことは確かだ。むしろ、ファイル操作自体の失敗ってわけじゃない、実際には回避できる類の失敗をなくすって話に違いない。おそらくは、使い方の間違いだ。例えば、ファイルへのハンドルを閉じた後でファイルに書き込んだり、初期化が完全に済む前にオブジェクトのメソッドを呼び出したり、とか。

　使い方を間違えることのないようなシステムを設計できるかもしれない。でも、簡単じゃなさそうだ。そして実際、それは簡単じゃない。システムの間違った使い方が不可能であるように設計するのは、かなり難しい。ある機能をユーザーに公開すれば、ユーザーはその機能を使う奇妙な方法を見つけ、最終的に全てが爆発して吹っ飛ぶだろう。例えば、完全にMinecraftのブロックだけで作り上げた、実際に機能する8ビットプロセッサーとかね[†1]。

　そして、チームにいる他のプログラマーに対し、ある機能を公開したら、やつらはその機能を間違った使い方で使う。**必ずだ**。そういう間違った使い方が、意図的で、何かを動作させようとする必死の試みだったりすることがあるかもしれない。例えば、ファイルシステムのシャットダウン用ルーチンを呼び出した後に、ファイルのハンドルを閉じること。そいつが、望ましくないコールバックを回避する、唯一の手段だからだ。また、間違った使い方でもっとありそうなのは、インターフェイスのユーザー本人が全く意図しないようなもの、例えば、インターフェイス呼び出し方法の解

---

†1　マジだよ（https://www.youtube.com/watch?v=FDiapbD0Xfg）。

釈を誤ったとかいうものだ。

　自分の設計について、自問すべき重要な質問項目がある。「この機能やインターフェイスのユーザーが自滅する（＝勝手な使い方をしたせいで好ましくない結果に至る）のを、どれだけ難しくしているか？」だ。

　もちろん、適切な答えは「非常に難しくしている」になる。でも、ユーザー自身も意図しない使い方が簡単にできてしまう機能やインターフェイスを、ぼくらはあまりにも頻繁に作ってしまいがちだ。

　そして、ある機能やインターフェイスの使い方が間違いやすくなっていると、間違いは避けようがない。ある意味で、間違いは、その機能やインターフェイスの中へ、設計段階で組み込まれてしまっていると言える。ぼくらがやりたいのは、間違いを設計段階で組み込むことじゃなく、設計段階で外すことだ。でもその前に、失敗が設計段階で組み込まれている関数の例をいくつか見てみよう。

自滅しやすくなっている関数

　C言語のプログラマーなら誰でも、間違えやすい関数の例を1つくらいは知ってるはず。そう、例えばprintfだ。printfの設計には、根本的な問題がある。printfは、与えられた書式設定文字列と、渡された引数の型が、一致することを期待している。一致しない場合には、未定義の混乱が発生してしまうのだ。

　このコードは、型が一致するため、動作する。

```
void showAuthorRoyalties(const char * authorName, double amount)
{
    printf("%s氏への今期の支払額は$%.2f。\n", authorName, amount);
}
```

でも書式設定文字列をいじると、崩壊してしまう。

```
void showAuthorRoyalties(const char * authorName, double amount)
{
    printf("支払額$%.2fを%s氏へ今期は送金。\n", authorName, amount);
}
```

　大雑把に言うと、printfは、authorName（文字列型だ）を浮動小数点数（float）と

して解釈しようとする（おっと）。このコードは予期せぬ結果をもたらすだろう。多分、クラッシュはしない。2^{64}ビットの組み合わせは全て倍精度浮動小数点数（double）として解釈できるので、たとえ「NaN[2]」になるとしても、何らかの書式設定が行われるだろう。でも次に、printfは（倍精度浮動小数点数である）amountを文字列（ヤバいね）として解釈するので、こいつはクラッシュの確率がかなり高そうだ。

　でも実際は、前述のコードをコンパイルして実行しても、そんなことにはならない。こういう引数の不一致は、よくやりがちな間違いなので、今時のCコンパイラーにはprintf用の様々な追加のチェックがハックとしてねじ込んである。こういうぶっ壊れたコード例をコンパイルしようとすると、引数両方に対しコンパイルエラー（！）が発生する。printfに渡している書式設定文字列が定数である場合、コンパイラーは型の一致をチェックできる（そして実際にチェックしている）。

　こういうチェックがねじ込んであるってことが、ぼくの言いたいことの証明に、ある意味なっている。つまり、printfの設計がとんでもなく悪いせいで、そういう問題を隠蔽するために、コンパイラーに特別なチェックを入れなきゃいけなくなってるわけだ。こういう特別なチェックは、きみが書くコード向けには当然ながら全く行われない。きみが自作した書式設定関数がprintf式の書式設定文字列を使ったところで、コンパイラーが型の一致をチェックしてくれるわけじゃない[3]。

自分の行為が原因の、間接的な自滅

　クラッシュを実際に起こすには、コンパイラーにねじ込まれた型一致チェックを回避すればいい。

```
void showAuthorRoyalties(const char * authorName, double amount)
{
    printf(
        getLocalizedMessage(MessageID::RoyaltyFormat),
```

---

†2　訳注：NaN（Not a Number）は、未定義の値や正確に表現できない値を示す特殊な値（非数）で、NaN同士やNaNと他の数値との比較は全てfalseとなり、NaNと他の数値との演算結果はNaNとなる。

†3　たしかに、かなり限られてはいるものの、これが正しくない場合もある。使用している書式設定文字列がprintfのものと**完全に**一致し、また使っているコンパイラーのドキュメントを深掘りするつもりがあるなら、コンパイラーのprintfサポートを自作の関数向けに活用する方法を多分見つけられるだろう。でも推奨はしない。骨折り損になる。

```
        authorName,
        amount);
    }
```

　書式設定文字列を直接指定せず、リストから引っ張ってくるようにしてある。ぼくらのゲームはたくさんの言語に翻訳されるので、ユーザーが目にする文字列は全部、ローカライズ[†4]された文字列が入ったデータベースから取得することになる。その文字列が何なのか、コンパイラーには知る術がないので、リテラル文字列に対してやるような型の一致のチェックができない。

　最終的な結果は、大惨事。つまり、悪いアイデアの外を、輪をかけて悪いアイデアが包み込んでるってわけだ。printfが抱える型絡みの不安定な挙動が、事の始まりになる。その上で、パラメーターの順序に依存しているのを隠したまま、書式設定文字列を、その利用箇所と全く別の場所に置いているので、不安定さに拍車がかかっている。やがて、ある哀れな翻訳者がその行を翻訳しようとして、パラメーター2つの順序を、翻訳先言語[†5]が期待する語順へと入れ替える事態は、避けようがない。そして、ぼくらのコードはクラッシュしてしまうのだ。

　printfは、設計された時代が時の始まり[†6]にまで遡ることを考慮すれば、至らないところを大目に見てやれるかもしれない。でも、別々の引数同士が何らかの形で一致するよう要求するってのは、ろくでもない考えであるにもかかわらず、広まってしまっている。例えば、引数である2つの配列が同じサイズであることを期待するルーチンを書くとしよう。

```
void showAuthorRoyalties(
    const vector<string> & titles,
    const vector<double> & royalties)
```

[†4]　訳注：ソフトウェア製品は、ある単一の言語リソースが組み込まれた状態で開発され、言語リソースのローカライズ（localize：現地語への翻訳）を行うローカライゼーション（localization）作業を経て各言語版がリリースされる。

[†5]　この場合は、アイルランド語だ。名は伏せるがある翻訳アプリでは「Tá $%.2f dlite do %s an ráithe seo」となる。

[†6]　文字通りの意味で。C言語とprintfは、Unix時間（訳注：UTCタイムゾーンの1970年1月1日午前0時0秒からの経過秒数）の値がゼロだった時から間もない時代に発明された。そして、printfは50年経った今でも使われている。そんな運命は、ぼくが今までに書いたどんなコードもたどりようがない。

```
    {
        assert(titles.size() == royalties.size());

        for (int index = 0; index < titles.size(); ++index)
        {
            printf("%s,%f\n", titles[index].c_str(), royalties[index]);
        }
    }
```

他の引数に解釈が依存するような引数を含めることだってある。例えば、座標空間を変換する関数で、逆行列を求める演算と行列の乗算2回のコストを避けるための（ほぼ間違いなく見当違いな）試みの中で、単位行列にフラグを立てるとか[†7]。

```
    Point convertCoordinateSystem(
        const Point & point,
        bool isFromIdentity,
        const Matrix & fromMatrix,
        bool isToIdentity,
        const Matrix & toMatrix)
    {
        assert(!isFromIdentity || fromMatrix.isZero());
        assert(!isToIdentity || toMatrix.isZero());

        Point convertedPoint = point;
        if (!isFromIdentity)
            convertedPoint *= fromMatrix;
        if (!isToIdentity)
            convertedPoint *= Invert(toMatrix);

        return convertedPoint;
    }
```

このコードの実行時に、その種の問題を検知できるなら、まだマシな方だ。こういう問題は、コンパイルを難なくすり抜けてしまうのだ。

問題を検知したとして、他に取りうる手段もろくなものじゃない。引数の不一致に

---

†7　訳注：【コード例解説】ルール7の章末に、詳細を記した（134ページ）。

対しエラーを返すと、呼び出し側でエラー処理コードを書かざるをえなくなる。関数
呼び出し時にやらかした間違いを考慮してエラー処理コードを書くなんていうのは、
何か深刻な間違いが起こってることを示す印だ。

　あるいは、引数同士が一致するか確認するアサートも追加できる。アサートの使い
方次第で、起こりうる結果は、即座に起こるハードクラッシュから、自己責任で無視
できるメッセージまである。その間の分布範囲のどこに位置することになろうが、気
持ちのいい状況じゃない。

自滅を避けるためにコンパイラーの力を借りる

　インターフェイスの設計は、誤った使い方を不可能にするか、最低限でも誤った使
い方がコンパイラーに拒否されるくらいにはしておいた方がよいだろう。複数の並列
配列を結合することにより、配列の長さが一致しなくなる可能性をなくすことだって
できたはずだ[8]。

```
void showAuthorRoyalties(const vector<TitleInfo> & titleInfos)
{
    for (const TitleInfo & titleInfo : titleInfos)
    {
        printf("%s,%f\n", titleInfo.m_title.c_str(), titleInfo.m_royalty);
    }
}
```

---

[8]　訳注：【コード例解説】配列の構造体（structure of arrays/SoA）と呼ばれるデータ構造では、
　　要素数が同じ配列（並列配列［parallel array］）を複数用意し、各配列はリレーショナルデータ
　　ベースのテーブルでいうカラム（列）を表現して、同じ属性のデータが配列内の各要素となる。
　　データベースのレコード（行）にあたるデータにアクセスする際には、各配列の同じインデック
　　スの要素を取り出す。これに対し、データベースのレコードにあたるデータを1つの構造体に
　　入れる、構造体の配列（array of structures/AoS）と呼ばれるデータ構造もある。今回のコー
　　ド例は、SoAだったものをAoS（TitleInfo構造体の配列）に再構成している。ある1種類の属
　　性のデータにしか興味がない場合、AoSだと、ある属性を表すフィールドだけでなく構造体全
　　体がCPUのキャッシュ上に読み込まれる無駄があるが、SoAの場合はそれがない。また、同
　　種の複数データをCPUで一気に処理するSIMD命令を活用する最適化（ベクトル化）を行うた
　　めには、処理対象の同種データが連続する配列が、あるメモリ境界に配置されているという、
　　SIMD命令の要件を満たす必要がある。そこで、そのようなデータの配置（alignment）を元か
　　ら行っておくためにSoAが利用される。SoAは、パフォーマンス最適化が必要な、大量の同種
　　データを処理するアプリケーション（例えば3Dゲーム）での利用も多い。

また、関連する引数を、単一の引数にまとめることもできる。

```
Point convertCoordinateSystem(
    const Point & point,
    const Matrix & fromMatrix,
    const Matrix & toMatrix)
{
    Point convertedPoint = point;
    if (!fromMatrix.isIdentity())
        convertedPoint *= fromMatrix;
    if (!toMatrix.isIdentity())
        convertedPoint *= Invert(toMatrix);

    return convertedPoint;
}
```

ローカライズされたprintfにまつわる悪夢を解決するのは、もっとややこしい。型安全性を確保しつつ、翻訳中に引数の順序並び替えがあっても正しい結果が得られるようにしたい場合、書式設定関数の全引数に文字列を使うという単純な解決策では、不十分だ。

引数1つに書式を設定した上でフィールド名と書式設定された引数とを返す、ヘルパー関数を作成すれば、両方の問題を解決できる。

```
void showAuthorRoyalties(const char * authorName, double amount)
{
    // すなわち "{作者名}への今期の支払額は{支払額}。"

    printMessage(
        MessageID::RoyaltyFormat,
        formatStringField("作者名", authorName),
        formatCurrencyField("支払額", "#.##", amount));
}
```

これで、ローカライズされた書式文字列と渡された引数の間に不一致が何かある場合、残念ながらコンパイル時には検出できないにせよ、後で検出する程度のことはできるようになった。書式文字列は、目的の言語にとって適切ならどんな順番でも引数

を指定でき、あとはprintMessageがうまく取り計らってくれる。書式文字列が、提供していないフィールドを指定したり、提供しているフィールドを指定しなかったりした場合は、実行時にログに記録できる。もっと良いやり方として、ローカライゼーションチームがローカライズを行うために用いるツール内で不一致にフラグを立て、コードが実行すらされないうちに不一致を修正できるようにすることも可能だ。

タイミングが全て

　失敗に耐性のあるインターフェイス作りの勘どころは、使い方の誤りをなるべく早期に発見することだ。

　最悪の場合、誤った使い方は、全く検出されもしない。使い方を誤った機能が、間違った結果を生成するだけだ。そういう場合は、機能を呼び出した側が自分の間違いに気づき、解決してくれることに期待するしかない。でも呼び出し側が気づいてくれるなんてことは、実際にはない。自殺行為に走っているにもかかわらず、なんで自分が傷だらけになったのか、残念な結果を不思議がるのがせいぜいだ。

　コードの実行時に間違いが検出されるなら、まあ、あまり良くはないにせよ、問題を認めないまま呑気に作業を続けるよりはマシだ。理想としては、間違いは見逃しようのない形で報告されてほしい。

　代わりにコンパイラーが間違いを検出してくれるなら、どんなに良かっただろう。コンパイルを通らないコードは、見逃しにくい。

　もしくは一番いいのは、システムの設計上、誤った考え方はコードの形へと表現することすら完全に不可能にしてある状態かもしれない！

もっと複雑な例

　設計によって失敗を外に追い出すっていうより、内に招き入れてしまっている場所としては他に、複雑なオブジェクトの構築がある。

　例えば、こうだ。デバッグ支援用の可視化要素をぼくらのゲーム世界内に描くコードを、Sucker Punchではたくさん書いている。一例として、キャラクターが歩ける場所の外枠をワイヤーフレームで表示するコードがある。また、プレイヤーの存在を現在認識しているNPC（non-player character：プレイヤーが操作しない、AIが制御するキャラクター）の頭上に小さな印を描くコードもある。印が表示されるってのは要するに、プレイヤーの位置をNPCが正確に把握している状態を、AIシステムが

モデル化しているってことだ。敵の剣士が戦闘中に移動しようと考えている様々な場所の上に、スコア数値を小さく描くコードも、用意されている。

こういうデバッグ用の描画は、案外複雑だ。ぼくらのデバッグ用レンダリング技術では、30種類の異なる描画オプションをサポートしており、デバッグ描画用コンテキストを表すオブジェクト上で全て表現される。例えば、3つの座標が与えられたら三角形を描画するといった単純な描画呼び出しを、実際のプリミティブ描画にプログラムがどう変換するか[9]は、そういう30種類のオプションによって決まる。その座標はどのような座標空間にあるのか？ 三角形は、ワイヤーフレームか不透明の、どちらで描かれるべきか？ 三角形が壁の後ろにある場合、壁越しに見えるようにするべきか？等々、その他にもオプションが27種類ある。

コンストラクターにオプションを30個渡すこともできるが、かなり面倒だ。ぼくらの実際のデバッグ用描画パラメーター構造から本書用に改変したり簡略化したりしたバージョン向けに、仮にオプションを全部渡すとしたら、次のコード例みたいになってしまうかもしれない。

```
struct Params
{
    Params(
        const Matrix & matrix,
        const Sphere & sphereBounds,
        ViewKind viewKind,
        DrawStyle drawStyle,
        TimeStyle timeStyle,
        const Time & timeExpires,
        string tagName,
        const OffsetPolys & offsetPolys,
        const LineWidth & lineWidth,
```

---

[9] 訳注：描画（draw）を行うためのコンテキスト（context：文脈）とは、グラフィックス描画の描画先対象を表現し、システムが描画に必要とする属性情報を全てまとめて保持するオブジェクト。ジオメトリー（geometry：幾何学）は、3Dグラフィックスレンダリングにおいては、物体の形状を表す頂点／ベクトルデータや、その処理を指すことが多い。プリミティブ（primitive）は、頂点や線や三角形といった、ジオメトリー上の基本単位。グラフィックスコンテキストに向けてAPIを介し描画呼び出し（draw call）を発行すると、システムがその呼び出しを、プリミティブを描画する一連の描画命令に変換した上で、グラフィックス処理ハードウェア（GPU）にその描画命令を与えて処理させる。

```
        const CustomView & customView,
        const BufferStrategy & bufferStrategy,
        const XRay & xRay,
        const HitTestContext * hitTestContext,
        bool exclude,
        bool pulse,
        bool faceCamera);
    };
```

　これらのオプションは全部、Sucker Punch のコードのどこかで使用されている。でも、ほとんどの呼び出しでは、オプションを1つか2つしか指定していない。デフォルトで選択されている指定が、たいていは適切だ。例えば、デバッグ用描画のほとんどは、ゲーム自体に使っているのと同じ3D座標空間内で行っている。どのNPCがプレイヤーを認識しているかを示す例のように、キャラクターの頭上に単純な球体（sphere）を描画したい場合、こんな風に書くかもしれない。

```
    void markCharacterPosition(const Character * character)
    {
        Params params(
            Matrix(Identity),
            Sphere(),
            ViewKind::World,
            DrawStyle::Wireframe,
            TimeStyle::Update,
            Time(),
            string(),
            OffsetPolys(),
            LineWidth(),
            CustomView(),
            BufferStrategy(),
            XRay(),
            nullptr,
            false,
            false,
            false);

        params.drawSphere(
```

```
        character->getPosition() + Vector(0.0, 0.0, 2.0),
        0.015,
        Color(Red));
    }
```

　こいつは、かなりまずい。使うのが不便な設計で、失敗につながる要素が掃いて捨てるほどたくさん元から備わっている。16個の引数の順序を覚えておくなんて絶対にできやしないだろうから、何がどこに入るか思い出すのに、IDE（integrated development environment：統合開発環境）様のお慈悲にすがるしかない。型が独特な引数の方は、当てずっぽうが外れてもコンパイラーが多分救出してくれるだろう。でも、引数リストの終わりにある何だかよく分からないブール型の引数4つは、どれが何をやるのか追っかけなきゃいけないなんてことになったら、幸運を祈るしかない。markCharacterPosition関数を読む途中に通りすがっただけだと、こういう引数は、全くの謎でしかない。

　そして、コンストラクターの引数の追加や削除が今後絶対にありませんように、ってのを祈ろう。Sucker Punchのコードベースをざっと見直してみると、デバッグ用レンダリングのためのパラメーターを構築している箇所が、850個ほど存在することが分かる。その1つ1つからパラメーターを削除する担当者には、なりたくない！

　パラメーターがたくさんある関数について言いたいのは、要はこういうことだ。パラメーターがたくさんある関数は使いにくく、時間の経過とともに扱いにくさが増していく。その理由は、正のフィードバックループ[†10]と戦っていることによる。パラメーターを増やす可能性が一番高い関数は、既にパラメーターがいっぱいある関数だ。ある関数が引数を8個取るという事実があれば、ある時点で9個目の引数を足す判断を行うことになるだろうと、かなり強く確信できる。犯罪者の中でも最悪の連中は、悪さをとことん突き詰めてしまうものだ。関数のパラメーターが多すぎる状態になってきたと感じたら、逃げ道を計画しておくというのが最善の策になる。

　パラメーターが多すぎるコンストラクターに対する回避策の中で一番一般的なのは、オブジェクト構築処理を、複数回の呼び出しに分割することだ。本物のコンスト

[†10] 訳注：正のフィードバック（positive feedback）のループとは、出力の一部が次のループで入力に足されるので、どんどん入力と出力が大きくなっていくループ。物事が良い方向に向かっていくことを必ずしも意味しない。本文では、引数が多い関数ほど、引数がどんどん増える一方になることを指している。

ラクターでデフォルト値を埋めてから、オブジェクト構築段階のみで呼ばれるメソッドを呼び出し、デフォルトではない値を全部埋めていく。そして完了したら、ある種のコミットを行うcommit呼び出しで、処理を締めくくる。

　キャラクターに付けた印を、50％薄暗くした上で壁越しでも見えるようにしたい場合を、思い浮かべてみよう。段階的なコンストラクターを使うアプローチは、次のようになる。

```
void markCharacterPosition(const Character * character)
{
    Params params;
    params.setXRay(0.5);
    params.commit();

    params.drawSphere(
        character->getPosition() + Vector(0.0, 0.0, 2.0),
        0.015,
        Color(Red));
}
```

　このコードは、引数が16個あるバージョンよりはずっとマシになっている。でも、失敗を招く要素を新たに入れるような設計をしてしまった。要は、呼び出し順序の要件が導入されてしまったのだ。パラメーター群の構築中には、setXRay等の一連のメソッドを呼び出す。もう一方のメソッド群、例えばdrawSphereは、パラメーター群を完全に構築した**後**で呼び出す。そういう期待される順序から外れたメソッド呼び出し、例えばsetXRayをcommitの後に呼び出すとか、drawSphereをcommitの前に呼び出すとか、そういう呼び出しを行った場合に何が起こるかは、未定義だ。従って、エディターやコンパイラーは、助けようにも助けられない。こういう間違いは、実行時まで検出されないだろう。今回の事例ではおそらく、setXRayやdrawSphereの内部にあるアサートで検出される。

　間違いを捕捉するのがそんなに後の方になってしまうのは、最適な状態とは言えない。全く捕捉しないよりはマシだが、もっと早く捕捉したい。あるいは、そういう間違いの可能性をなくす設計をしたいところだ。

　呼び出し順序の間違いを避ける助けに、規則を用いることもあるかもしれない。複数段階コンストラクターを作る方法について、チームで規則集を定めることだってで

きるだろう。例えば、コンストラクターには引数を1つも与えない、commitメソッドを必ず用意する、間違った使い方にフラグを立てるのにアサートを使う、等だ。commitメソッドを見つけたら、そういう規則で定められたパターンを認識して、そのオブジェクトの構築と利用の方法が分かる。こういうのは、何も規則がないよりはもちろんマシだ。でも、取りうる最善の方法ってわけじゃない。

　理想的な場合ともなれば、規則に頼ったりはしない。むしろ、コンパイラーが正しい使い方を強制するようにしていることだろう。不正な使い方は、回避できるようにするだけじゃなく、不可能にした方がよい。

「呼び出し順序の間違い」をそもそも不可能な状態にする

　間違いが不可能な状態を実現するには、2つの段階を別々のオブジェクトに分割するという方法がある。つまり、パラメーター群の構築という段階と、そのパラメーター群を使った描画の段階だ。話にひねりを加えるために、パラメーターをさらに2つ追加しよう。球体は、デフォルトのワイヤーフレーム版ではなく中身の詰まった（solid）バージョンを描き、球体の大きさがちょっとだけ膨らんだり縮んだりを繰り返す（pulse）ようにして、もっと見やすくする。そういう複数段階を複数オブジェクトに分離すると、次のようになる。

```
void markCharacterPosition(const Character * character)
{
    Params params;
    params.setXRay(0.5);
    params.setDrawStyle(DrawStyle::Solid);
    params.setPulse(true);

    Draw draw(params);
    draw.drawSphere(
        character->getPosition() + Vector(0.0, 0.0, 2.0),
        0.015,
        Color(Red));
}
```

　こういう構造を用いると、正しい順序での呼び出しが暗黙のうちに行われる。Drawオブジェクトの作成にParamsオブジェクトが必要なので、Paramsオブジェクトを当

然最初に作る。

　イディオム†11っぽいC++の小技を使うと、もうちょっと簡潔にできる。set何とか関数からオブジェクト自身への参照を返せば、set何とか関数呼び出しを連鎖的なチェイン状に行えるのだ。潔癖な質の読者なら、目を背けたくなるかもしれない†12。

```
void markCharacterPosition(const Character * character)
{
    const Params params = Params()
                        .setXRay(0.5)
                        .setDrawStyle(DrawStyle::Solid)
                        .setPulse(true);

    Draw draw(params);
    draw.drawSphere(
        character->getPosition() + Vector(0.0, 0.0, 2.0),
        0.015,
        Color(Red));
}
```

　こういうイディオムに慣れてない限り、こいつはC++のコードには見えない。そしてC++コードっぽくないってのは、利点にはならない。たまたま正当ではあるものの、実に奇妙な見た目のコードを差し込むってのは、「驚き最小の原則」（この文脈では、あるアルゴリズムの各種表現のうち、与える驚きが最小の表現こそが、その最良の表現であるという説）を信ずる者にしてみれば、ろくなことじゃない。

　でもこういう風にすると、1つ大きな利点がある。Paramsをいじくり回す操作は全部、メソッドのチェイン内で行われる。そのため、C++のconstキーワードを使い、Paramsオブジェクトを定数にできる。つまり、一度構築したParamsオブジェクトを後でいじろうとしても、コンパイラーに止められることになるってわけだ。残存していた曖昧な部分が、こうしてconstを使うことで、曖昧ではなくなる。前は、Params

---

†11　訳注：イディオム（idiom：慣用句）は、ある言語に固有の、定石として頻出する便利な表現。
†12　訳注：【コード例解説】Paramsクラスの一時オブジェクトを生成し、その参照に対してsetXRayメソッドを呼び出し、setXRayメソッドは一時オブジェクトの参照を返す、というのを繰り返し、最後に一時オブジェクトをコピーしてparamsオブジェクトを生成する。最初に生成された一時オブジェクトはこの最初の行を過ぎると破棄される。

オブジェクトを用いてDrawオブジェクトを構築した後にParamsオブジェクトを変更すると、何が起こるか不明確だった。Paramsオブジェクトをconstにすれば、この問題はどうでもよくなる。

　とはいえ、オブジェクトを2つ定義するのはやっぱり面倒だ。クラスを分けてやれば、デバッグ用の可視化コードを書くSucker Punch社員にとって、draw何とか関数の呼び出し後にset何とか関数を呼び出しちゃいけないのが明確になる……が、呼び出しちゃいけないのが明確になるだけじゃなく、そういう呼び出し方が本当に不可能になっていたら、もっといい。前述のコードの書き方に則ると、まさにその通りのことができる。

```
void markCharacterPosition(const Character * character)
{
    Draw draw = Params()
                .setXRay(0.5)
                .setDrawStyle(DrawStyle::Solid)
                .setPulse(true);

    draw.drawSphere(
        character->getPosition() + Vector(0.0, 0.0, 2.0),
        0.015,
        Color(Red));
}
```

　これで、変な「メソッドチェイン」イディオムに納得感が出てきた！ Paramsオブジェクトは、コードの他の部分には一切公開されない。Paramsオブジェクトは、Drawオブジェクトの構築に必要な間だけ存在するので、手が滑って参照しちゃうような別のインスタンスは存在しない。実際、このコードは非常に引き締まっており、このように記述してやれば、設計によって失敗を外に追い出せるのだ。

　このイディオムは、他のちょっとした変なイディオム同様、プロジェクトで広く使われるようになるのが一番いい。そうすれば、変なものには見えないようになる。このイディオムが使われたとして、チームの誰もがイディオムとして認識するんだったら、「驚き最小の原則」にも違反しない。でもチームがこのイディオムを既に使っているわけじゃないなら、オブジェクトの構築に関する問題を1つ解決するためだけにこのイディオムを導入するのは、やめた方がいい。ぼくがコードレビューでこのイ

ディオムを見たら、原則的に却下する。何故なら、Sucker Punchでは、メソッドチェインっていうイディオムを使っていないからだ。でも、多元宇宙のどこかにあるSucker Punchの別のインスタンスが、こういう問題を解決するための標準的方法としてメソッドチェインを使っているところは、容易に思い浮かべられる。

メソッドチェインの代わりにテンプレートを使う

　ちょっとした変なイディオムで、Sucker Punchにいるぼくらが実際に受け入れているものもある。この手の型安全なオプション引数的なものを、C++テンプレートを使って実現するってやつだ。大量のパラメーターが関係する問題は、今回の場合だけじゃない。そういう大量のパラメーター群のうち使われるパラメーターは、大半の呼び出し元の場合、ほんの少数だったりする。そこでぼくらは、そういう問題の扱い方について規則を設けた。

　Paramsオブジェクト用にぼくらが実際に書くコードは、次のようになることがある[13]。

```
void markCharacterPosition(const Character * character)
{
    Draw draw(XRay(0.5), DrawStyle::Solid, Pulse());

    draw.drawSphere(
        character->getPosition() + Vector(0.0, 0.0, 2.0),
        0.015,
        Color(Red));
}
```

　こいつは、メソッドチェインのモデルに比べて良いとか悪いとかの話じゃなく、単に違うってだけのことだ。ぼくらにとっては、こいつがぼくらの使っているイディオムなので、こっちの方がいい。一方でメソッドチェインを使うチームにとっては、不透明で変なものに見えるだろう。でも結局のところ、使い方の間違いをなくすイディオム、つまりプログラマーの自滅を防ぐイディオムならどんなものであれ、一から十

---

[13]　訳注：【コード例解説】Drawクラスのコンストラクターの引数は、C++の可変引数テンプレート（**ルール16**でも登場）を用いて、任意の型と数の引数を受け入れられるようにtemplate <class... TT> Draw(TT... args)と定義されている。

までユーザーが自力で全部整えることに頼ったイディオムに比べれば、大きな進歩だ。

状態制御の整合性を図る

今回の**ルール**ではここまで、引数の一致や複雑なコンストラクターみたいな一般的な例2つについて、引数やコンストラクターが公開するインターフェイスの誤った使い方をなくせる設計方法にはどんなものがあるかを見てきた。この節では、Sucker Punchのゲームに繰り返し出てくる3つ目の例として、ゲーム内のキャラクターたちの状態管理をしようとするコード全部の整合性を図る方法を紹介する。

例えば、矢を受けてしまったとか、ダメージが発生する何かのイベントに対して、キャラクターが反応するかどうか決めるとしよう。一般的には、キャラクターが矢に当たったら、反応しなきゃいけない。でも、いつもそうとは限らない！　プレイヤーが歩いていきNPCに話しかけるカットシーンが仕込み（scripted）[†14]で用意されていて、ゲームがそのカットシーンを開始した場合、流れ矢が飛んできてプレイヤーに当たっても、とにかく無視した方がいい。バカらしく見えるが、別のやり方よりはマシだ。操作できない間にプレイヤーにダメージを与えるってやり方は、ゲーム設計上この上ない大罪だからだ。また、カットシーンはかなり繊細で壊れやすいので、プレイヤーにダメージを与えると、カットシーン内で他に起こるはずのこと全部が狂いかねない。矢が跳ね返るってだけにしといた方がいい。

厄介なのは、キャラクターが一時的に無敵（invulnerable）になるかもしれない理由のある局面が、たくさんあることだ。カットシーンだけじゃない！　無敵になる薬（potion）を、キャラクターが一気飲み（chug）したところかもしれない。アニメーション上の問題を避けるために、矢を受けた後に少しの間だけ無敵にすることもある。新種の攻撃方法のテスト中にプレイヤーを無敵にするのが便利なので、プレイ

---

† 14　訳注：あらかじめ決まったスクリプト（script：台本）がある、制作側が企画したイベントであること。ゲームの場合、簡単なスクリプト言語やデータ形式を用いてキャラクターの行動や台詞やカメラアングル等を定義し、それに沿って、プレイヤーの操作ができない場面（cut scene：カットシーン）が台本通りに進行する。カットシーン再生中は、ただ見ているだけになりプレイヤーを退屈させやすいため、ある程度操作可能にしたり、随所でプレイヤーの限定的な操作を求めるクイックタイムイベント（quicktime event/QTE）としたりする工夫が行われることがある。

ヤーの無敵状態に関するオプションを、開発中のテスト用に限って使えるデバッグメニューに追加したりするかもしれない。そうこうしているうちに、キャラクターが一時的に無敵になるよう設定される場所が、何十か所もできる羽目になる。

　一番分かりやすいアプローチは、キャラクターの無敵状態に着目するってやつだ。どの時点であれキャラクターは、無敵か無敵じゃないかのどちらかになる。であれば、その状態へのインターフェイスをただ公開すりゃいいんじゃないか？　そういう風にしとけば単純そうだ。

```
struct Character
{
    void setInvulnerable(bool invulnerable);
    bool isInvulnerable() const;
};
```

　その上で、こういうカットシーン内では、プレイヤーを無敵にしたりするかもしれない。

```
void playCelebrationCutScene()
{
    Character * player = getPlayer();
    player->setInvulnerable(true);
    playCutScene("チューイ†15のメダルはどこだ.cut");
    player->setInvulnerable(false);
}
```

　このコードはうまくいく。ただし、一度に1つのコードだけがプレイヤーの無敵状

---

†15 訳注：映画『スターウォーズ』シリーズに登場するキャラクターであるチューバッカの愛称。もう1人のキャラクターであるハン・ソロが、ハン・ソロの宇宙船ミレニアム・ファルコンの副操縦士で相棒であるチューバッカをこの愛称で呼ぶ。チューバッカは『スター・ウォーズ／スカイウォーカーの夜明け』（2019）で、勇気を称えるメダルを授与された。それまでのシリーズ作品中、他のキャラクターたちはメダルをもらえていたのに、チューバッカだけがメダルをもらえておらず、毛皮に覆われたウーキー族であるチューバッカは差別を受けているという噂がファンの間で囁かれていた。著者によると、コード内のカットシーン名文字列は、ハン・ソロと宇宙船を共有するのに飽きたチューバッカが、自分用の宇宙船を得て、故郷の惑星キャッシークへウーキー族の女性を探しに行く様子とのこと。

態をいじっている場合に限る。おそらく、無敵になる薬についても、同様のコードがあるはずだ[16]。

```
void chugInvulnerabilityPotion()
{
    Character * player = getPlayer();
    player->setInvulnerable(true);
    sleepUntil(now() + 5.0);
    player->setInvulnerable(false);
}
```

これら2つのコードは、こんがらかってしまいやすい。それは、設計のせいで、間違った使い方に従ってしまいやすいからだ。カットシーン中にプレイヤーが、無敵になる薬の栓を開けたら、さあ大変。カットシーンが始まり、setInvulnerableを通じプレイヤーが無敵になった後、薬が一気飲みされ、再びsetInvulnerableが呼び出される。プレイヤーは既に無敵なので、こういう再度の呼び出しには何の効果もない。5秒後、薬が切れ、setInvulnerable(false)が呼び出される……その間、カットシーンはまだ進行中だ。こいつはまずい。

もし、1個の例を元に一般化していくとしたら、こんな風に問題を修正しようとするかもしれない。

```
void playCelebrationCutScene()
{
    Character * player = getPlayer();
    bool wasInvulnerable = player->isInvulnerable();
    player->setInvulnerable(true);
    playCutScene("チューイのメダルはどこだ.cut");
    player->setInvulnerable(wasInvulnerable);
}
```

---

[16] これらの例は、内製スクリプト言語で書かれた同等のコードを持ってきて書き直したものだ。そのスクリプト言語には、コルーチン（co-routine：一時的に処理を中断して制御を他に渡し、後で中断したところから再開できる関数）を通じた非同期プログラミングのサポートが組み込まれている。sleepUntilの呼び出しは、他のコードの実行をブロックしない。直前の例にあった、playCutSceneも同様だ。このことは、後で分かるように、複雑な事態を引き起こす可能性がある。

```
void chugInvulnerabilityPotion()
{
    Character * player = getPlayer();
    bool wasInvulnerable = player->isInvulnerable();
    player->setInvulnerable(true);
    sleepUntil(now() + 5.0);
    player->setInvulnerable(wasInvulnerable);
}
```

　このコードでは、フラグの元の状態を復元することで、2つのコードがこんがらかるのを防ごうとしている。この方法は、それなりにうまくいく。Sucker Punchは、こういう解法を使ったゲームを出荷したことがある。でも、一方がもう一方の中に全部入る完全な入れ子になるようにしない限り、こういうやり方は破綻する。例えば、無敵になる薬をプレイヤーがカットシーン開始直前に一気飲みしてしまえば、カットシーン開始後に薬が切れるのを防げない。

　じゃあ、こういう間違った使い方をなくすには、どうしたらいいのか？ まあ、無敵状態関連のコードに存在する様々な部分を分離するってのが考えられる。関心の対象になっているコードの各部向けに別々の無敵状態フラグを維持して管理しておけば、コードの各部分がこんがらかったりはしないだろう。

```
void playCelebrationCutScene()
{
    Character * player = getPlayer();
    player->setInvulnerable(InvulnerabilityReason::CutScene, true);
    playCutScene("そりゃ反毛皮の偏見だ、それ以外の何物でもないね.cut");
    player->setInvulnerable(InvulnerabilityReason::CutScene, false);
}

void chugInvulnerabilityPotion()
{
    Character * player = getPlayer();
    player->setInvulnerable(InvulnerabilityReason::Potion, true);
    sleepUntil(now() + 5.0);
    player->setInvulnerable(InvulnerabilityReason::Potion, false);
}
```

　このアプローチでは、単一のフラグではなく、無敵状態フラグ群を全てチェックする。これらのフラグのうち1つでも立っていれば、プレイヤーは無敵だ。個々のフラグを立てるコードが1個だけである限り、コードの別々の部分が足の引っ張り合いをするようなことを心配しないでいい。

　こういうアプローチはうまくいくが、規律を要する。誰かが怠けて、コードの別の部分でInvulnerabilityReasonを再利用したら、何もかもがぶち壊しになるかもしれない。また、無敵状態を調整したいコードが新しく出てくるたびに、InvulnerabilityReason列挙型に新しい値を追加しなきゃならないってのは、すぐに煩わしくなってきてしまう。

　コードのこんがらかった部分をなくすために、無敵状態のカウント数を追跡するってのを考えるかもしれない。単一のフラグを見るんじゃなく、そのキャラクターが無敵であるよう望むコード部分がいくつあるか数えるってわけだ。コード部分のどれかがそのキャラクターを無敵にしたいと思えば、そのキャラクターは無敵になる。この考え方が行き着くのは、非常に単純な、プッシュとポップのモデルだ[17]。

```
void playCelebrationCutScene()
{
    Character * player = getPlayer();
    player->pushInvulnerability();
    playCutScene("自分の宇宙船を持つぞ.cut");
    player->popInvulnerability();
}

void chugInvulnerabilityPotion()
{
    Character * player = getPlayer();
    player->pushInvulnerability();
    sleepUntil(now() + 5.0);
    player->popInvulnerability();
}
```

---

[17] 訳注：【コード例解説】Characterクラスは、要素数として無敵状態の参照カウント数を示すスタックを内部に持っていると考えられる（スタックについては**ルール2訳注9参照**）。スタックの要素数が0ではなく、1以上であれば、キャラクターは無敵として扱われる。

131

　この手のプッシュとポップのモデルは、うまくいくことはいく。このイディオムは、一度慣れさえすれば、分かりやすい。新しいコード部分でダメージをいじりたい場合も簡単に拡張できるし、コードの別々の部分が個々独立に無敵状態のカウント数をプッシュしたりポップしたりしても、何も不具合が起きたりせずに済む。

　それでも、使い方を間違いやすい部分がまだ残っている。popInvulnerabilityをコードが呼び忘れると、そのキャラクターは永遠に無敵のままになってしまう。こいつは、うっかりやってしまいやすい間違いだ。例えば、関数の途中で早期終了するコードを関数内に追加しておきながら、早期終了の場合は後始末が必要なことに気づかなかったりするかもしれない。あるいは、早期終了の場合に、無敵状態をポップすることにより後始末の問題を解決しようとして、誤って2回ポップしてしまい、輪をかけて謎な結果を招いてしまうかもしれない[18]。

　使い方の間違いは、完全に排除した方がいい。排除するための一番簡単な方法は、プッシュとポップを、コンストラクターとデストラクターのペアでラップ[19]することだ。そうすれば、コンパイラーがぼくらの味方になる。

```
void playCelebrationCutScene()
{
    Character * player = getPlayer();
    InvulnerableToken invulnerable(player);
    playCutScene("あばよ、負け犬ども.cut");
}

void chugInvulnerabilityPotion()
{
    Character * player = getPlayer();
    InvulnerableToken invulnerable(player);
    sleepUntil(now() + 5.0);
}
```

---

†18　ちなみに、ぼくはこういう失敗を、両方とも何度もやったことがある。

†19　訳注：ラップ（wrap）する＝包むという意味。ここでは、InvulnerableToken生成時にコンストラクターが呼び出され、スコープの終わりにデストラクターが自動的に呼び出されるため、単に囲むという程度の意味だが、元のオブジェクトを内包するオブジェクト（wrapper：ラッパー）を作成し、有用なインターフェイスを付加したり元のオブジェクトへのアクセスを制御したりすることもある。

　このコードは、ずいぶん引き締まっている。間違いが起こりにくいコードになった。もちろん、しくじる可能性はまだあると言えばある。InvulnerableTokenを、破棄されない場所（例えば、ヒープに保存した構造体に埋め込む等）に作成した場合[20]、思った通りにいかないことが依然としてありうる。でも実際のところは、オブジェクトの寿命ってのは、社内のプログラマーが通常は正しく理解しているものだというのがぼくらの認識だ。共有された状態の管理を確実に提供できるように、そういうプログラマーの理解を活用するというやり方が、ぼくらのところでは実にうまくいっている。

誤りを検出できるといい、でも誤りをコードとして表現することが不可能ならもっといい

　ここまでの例では、コンパイラーの助けを借りることで、しくじりやすい使い方の大半をなくすことができた。何であれコンパイラーが見つけてくれるなら、プログラマーの仕事が楽になる。ぼくらが使ったいろいろなテクニックは、複雑なものじゃない。Sucker Punchのゲームでは、こういういろいろなテクニックを、多様な問題に応用してきた。そして、そういう使い方の誤りをコードとして表現することすらできない構造になっていれば、もっといい！　でもDouglas Adamsには、この件について持論がある[21]。

> 　完全にフールプルーフ[22]なものを設計しようとする場合にやってしまいがちな間違いは、完全に愚かな者が行う創意工夫を過小評価することだ。

　もちろん、彼の言う通りだ。完璧な答えなんてありはしない。出てくる可能性のある間違った使い方を全部防ぐ手だてもない。ユーザーが自殺行為で直接自らを傷つけ

---

[20]　訳注：C++では、InvulnerableTokenクラスのオブジェクトがコード例中で作成されているように、スタックメモリ上に作成したオブジェクトはスコープの終わりで自動的に破棄されデストラクターが呼ばれる。他方、newを呼んでヒープメモリ上に作成したオブジェクトは、明示的にdeleteを呼び出さない限り破棄されない。

[21]　『ほとんど無害』（ダグラス・アダムス 著、安原 和見 訳、河出書房新社、2006年）／訳注：Douglas Adams（1952-2001）はイギリスのSF作家、脚本家。引用文和訳は本書訳者による。

[22]　訳注：フールプルーフ（foolproof）とは、文字通りの意味は「愚か者（fool）に耐性のある（proof）」で、人間であるユーザーがどんなに間違った使い方をしても問題が発生しないようなシステム設計を指す。この引用文は、「完全にフールプルーフ（completely foolproof）」と「完全に愚かな者（complete fool）」を対比させた言葉遊び。

るのを防ぐことはできても、ユーザーの行為に起因して間接的な影響が及ぶ可能性を全て防ぐことは難しい。ぼくらが目指すゴールは、完全にフールプルーフな設計なんかじゃない。正しい使い方をするのが実に簡単で、誤った使い方をするのが実に難しい、そんな設計ってだけのことだ。

　設計を完全にフールプルーフにすることはできないとはいえ、愚行を少しでも防ぐことができれば、システムは堅牢性を増す。従って、設計の最初から、失敗が起こる場合をなくす機会を探るべきだ。

訳注7：【コード例解説】

　3D空間内に複数のオブジェクトが存在している場合、各オブジェクト（3Dモデル）にはそれぞれ別個に、ローカルな座標空間を表す座標系（モデル座標系）がある。3Dモデルは、頂点＝座標（point）＝ベクトルの集合として表現できる。あるベクトルに行列（matrix）を乗算すると、別のベクトルが得られる。ただし、対角成分が1でそれ以外の成分が0である正方行列（行数と列数が同じ行列）を単位行列（identity matrix）といい、ベクトルに単位行列を乗算した場合は、元と同じベクトルが得られる。

　ベクトル＝座標に対し適用する、平行移動、回転、拡大縮小といった座標変換は、乗算する行列によって表現できる。そして、3D空間それ自体が持つグローバルな座標系（ワールド座標系）と各オブジェクトのモデル座標系との関係は、座標変換を表す行列によって表現できる。この行列は、モデル座標系の座標をワールド座標系の座標に変換し対応付ける。従って、この行列により、あるモデル座標系を表せる。

　また、ある正方行列に対し、乗算すると単位行列が得られるような行列を、逆行列（inverse matrix）という。ある座標変換の変換先座標から変換元座標を求める逆変換を行うには、元の座標変換を示す行列の逆行列を乗算すればよい。あるモデル座標系の座標を別のモデル座標系の座標へ変換する関数convertCoordinateSystemのコード例では、変換元のモデル座標系を表す行列（fromMatrix）をまず座標pointに乗算してワールド座標系に変換し、次いで、変換先のモデル座標系を表す行列（toMatrix）の逆行列をInverse関数によって求めてpointに乗算することで、ワールド座標系の座標から変換先のモデル座標系の座標に変換している。

　引数isFromIdentityはfromMatrixが単位行列であるかどうか、引数isToIdentityはtoMatrixが単位行列であるかどうかを示すが、fromMatrixやtoMatrixが実際に単位行列であるかどうかと一致している保証は、このコード例の場合ないため、一致させるコード例が次節で示されている。

ルール **8**

実行されていないコードは
動作しない

　どんな大きなコードベースでも、それなりの期間存在すればなおさら、その中に行き止まり（dead end）がある。行き止まりというのは、何行かのコードや、関数や、下位システムで、以後実行されることのない部分だ。そういう部分が追加されたのにはおそらく理由があり、かつてのある時点では、そういうコード行も呼び出されていたのだ。でも状況は変化し、どこかの時点で、呼び出していたコードは全て、その必要がなくなってしまった。そして呼び出しは来なくなる。コードは孤立してしまったのだ。

　時には、プログラム内の他のどの場所からも呼び出されない関数みたいに、孤立状態であることがはっきりしている場合もある。使っている言語とツールチェイン[†1]がそれなりにしっかりしているなら、そういう決まった種類のデッドコード（dead code）に関する警告だって表示されるかもしれない。

　もっと一般的なのは、孤立状態にあるコードがそれほどはっきりしていない場合だ。はっきりしてないといっても、基底クラスで定義された仮想（virtual）メソッドが、ある派生クラス向けには決して呼び出されないとか、機械的な構造上の問題の可能性はあるかもしれない。でも静的解析では、そういう類のことは検出できない[†2]。あるいは、関数内の、ある特殊なエッジケース[†3]を処理するために書かれたコードが

---

†1　訳注：ソフトウェア開発向けに組み合わせて用いる複数のツール群。

†2　訳注：C++の仮想関数は、派生クラスで再定義されるメンバー関数（メソッド）で、基底クラスでvirtualキーワードを付けて宣言する。基底クラスへのポインターを介した仮想関数への呼び出しは、そのポインターが実際に指す派生クラスが実行時にどれであるかに応じて、仮想関数テーブル（vtable）を介した動的ディスパッチ（dispatch：割り振り）を行い、その派生クラスで再定義されたバージョンのメンバー関数が呼び出される。プログラムを実行せずにソースコードを解析する静的解析では、実行時の情報がないため、実際にどのバージョンのメンバー関数が呼び出されるか、または呼び出されないかは、把握できない。

†3　訳注：エッジケース（edge case）は、境界線上にある特別な値の場合。

135

あり、そういう場面では特殊な条件分岐処理が必要になっている。ある時点で状況が変わり、そういう場面は以後発生しようがなくなる。そのエッジケースのコードはそこに残ったままだが、呼び出されることは二度とない。

　成熟が進めばどのコードベースでも、定義されたまま使われない列挙型の値や、あるライブラリーの何年も使っていない古いバージョンを対象とした特殊な場合のコードなど、孤立状態にあるコードが、目を凝らせば凝らすほどたくさん見つかる。

　コードのこういう類の進化は、自然であり、必然でもある。コードベースというものは河なのだ。氾濫原[†4]を行ったり来たりしながら、時には進路を変えていく。河の古い部分が切り離されるほどに進路が変わることもある。切り離された当初は河っぽかったその部分が、今度は湖になる。

　コードの進化を単純化した例を見てみよう。ゲームに登場する全キャラクターを追跡するコードがあると思ってほしい。ゲーム開発の進行に伴い、キャラクター追跡の要件は進化し、コードも一緒に進化する。この進化の過程にある4つの各時点で立ち止まって、様子を確認することにしよう。

第1段階：単純な始まり

　物事は単純なところから始まる。ゲームは、ゲーム内の各キャラクター用にオブジェクトを1つインスタンス化する。そして、そのキャラクターが他のキャラクターを脅威、すなわち敵（enemy）と見なすか、あるいは味方（ally）と見なすか、という点について主に調べるための単純な問い合わせメソッドを、そのオブジェクトは公開している。

```
struct Person
{
    Person(Faction faction, const Point & position);
    ~Person();

    bool isEnemy(const Person * otherPerson) const;

    void findNearbyEnemies(
        float maxDistance,
```

---

†4　訳注：川が洪水で溢れる際に冠水する、川の流域の低地。

```
        vector<Person *> * enemies);
    void findAllies(
        vector<Person *> * enemies);

    Faction m_faction;
    Point m_point;

    static vector<Person *> s_persons;
    static bool s_needsSort;
};
```

ゲームに登場するキャラクターが全員入ったリストがあり、保守管理されている。

```
Person::Person(Faction faction, const Point & point) :
    m_faction(faction),
    m_point(point)
{
    s_persons.push_back(this);
    s_needsSort = true;
}

Person::~Person()
{
    eraseByValue(&s_persons, this);
}
```

　各キャラクターには「党派（faction）」が設定されており、異なる党派のキャラクターは敵と見なされる。

```
bool Person::isEnemy(const Person * otherPerson) const
{
    return m_faction != otherPerson->m_faction;
}
```

　キャラクターの近く（nearby）にいる敵を探す必要が頻繁に出てくるので、探す方法が存在する。

```
void Person::findNearbyEnemies(
    float maxDistance,
    vector<Person *> * enemies)
{
    for (Person * otherPerson : Person::s_persons)
    {
        float distance = getDistance(m_point, otherPerson->m_point);
        if (distance >= maxDistance)
            continue;

        if (!isEnemy(otherPerson))
            continue;

        enemies->push_back(otherPerson);
    }
}
```

　また、キャラクターの味方を知る必要があるので、そのための方法も用意されている。その方法はやや巧妙で、キャラクターたちは党派ごとにソートされ、キャラクターの味方たちが全員一緒にまとめられる。キャラクターの味方たちが並んだ部分の端に到達したら、関数を早期終了できる。

```
bool compareFaction(Person * person, Person * otherPerson)
{
    return person->m_faction < otherPerson->m_faction;
}

void Person::findAllies(vector<Person *> * allies)
{
    if (s_needsSort)
    {
        s_needsSort = false;
        sort(s_persons.begin(), s_persons.end(), compareFaction);
    }

    int index = 0;
```

```
    for (; index < s_persons.size(); ++index)
    {
        if (!isEnemy(s_persons[index]))
            break;
    }

    for (; index < s_persons.size(); ++index)
    {
        Person * otherPerson = s_persons[index];
        if (isEnemy(otherPerson))
            break;

        if (otherPerson != this)
            allies->push_back(otherPerson);
    }
}
```

このコードは何もかもうまくいくので、単純な党派ベースの敵意（hostility）モデルを使って開発を進めていく。ところで、ゲームってものは、こんな単純な方式を用いた場合でも、結構悪くないところまで到達できる。どの党派がどの党派と敵対するか決定する関数を追加すれば、Sucker Punchのゲームである『inFAMOUS』シリーズの敵意モデルそのものができあがるだろう。

でも、こういう敵意モデルで十分なように見える一方で、最初に見た2つの問い合わせ関数findNearbyEnemiesとfindAlliesは、すぐに要求を満たさなくなってしまう。どちらも便利な関数だが、これらの関数では対応できない新たな問題が発生する。例えば、プレイヤーから見た視線が遮られずに見える（clear line of sight）味方を、全員見つけたくなるかもしれない。その場合、プレイヤーの味方たちを見つけてから、プレイヤーから見えない味方をフィルターして除外することで、対象の味方たちが得られる。

```
vector<Person *> allies;
player->findAllies(&allies);

vector<Person *> visibleAllies;
for (Person * person : allies)
```

```
    {
        if (isClearLineOfSight(player, person))
            visibleAllies.push_back(person);
    }
```

　また、そんな場合に対応するために、Personクラスのメソッドを増やすかもしれない。例えば、findVisibleAlliesメソッドの追加なんて朝飯前だよね？ そういうメソッドがあれば、味方の中間的なリストalliesは不要になり、visibleAlliesまで飛ばして直接たどり着ける。でもこのアプローチは、find何とか関数の数が増えるにつれて、扱いにくくなってくる。特化がどんどん進むfind何とか関数群を、Personクラスに十数個追加して、そういう関数のほとんどが1か所からしか呼ばれないとしたら、きみにとっては何もいいことがない。

第2段階：よくあるパターンの一般化

　こういうパターン（「ある条件群に一致するキャラクターたちを検索する」）の例は十分に蓄積されているので、自信を持って一般化できる[5]。そこで、Personクラスにテンプレート関数を追加する。

```
    template <class COND>
    void Person::findPersons(
        COND condition,
        vector<Person *> * persons)
    {
        for (Person * person : s_persons)
        {
            if (condition(person))
                persons->push_back(person);
        }
    }
```

　こうすれば、コードをそこそこ読みやすい状態に維持したまま、余計なメモリー確

---

[5]　**ルール4**「一般化には3つの例が必要」によると、ここでの「十分」とは、「最低3つ」だ。

保を回避できる[†6]。

```cpp
struct IsVisibleAlly
{
    IsVisibleAlly(Person * person) :
        m_person(person)
        { ; }

    bool operator () (Person * otherPerson) const
    {
        return otherPerson != m_person &&
                isClearLineOfSight(m_person, otherPerson) &&
                !m_person->isEnemy(otherPerson);
    }

    Person * m_person;
};

player->findPersons(IsVisibleAlly(player), &allies);
```

　テンプレート関数がしっかりしたものになったら、コードベース内にある Person::findNearbyEnemies と Person::findAllies の呼び出しを全部、一通り調べる。第1段階での、視線を処理するコード例で使った多段フィルター処理のイディオムが見つかったら、新しい findPersons テンプレートを使う形に変換する。

　こういう風に一通り調べていく過程で、findAllies を呼んでいたありとあらゆる場所が余分なフィルター処理をしていたことが分かったので、全部 findPersons に変換する。こいつはいい話で、コードが単純になり、速くなり、読みやすくなる。この段階の結果には満足だ。多段フィルター処理が全部不要になり、コードベースは読みやすくなる。findNearbyEnemies の呼び出しを数回にし、findPersons の呼び出しを大量に行うようにし、findAllies の呼び出しをゼロにして、引き続き開発を前に進めていく。

　でもやがて、単純な敵意モデルじゃ物足りないっていう判断になる。そこで、プレ

141

イヤーには変装をさせることにする。プレイヤーに警備員の制服を着せた上で、撃たれることなく警戒区域内を歩いて通過させるというのが目標だ。

第3段階：変装機能の追加

　また、変装機能を追加することで、これまで使ってきた単純な敵意モデルの欠点が露呈してしまう。世界を味方と敵に分けるってのが、あまりうまくいかないのだ。キャラクターたちの多くが互いに感じている、相反する複雑な感情を反映させる必要がある。そのために、中間に何か加えなきゃいけないのが実際のところだ。警備員が他の警備員を味方だと思っている一方で、その辺の適当な観光客は、味方と敵の間のどこかに位置する。

　微妙な差異がいろいろある、こういう敵意モデルは、仮想インターフェイスの形へと抽象化しやすい[†7]。

```
enum class Hostility
{
    Friendly,
    Neutral,
    Hostile
};

struct Disguise
{
    virtual Hostility getHostility(const Person * otherPerson) const = 0;
};
```

　Personクラスに新しいメソッドを追加して、キャラクターが現在している変装の設定に使う。何も変装してないことを示すには、nullptrを用いる。

```
void Person::setDisguise(Disguise * disguise)
{
    m_disguise = disguise;
}
```

[†7]　訳注：【コード例解説】enumキーワードで列挙型Hostilityを定義し、取りうる値としてはFriendly（友好的）、Neutral（中立）、Hostile（敵対的）の3種類がある。

isEnemy メソッドは、明らかにちょっと変更が必要だ。

```cpp
bool Person::isEnemy(const Person * otherPerson) const
{
    if (otherPerson == this)
        return false;

    if (m_disguise)
    {
        switch (m_disguise->getHostility(otherPerson))
        {
        case Hostility::Friendly:
            return false;

        case Hostility::Hostile:
            return true;

        case Hostility::Neutral:
            break;
        }
    }

    return m_faction != otherPerson->m_faction;
}
```

　そして……実はこれで全部になる。他にも書いたコードは、全部問題なく動作して
いるようで、新しいバグも出ておらず、変装機能も期待通りに動作している。
　でも、問題が潜んでいる。古い Person::findAllies メソッドは、もはや動作しな
いのだ。そして、誰もこのメソッドを呼び出さないので、動作しなくなったことに気
づきもしない。変装機能を追加したせいで、findAllies での分かりにくい仮定が崩
れてしまった。「キャラクターのリスト全体を党派でソートすれば、味方が全員、配
列の中で互いに隣接することになる」と、findAllies は仮定している。変装機能が
入っている場合、この仮定通りになることもそれなりにあるが、いつもそうなるわけ
じゃない。
　この種の問題の発見に関しては、コードレビューは当てにできない。コードレ
ビューは、変更されたコードの問題を見つけるのには適している。何故ならレビュー

143

では、変更されたコードに注目するからだ。コードレビューは、変化していないコードに存在する問題を見つけるのには、適していない。レビュアーは通常、変化していない部分は読み飛ばしてしまうからだ。

　このバグがとりわけ厄介なのは、変装機能を作成して使い始めた後なら必ず再現するってわけじゃないところだ。キャラクターのリスト内で、味方たちが連続した列を形成している限りは、何もかもうまくいく。また、findAlliesがまともに動作していない場合でも、味方のリストの一部は相変わらず返すので、失敗が必ずしも明らかにはならない。

　このバグが永遠に隠れたままになる可能性は、十分ある！ ぼくは、25年前に自分が書いたコードに、今でも時々バグを見つける。そういうバグが、そのコードに存在するバグの最後ってわけじゃないことは確かだ。古いコードの中にはさらなるバグが常に潜んでおり、活性化する機が熟すのを待ちうけている。でも、潜在的なバグが露呈するほどの状況の変化は、全然起こらないかもしれない……そうしてみると、これは本当に問題なんだろうか？

第4段階：因果応報

　今回の場合は、問題だ。このコード例は、何か月も経った後で、またもや進化するからだ。プレイヤーの味方を全員列挙する、何らかのデバッグ用コードを書いている者がいる。Person::findAlliesメソッドは、そういう目的用に最適なので、当たり前のやり方でこのメソッドを呼び出す。

```
vector<Person *> allies;
player->findAllies(&allies);

for (Person * ally : allies)
{
    cout << ally->getName() << "\n";
}
```

　このコードは確かに問題なさそうだ！ 変装が設定されてないなら、完璧に動作する。たとえ変装が使われていても、このコードの破綻は一目瞭然にはならないだろう。完璧に動作してるわけじゃない場合も、味方のリストは相変わらず表示される。プレイヤーの味方たちは、全員が表示されるわけじゃないかもしれない。でも、味方のリ

ストの中に敵が出現するとかならともかく、味方が誰か消えたなんてことに気づく可能性は低い。この変更がコードレビューのプロセスをまんまと通過することも、当然ありうる。

　でも、誰もfindAlliesを呼び出さないまま何か月も過ぎていく間に、findPersonsから返される結果の順序は安定しているものだと仮定して書かれたコードがあった。そういう仮定は、してしまいやすい。なんてったって、それまで順序は完璧に安定してたんだから！　というわけで新しいコードでは、近くの味方を何人か見つけ、プレイヤーの後ろを1列になってついていかせるようにして、万事順調だった。ところが今度は、何らかの奇妙な事情で、ついてくる味方たち全員がパニックになるっていう、滅多にない予測不能な事象が起こり出す。パニックになると、新しい場所へ向かって、1列に並んでいた順序通りに突進してしまう。これじゃあゲームを出荷できない。

　問題はもちろん、無害に見えるfindAlliesの呼び出しだ。新キャラクターが追加されると、findAlliesはキャラクターのリストを再ソートし、findPersonsが返す毎度の呼び出し結果の順序を、予想のつかないところでかき乱す。findPersonsが呼び出される場所を全部見直して問題を探すのは、相当面倒な作業となることだろう。

責任追及

　では、どこで道を誤ったのか？

　第3段階が問題だって指摘するのは、簡単だろう。その段階で誤りを犯したのが明白だからだ。変装を追加したのに、それに合わせてfindAlliesを更新しなかった。でもこれは、犯してしまいやすい誤りだった。ぼくらが書いたコードは完璧に動作し、何も壊れていないように見えていた。製品をいくらテストしたって、findAlliesにある問題は見つかりはしないだろう。findAlliesはどこからも呼ばれていないのだから。findAllies自体をレビューしたとしても、役に立たなかったかもしれない。findAlliesでの仮定は、分かりにくかったからだ[8]。

　第4段階で、使われていないfindAlliesの利用を復活させる新しいコードを書いたので、そこに間違いがあるときみは主張するかもしれない。結局のところ、そいつが今回の**ルール**の名前なんだし。「実行されていないコードは動作しない」ってわけだ。findAlliesについて、呼び出されていない状態が続いていると分かっているな

---

[8]　今、本書に向かって「ユニットテストはどこ行った？！？」と叫んだ方、まあ待ちな、いずれその話になるから。

ら、動作していないと必ず仮定すべき、ということになる。

　でもそういうのは、プログラマーが行う一般的な仮定じゃない。健全なコードベースで作業しているプログラマーである限り、そんなことは仮定しない。コードの新しい部分を書いたり、問題を修正したりする時は、コードベースの他の部分がそれなりに動作すると仮定せざるをえない。機能をちょいと見て、その機能が意図通りに動作すると期待するってわけだ。そうでもしないと、進捗は望めない。

　今回の事例における真の間違いが起こったのは、第2段階なのだ。findAlliesを孤立させた時に、問題を作り出してしまった。findAlliesは、呼び出すのをやめた時から、動作しなくなったのだ。

　とはいえそんな話は、バカバカしく聞こえるかもしれない。その関数は、孤立させた時点ではまだ、意図通りに正確に動作してたわけだし。なんでまた、完全に機能するコードを処分して、そのコードをそこまで整えるのに費やした作業内容を溝に捨てちゃうのか？　第3段階になるまでは動作してたのが明らかなんだよね？

　でも動作しないようになった、かもしれない。シュレーディンガーの猫[†9]ってやつだよね、これは？　第2段階を過ぎると、コードはもう実行されていないので、動作していたかどうか分からないのだ。今回の例では、間違いを見つけるのは単純なことのように思える。孤立した関数は第3段階で動作しないようになり、第4段階で（大きな犠牲を払って）そのことを発見したってわけだ。でも現実世界では、第2段階と第4段階の間に、何十もの段階があった。その中から影響のないものを、ぼくが全部編集して消してしまった……けど、間にある段階のどれかが、孤立した関数を壊していたかもしれず、壊していたとしてもぼくらはそのことを知らなかっただろう。

　孤立させたものは直ちに動作しなくなると考える方が、単純だ。時間が経過すれば、それがほぼ確実に真実となる。それがいつ起こるか分からない、ってだけのことだ。

　そう仮定するなら、第2段階での間違いは、findAlliesを孤立させたことじゃない。間違いは、findAlliesを孤立させた時に、findAlliesを削除しなかったことだ。findAlliesを呼び出すのをやめた時、findAlliesは動作しないようになった。第2段階でぼくらは、第3段階と第4段階を必然的なものにしてしまったのだ。実行されないコードはいずれは壊れるものであり、いずれはそのコードを誰かが再び呼び出

---

†9　訳注：オーストリアの物理学者Erwin Schrödinger (1887-1961) が提唱した、非決定論的な量子力学を批判するための思考実験で、観測者が箱を開けるまで箱の中の猫が生きているか死んでいるかは決まらないというパラドックス。

すってわけだ。それよりも、孤立したコードを直ちに削除した方が、ずっといい。

テストの限界

　もちろん、そういうのはこの問題に対する標準的な答えじゃない。きみがテスト中心主義のチームで働いているなら、何故ユニットテストが問題を捕捉しないのか、不思議に思ったかもしれない。ユニットテストが全部完璧に揃っていれば、findAlliesは本当の意味で孤立するわけじゃない。findAlliesは相変わらずユニットテストから呼び出されているので、直ちに動作しないようになったと仮定する必要はない。

　でもユニットテストってのは、不完全なものだ。コードのあらゆる部分にユニットテストを備えているわけじゃないチームがあるのは、それなりの理由があるからだ。1つには、テストの効果が高いコードとそうでもないコードが存在するっていう話がある。複雑なステートフル（stateful：状態を持つ）関数よりも、単純で効果が明らかなステートレス（stateless：状態を持たない）関数をテストする方が簡単だ。C言語の標準ライブラリーをテストする場合、mallocをテストするよりもstrcpyをテストする方がずっと簡単だったりする[10]。いろいろなものがステートフルになると、そういうものをコードベースの中のコードが実際に実行する様子を、ユニットテストで正確に再現することが難しくなる。ユースケースが、ユニットテストをすり抜けてしまうだろう。

　findAlliesのテストケースは、findAllies自体を書いた時に書かれた。Personクラスに変装機能を追加しようと考えた時点からは、だいぶ前だ。その結果、findAlliesのテストケースは、変装機能を実行しない。変装が設定されない限り、findAllies関数は正常に動作するので、何の問題も報告されない。変装機能を追加する人が、findAlliesのユニットテストに更新が必要と気づき、findAlliesを壊すような特定の変装の種類が入ったテストを追加し、あらゆるものの順序が例の問題の存在を露呈させるっていう、そんな可能性だってないわけじゃない……けど、それは高望みってもんだ。

---

[10] 標準関数strcpyは、Cスタイル文字列を新しい置き場所にコピーする。strcpyは単純で、完全にステートレスでもある。標準関数mallocは、C言語の汎用メモリーアロケーターだ。mallocは、コード内で動的に確保された全オブジェクトの大多数（訳注：著者によると、他のメモリー確保手段として、OSのAPIの直接呼び出しや、Cランタイムライブラリーのcallocﾃ関数や、**ルール19**のスタックアロケーターのように確保済みメモリーの一部からメモリーを確保する場合等がある）を管理する。非常に複雑で、状態以外の何物でもない。

　ユニットテストにかかるコストの件もある。findAlliesのユニットテストは、最新のコードに合わせた状態に保守しておかないといけない。テストの実行には何らかのコストがかかるだろう。そして、コストをかけるのは一体何のためだ？　誰も呼んでない関数が確実に動作し続けるようにするためってか？

　ああ、そこできみはこう言う……「でも、第2段階（findAlliesを孤立させる）によって、第3段階（findAlliesを壊す）と第4段階（壊れたコードにつまずく）が必然になったと主張したばかりだよね？　第2段階でコードを孤立させた時に、孤立させたコード内でバグを生み出してしまう事態と、孤立させたコードを誰かがいずれ呼び出してバグを誘発する事態が、必然的に発生するようにしてしまった。ぼくらが生み出すどんなバグだろうが検出する可能性が増すようにしっかりしたユニットテストを書き、孤立した関数を誰かがいずれ呼び出す際も相変わらず動作する可能性を高めるってのは、間違いなくいいことだよね？」

　んー、違う、そうじゃない。ってのがまさに、孤立したコードを第2段階で削除した話の肝心なところだ。コードが削除されたので、その中にバグが発生する心配はない、従って第3段階は存在しない。また、コーダーがそのコードを呼び出す決心をしようがしまいが気にしなくていい。何しろコードが存在しないので呼び出すものはなく、従って第4段階は存在しないのだ。

　代わりにコーダーはfindPersonsを呼び出すが、こいつは完璧に動作する。

```
struct IsAlly
{
    IsAlly(Person * person) :
        m_person(person)
        { ; }

    bool operator () (Person * otherPerson) const
    {
        return otherPerson != m_person &&
                !m_person->isEnemy(otherPerson);
    }

    Person * m_person;
};
```

```
vector<Person *> allies;
player->findPersons(IsAlly(player), &allies);
```

　孤立したコード部分を安全に削除できるのが分かれば、ときめく（spark joy）[11]はずだ[12]。マジで、その時こそが、1週間の中で一番幸せな瞬間だろう。プロジェクト内のコード量を減らして、どんな面でも機能性を低下させないまま、全てをもっと簡単にできる。素早く簡単に、誰もが幸せになるのだ。

---

[11] 訳注：アメリカ合衆国を拠点に、Netflix シリーズ『KonMari ～人生がときめく片づけの魔法～』(2019)『KonMari ～"もっと"人生がときめく片づけの魔法～』(2021)のホストを務めた、日本の片づけコンサルタントで KonMari Media, Inc. 創業者である「こんまり」こと近藤麻理恵 (1984-) の著書『人生がときめく片づけの魔法 改訂版』(近藤 麻理恵 著、河出書房新社、2019年)にちなんだ表現。

[12] 気休めとして、削除したコードはいつでもソースコントロールシステムから取り出せるってのを思い出してほしい。そんなことやらないだろうけど、そうすることだって**できないこともない**っていう事実が、正しい行いへときみを導いてくれるかもしれない。

集約可能なコードを書け

　ぼくの場合、コードがやっていることを理解するためにコードに目を通す作業に、たくさん時間を使うことを余儀なくされている。対象は、デバッグしようとしてるコードかもしれないし、書いてるコードから呼び出そうと思ってるコードかもしれないし、ぼくが担当してるコードを呼び出してるコードかもしれない。そして、そのコードが**やろうとしてる**ことが、**実際にやってる**ことじゃない場合がよくある。そういうことがあるおかげで、コードに目を通す活動が面白くなる。

　コードを読むといってもせいぜい、他のどんな自然言語を読むのとも変わらないことをやってるにすぎない。コードの語る話に沿って始まりから終わりへと読み進め、話の筋の紆余曲折を熱心に追いかけ、コードの終わりに到達すると、何をやるものなのか、また何故やるのかを、完全に理解できる。

　実際、一番簡単なコードの場合、単語を初見で理解するのと全く同じように、初見でコードを理解するだろう。

```
int sum = 0;
```

あるいはこういうコードもあるかもしれない。

```
sum = sum + 1;
```

以上2つの例では、思考も推論も要らない。コードを一目見るだけで十分理解できる。もっと大きなコードの塊でも、よくある何かのパラダイムにきちんと当てはまるコードなら、同じことができる。

```
Color Flower::getColor() const
```

```
{
    return m_color;
}
```

ループ全体を初見で理解することさえできるかもしれない。

```
int sum = 0;
for (int value : values)
{
    sum += value;
}
```

でもさすがにキツくはなってくる。コードの塊が大きくなればなるほど、初見で理解するのは難しくなる。あるいは、ぼくのようなひねくれた老兵プログラマーみたいな人は、コードをちらっと見て理解したつもりになるっていう失敗を何度もしまくってるので、コードを初見で理解する自分の能力を信頼しにくくなっている。

　コードが大きすぎて初見では理解できなくなったら、コードについての推論が始まる。こんなコードを見た時に、きみの脳は何をしてるか、考えてみてほしい。

```
vector<bool> flags(100, false); ❶
vector<int> results; ❷

for (int value = 2; value < flags.size(); ++value) ❸
{
    if (flags[value]) ❹
        continue; ❹

    results.push_back(value); ❺

    for (int multiple = value; ❻
         multiple < flags.size(); ❻
         multiple += value) ❻
    {
        flags[multiple] = true; ❼
    }
}
```

このコードを初見では理解しなかったのは、ほぼ確実だろう。つまり、一目見てすぐに「エラトステネスのふるい (https://ja.wikipedia.org/wiki/エラトステネスの篩)[†1]」だとは思わなかった。代わりに、一度にコードの1行かそこらを初見で読み、各行がやっていることや前の行とどう組み合わさるかを推論しながら、最初から最後まで読んでいく。

多分、詳細に見ると、こんな調子の思考プロセスだったんじゃないか。

❶ flagsは、100個のfalseで埋め尽くされたベクターである。

❷ この配列の中に、結果を収集することになるみたいだ。

❸ なるほど、flags配列をループで回していくだけだ。ループのインデックスが2で始まるのは面白いっちゃあ面白いけど、どういう趣旨なのかはよく分からない。

❹ うーん、現在のvalueについてflags配列に値が設定されている場合はスキップ、ってのも何だかよく分からんな……。

❺ スキップしないvalueをresults配列に追加してるな？ これが出力になるに違いない。

❻ 別のループ、今度はvalueの倍数でループだ。

❼ あ、なるほど、倍数のところに全部印を付けてるんだ、エラなんとか、「エラ…ト…サネスの、ふるい」ってやつ？ だからゼロや1ではなく、2から始めたんだ。今やっと分かった、結果的にresults配列は素数 (prime number) のリストになる。

こういう推論プロセスには、ある程度頭の中でのジャグリングが要る。つまり、よく分からないものを見たら、後に出てくるコードとどう組み合わさるか理解する時が来るまで、分からないものはいったん脇に置いておく。ジャグラーが、ちょっと後でボールをキャッチしないといけないのを知りながらそのボールを空中に投げるのと全く同じだ。今回の事例では、2つの謎をジャグリングした。何故ループは2で始まったのか、そして、外側のループはフラグ付きの値を何故スキップしたのか。2つの謎を解決したのは、倍数のループだ。つまり、ジャグリングしていたボールをキャッチ

[†1]　訳注：ある数以下の素数を全部見つけるアルゴリズム。古代ギリシアの科学者エラトステネス（紀元前275-194）が考案したとされる。

し、コードを理解したってことになる。

　ジャグラーがジャグリングできるボールの数には限りがあり、ぼくの場合、3個だ。**頭の中**でジャグリングできるボールの数は少し増えるが、それでも限界がある。一度に脇に置いておける考えの数の上限は、驚くほど低い。あまりに多くのことを追跡しようとすると、覚えておこうとしている物事のうち、無作為な部分集合を見失うようになるだろう。

　それは、「頭の中でのジャグリング」または「認知的負荷」は、実は短期的記憶[†2]でしかないからだ。単純化して説明すると、**短期記憶**と、永久的に記憶している**長期記憶**には、違いがある。例えば、買い物リストを覚えるのは、短期記憶を行使していることになる。リストに入っている品目が2〜3個ならとにかく覚えてしまえばいい。10個以上もある場合は、書き留めなきゃいけなくなる。

　それは、短期記憶に収められる考えの数には限りがあるからだ。短期記憶には7個（プラスマイナス2個）の思考しか入らないっていう概算を聞いたことがあるかもしれない。それ以上入れようとすると、新しい考えが古い考えを追い出してしまう。こういう話は、食料品店で買い物リストの品目を全部思い出そうとしている場合と同様に、コードを読んでいる時にもそのまま当てはまる。

　ほとんどの人にとって、その7個（プラスマイナス2個）って数字は、かなり動かしがたい上限だ[†3]。コーディングに関する別々の考え3個をジャグリングするのはやさしい。読んでいる何かのコードに関する謎を数個保持するのに、特別な努力は要らない。一方、十数個の考えを追っかけて管理するのは、不可能に近い。あるコードについて理解できないことが十数個もあったら、由々しき事態だ。プログラミング用語で言えば、キャッシュがオーバーフロー（overflow：あふれる）して、理解しようとしていることのうちいくつかを見失ってしまうことになる。

失敗を経験した時の気持ち

　プログラマーとして、ぼくらはみんな、複雑なコードの仕組みを理解しようと試みて失敗するっていう経験をしてきた。コードに目を通すと、理解できないものがある。

[†2] 　または、**作業記憶**（working memory）でもいいかもしれない。認知科学者の間で進行中の論争で、作業記憶側につくことを選んだなら、そっちでもいい。ぼくは実際は「作業記憶派」に所属しているが、短期記憶って用語の方が広く知られているので、そっちを使っている。

[†3] 　コーヒーじゃあその上限に影響しないってことを、ぼくは実験で突き止めた。

そういうコードを理解するために、コードの他の場所に移動して、呼び出される関数や定義されている構造体を探したり、ある程度の文脈だけでも最低限示すコメントを見つけようとしたりする。そこからその探索は、また別の探索へとつながっていく。そして、実際にコードについて何かを理解する頃には、自分がそもそもどこにいたのか見失ってしまう。学んでいるのとほぼ同じ速度で、忘れちゃってるってわけだ。イラッとくる！

短期記憶の役割

　良いコードってやつは、読み手がこういう失敗をするように仕向けたりはしない。コードが書かれるのは一度きりでも、どうせ何度も読まれることになる。良いコードを書きたいなら、後でコードを読む人のことを考える必要がある。一度にジャグリングするようその人に頼む新しい考えが、多すぎちゃいけない。

　あるコードが、コードの読者に、7個（プラスマイナス2個）以上のボールを空中に保つことを強いたら、ボールは地に落ちてしまうだろう。そして、コードの読者が短期記憶に収めようとしているものは全部、ボールに数えられる。未解決の謎が当然含まれるが、それだけじゃない。未解決の謎との関係が見えるよう期待しながら管理している、事実や関係の積み重ねも含まれる。謎と、事実と、関係の総数が、コードの読者が持つ上限を超えてしまうと、落っことされてしまう。

　そういう抜け落ちがあると、コードが読みづらくなる。謎を解くのに必要な何かの事実を読者が落っことしてしまったら、その謎は解けない。そして、どの考えが抜け落ちるかは、コードを書く方も読む方も制御できない。そういうわけで、謎解きの鍵となる事実が1つ失われると、謎は解決されなくなってしまう。

　コード例に必要な、実行中の考えの量を数えてみよう。

```
vector<bool> flags(100, false); ❶
vector<int> results; ❷

for (int value = 2; value < flags.size(); ++value) ❸
{
    if (flags[value]) ❹
        continue; ❹

    results.push_back(value); ❺
```

155

```
    for (int multiple = value;  ❻
        multiple < flags.size();  ❻
        multiple += value)  ❻
    {
        flags[multiple] = true;  ❼
    }
  }
```

❶ flagsは、100個のブール型の値を格納するベクターで、最初は全部falseだ（＋1）。考えの量＝1。

❷ 結果は、ループの出力になるみたいだ（＋1）。考えの量＝2。

❸ インデックスの値が2から始まるループだ（＋1）。考えの量＝3。

❹ どういう理由があってか、値をスキップする（＋1）。考えの量＝4。

❺ ああ、なるほど、値をresults配列に保存してるってことだ。仮説の確証が取れた（＋0）。考えの量＝4。

❻ 別のループ、今度はvalueの倍数でループだ（＋1）。考えの量＝5。

❼ 全てが集約されて、「results配列は素数で満たされる」って話になる。考えの量＝1。

　考えの量は、控えめに数えても上限値未満に収まるので、コード読者が物事を追いかけて管理し続ける能力をオーバーフローする心配はない。また、考えの量は増えるだけじゃなく、減ることもある。例えば、ある変数がスコープ外に出た場合、もう気にしないでいい。また、考えの量が減るもっと重要な局面は、集まった複数の考えが全部、ただ1つの考えに集約される時だ。

　今回の例では、コードが素数のリストを生成していることに気づいた時に、そういう集約が起こった。コードに関する多数の詳細項目をジャグリングしてから、それらの詳細項目がどのように組み合わさるかを理解したことになる。そして、どのように組み合わさるのかが分かった後は、詳細を気にするのをやめて、結果のみ把握しておくようになった。全ての詳細は、ただ1つの考えへと集約されたのだ。

　このプロセスを楽にしてくれるコードこそが、良いコードだ。良いコードとは、集約可能なコードなのだ。良いコードは、短期記憶の上限内に収まる。また、そのコードが持つ複数の考えを小さな、互いに関連する塊として提示する。それぞれの塊は、コードの読者の短期記憶内に収まるよう注意深く書かれ、組み合わさって、ただ1つ

の考えへと集約される。

　まさにそういうことをやるための、簡単なテクニックがいくつか存在する。もっと
長い例を見てみよう。

```
void factorValue(
    int unfactoredValue,
    vector<int> * factors)
{
    // 素数の倍数に印を付けるフラグをクリアする

    vector<bool> isMultiple;
    for (int value = 0; value < 100; ++value)
        isMultiple.push_back(false);

    // 素数の倍数をスキップして素数を見つける

    vector<int> primes;

    for (int value = 2; value < isMultiple.size(); ++value)
    {
        if (isMultiple[value])
            continue;

        primes.push_back(value);
        for (int multiple = value;
            multiple < isMultiple.size();
            multiple += value)
        {
            isMultiple[multiple] = true;
        }
    }

    // 値の素因数 (prime factor) を見つける

    int remainder = unfactoredValue;

    for (int prime : primes)
    {
```

```
        while (remainder % prime == 0)
        {
            factors->push_back(prime);
            remainder /= prime;
        }
    }
}
```

　この関数の中盤は、前の例と全く同じロジックだが、こっちのバージョンの方が、より分かりやすくなっている[4]。それは、こっちのコードの方が、集約可能性が高いからだ。

　適切な名前は、極めて有用だ。primesとisMultipleって名前のおかげで、先手を打ってループの集約に取りかかれる。配列が素数を格納することになっても、全く不思議じゃない。もし最初のコード例の配列がprimesという名前だったなら、エラトステネスのふるいをもっと早く発見できたかもしれない。それこそが、適切な名前の持つ力だ。

　また、primesという名前は、配列が実際に素数を保持してるっていう考えを示す、すごく便利なハンドル名でもある。代わりに、この変数がxxという名前だったら、xxが素数の配列であることを思い出すために、貴重な短期記憶スロットを消費する必要があっただろう。primesが素数（prime）を格納していると思い出すのは、造作もない。最悪の場合でも、短期記憶の予算を、7マイナス2ではなく7プラス2の方へ寄せてくれる。最良の場合であれば、自明なのでコストがかからず、短期記憶に全く負担をかけない。

　コメントも、コードの塊がそれぞれ何をしようとしているのか教えてくれるので、詳細を集約してくれる。そして、コメントには2つ目の機能がある。それは、コードの読者のために、コードの塊に印を付けることだ。2つのコメントの間に、短期記憶に収まるほど小さなコードのパズルが塊として存在し、ただ1つの考えに集約される。それぞれの塊の冒頭にあるコメントは、その塊が何に集約されることになるかを教えてくれる。その塊の中にあるコードを読むことは、そのコメントの確証を得ることにすぎない。

---

[4]　ちなみにこれは、因数（factor）分解を行う方法としては、賢い部類じゃない。単なる例だ。**ルール19**には、もっと賢いバージョンがある。

　それこそが、抽象化の力だ。抽象化のおかげで、複雑な物事をどうにか理解できる。確かに、一度に7個（プラスマイナス2個）しか新しいことを覚えられないが、それらの物事を新しい概念に集成できる。そして、その集成された概念からさらに、何かを構築できるのだ。詳細を全て記憶するのではなく、抽象化されたものを記憶する。そして、単純な形に抽象化されたものを記憶しても、短期記憶のスロットを1つしか消費しない。

線を引く場所

　関数の境界を用いて、抽象化されたものの各々に印を付けると、読みやすさも高められる。今回の事例で言えば、factorValueの、コメントが付いた3つの部分を、別々の関数に分割することを指していそうだ。

```
void clearFlags(
    int count,
    vector<bool> * flags)
{
    flags->clear();
    for (int value = 0; value < count; ++value)
        flags->push_back(false);
}

void getPrimes(
    vector<bool> & isMultiple,
    vector<int> * primes)
{
    for (int value = 2; value < isMultiple.size(); ++value)
    {
        if (isMultiple[value])
            continue;

        primes->push_back(value);

        for (int multiple = value;
             multiple < isMultiple.size();
             multiple += value)
        {
```

```
                isMultiple[multiple] = true;
            }
        }
    }

    void getFactors(
        int unfactoredValue,
        const vector<int> & primes,
        vector<int> * factors)
    {
        int remainder = unfactoredValue;

        for (int prime : primes)
        {
            while (remainder % prime == 0)
            {
                factors->push_back(prime);
                remainder /= prime;
            }
        }
    }
```

その上で、factorValue は、以上3つの関数を用いて表現する形に書き換えることができる。

```
    void factorValue(
        int unfactoredValue,
        vector<int> * factors)
    {
        vector<bool> isMultiple;
        clearFlags(100, &isMultiple);

        vector<int> primes;
        getPrimes(isMultiple, &primes);

        getFactors(unfactoredValue, primes, factors);
    }
```

こちらの方が読みやすい？

　読みやすくなったが、そうでないところもある！　関数は明確な概念を定義している。そして、関数が何をやっているか理解すれば、名前は、頭の中で概念を明確にするのに役立つ。

　でも、最初から最後まで読んでいく、単純で直線的に進行するコードではなく、関数から関数へ飛び回っている。factorValueを詳しく見始めると、最初に出くわすのはclearFlagsの呼び出しだ。その関数が何をするものなのか知るためには、その関数を見つけ、読まないといけない。clearFlagsを見ている間、factorValueのどこから来たかを覚えておき、どの変数がどの引数に対応するかを追いかけて管理し、clearFlagsから脱出した際は全部まとめて元に戻さないといけない。

　そのため、追いかけて管理するものが増え、複数の概念を集約するのが難しくなる。文脈に関する詳細を全部記憶すると、短期記憶のスロットが圧迫されるが、使えるスロットは7個（プラスマイナス2個）しかない。入れ子になった呼び出しチェインのどこにいるか覚えておくってのは、それだけで短期記憶に過大な負荷をかけかねない。

　プログラミングの世界では「**抽象化は常に、純利益で黒字に着地する**」っていう考え方がある。つまり、関数の中に引き入れられるものは全部、そうすべきって考え方だ。関数は、多ければ多いほど良い。抽象化とは、複雑なものを理解するために使う道具なので、抽象化できるものは何でも抽象化すべきって結論になりそうだ。

抽象化のコスト

　以上のような結論は、バカげている。抽象化にはコストがかかるし、ロジックを関数に分離するのにもコストがかかる。そういうコストは、便益よりも大きい場合がある。これはそんな例だ。

```
int sum = 0;
for (int value : values)
{
    sum += value;
}
```

valuesが整数を格納したベクターであると既に知っているなら、このコードは非常に簡単に理解できる。集約も容易だ。valuesをループで回し、valuesの要素を全

部足せば、合計が得られるっていうコードになる。

　代わりに、こっちの例を見てほしい。

```
int sum = reduce(values, 0, add);
```

　ふむ。確かにこれは簡潔だ。sumとaddという名前から、ある種の和を計算していると推測できるかもしれないが、それは単なる憶測にすぎない。確かなことを知るには、調査を始めなきゃいけない。

　そもそもreduce関数（または、関数らしき体裁ではある何か）が何をしているのか、addが何なのかも不明だし、引数として渡される0も謎だ。コードベース内でreduceを検索するとたくさん結果がヒットするが、どうやら中でもこの結果が重要なようだ。

```
template <class T, class D, class F>
D reduce(T & t, D init, F func)
{
    return reduce(t.begin(), t.end(), init, func);
}
```

　よし、ここが出発点だ。beginとendはC++の気持ち悪い反復処理に付き物の標準的な部分なので、reduceの1番目の引数は、コンテナークラスのようだ。引数が4個あるバージョンのreduceを見つける必要がある。

```
template <class T, class D, class F>
D reduce(T begin, T end, D init, F func)
{
    D accum = init;
    for (auto iter = begin; iter != end; ++iter)
    {
        accum = func(accum, *iter);
    }
    return accum;
}
```

　ちょっとはっきりしてきてる！ reduce関数はコレクション[5]をループで回し、各要素と累積値に関数（または関数に似たもの）を順次適用する。数レベル戻って、addは2つの値を足すというのが予想だが、実際その通りのことをする。

```
int add(int a, int b)
{
    return a + b;
}
```

　これで、最後の部品がぴったりはまった。このreduceは配列が格納する値の合計を計算するもので、最初に出てきた単純なループと全く同じだ……でも、単純なループの方が**ずっと**読みやすく、理解しやすい。単純なループは容易に集約できた一方で、同じアルゴリズムの、抽象化がもっと進んだバージョンは、集約に大変な努力が必要だ。何層も余分に追加された抽象化は助けにならず、起こっていることが不明瞭になってるだけだ。状況を理解するために、別々のコードを4個見つけて解釈しなければならず、そうすることで短期記憶を酷使してしまった。

理解しやすくするために抽象化を用いる

　ロジックを関数として切り出すにせよ、特定問題の解決に向けて何か汎用の抽象化機能を使うにせよ、抽象化に関する決定を行うにあたっての良い経験則が、ここには隠れていると思う。その経験則は、以下のように単純だ。この変更によって、コードが単純で理解しやすいものになるか？ この変更によって、コードがもっと集約しやすくなるか？ コードがそういう風になるなら、その関数を作るか、その抽象化を用いる。そうじゃないなら、やらない。

長期記憶の役割

　この章は今のところ、ずいぶん殺伐としちゃってるね！ 短期記憶内の考えが7個（プラスマイナス2個）って予算は、かなりケチくさい。機会があれば必ず、考えを集約し抽象化するよう注力したとしても、概念上の予算がそんなに少ないと、複雑さが

---

[5]　訳注：コレクション（collection）は、0個以上のデータを集めて保存し、まとめて操作しやすいようにしたオブジェクトの総称。通常は、格納するデータ要素の追加や削除を行って要素数を変更できる。

半減したものすら作れるか怪しい。

　だから、話がこれで全部終わりなわけがない！　ぼくにははっきりと分かっていることとして、Sucker Punchのゲームエンジン内にある、7個（プラスマイナス2個）よりずっと多くのものに、ぼくは完全に通じている。

　Sucker Punch社内にある主要キャラクターのクラスには、何十もの多数の[†6]メソッドがあり、各メソッド全てが何をやるのか、ぼくには分かっている。何が起こってるんだろう？

　まあ、単純な話だ。ぼくらのゲーム技術についてぼくの知る詳細は、全てがぼくの長期記憶に保存されている。また、そのための予算も決まってるわけじゃない。きみだって、自分のプロジェクトについて、概念、事実、名前、開発の歴史、何か問題が起きた場合の相談相手、ある関数で修正しなきゃいけなかったバグについての面白い話等、実に多くのことを素早く思い出すことができるに違いない。その全てが、長期記憶の中に存在しているのだ。

　短期記憶を使うのは、何かを理解するためだ。短期記憶とは、推論を行うための作業保持領域であり、パズルの複数ピースを、それらがどのように組み合わされるか分かるまで遊ばせておくための場所だ。パズルの複数ピースが組み合わさり、結論に落ち着くまでに時間を費やし、詳細が集約され抽象化されたら、結果を長期記憶に移せる。長期記憶には、プロジェクトに関する全ての詳細が保存される。そういう詳細は、毎回新たに理解し直すわけじゃなく、以前得た結論を覚えているってだけだ。

　つまり、一見似ているにもかかわらず、この1つ目のコードと、その次の2つ目のコードには、大きな違いがある。

```
sort(
    values.begin(),
    values.end(),
    [](float a, float b) { return a < b; });
```

こっちが2つ目のコードだ。

---

†6　本当のところは、何**百**ものメソッドがある。こりゃメソッドが多すぎだな。少しは掃除しないとね。

```
processVector(
    values.begin(),
    values.end(),
    [](float a, float b) { return a < b; });
```

sortが何をするかは知っている。sortの抽象化は知っていて、長期記憶に入っている。ほぼぱっと見で理解できるが、唯一必要な作業は、ソートの順序を確認するために比較関数を見ることだ。その結果、sortを読むために短期記憶のスロットが新たに必要となることは実際にはない。valuesが浮動小数点数のベクターであることは知っていたが、今ではvaluesは浮動小数点数のソート済みベクターであると分かっている。これはまだ、ぼくのキャッシュ内にある考えの1つだ。

processVectorに対するぼくの反応は、全然違う。見たこともないし、何をするものなのか分からない。名前も役に立たないし、弱い名前の弱さってやつを見せつけられたに等しい。唯一ぼくの頼みの綱になるのは、processVectorのコードを見に行って、多分1行ずつステップ実行[†7]し、物事が分かり出すよう期待することくらいだ。もっと単純になるよう集約を試みている間は、7個（プラスマイナス2個）の考えっていう、痛々しいほど少ない予算に逆戻りだ。

共通知識は無料だが、新しい概念は高くつく

コードを書く際の目標は、分かりやすくすることなので、sortとprocessVectorの違いを念頭に置いておくことが重要だ。sortへの言及は、sortが何をするのかコードの読者は既に知っているので、コードの読者の短期記憶にストレスを与えない。processVectorへの言及は違う。コードの読者は、コードを理解するためにprocessVectorを深掘りして集約しなきゃいけないので、コードの読者のキャッシュを圧迫することになるのだ。

チーム全員が理解している抽象化やパターンを使ったコードは、新しい抽象化やパターンを発明するコードよりも、ずっと読みやすい。

この話から得られる、明白な教訓がある。コードを書くなら、チーム内で共有され

[†7] デバッガーでコードをステップ実行しながら見ていくのは、理解を深めるための優れた方法だ。100％お勧めする。短期記憶の必要性がステップ実行のおかげで根本的に変わるってわけじゃないにせよ、デバッガーは、全ての変数が何だとか、どんな値を保持してるかとかの考えを、覚えたり素早く蘇らせたりするのを助ける支えになりうる。

た、標準的な抽象化やパターンを使うことだ。新しいものを発明しちゃいけない……新たに発明した抽象化やパターンが、チーム全体での標準になるくらい強力だという自信がない限りは。

例えば、エラトステネスのふるいの例では、他の数の倍数（multiple）であれば素数じゃないのが分かるので、そういう整数に印を付けるフラグの配列（isMultiple っていう「独創的」な名前）を保持していた。この配列は、何の変哲もないbool値のCスタイル配列だ。この配列を「ビットのベクター」クラスに抽象化してやれば、ストレージをちょっとだけ捻出し、メモリーへのアクセスのパターンをほんのわずかながら改善できるってのが、容易に見て取れる。

BitVectorクラス[8]を使用した場合、エラトステネスのふるいのコードは、以下みたいになりそうだ。

```
vector<int> primes;
BitVector isMultiple(100);

for (int value = 2; value < isMultiple.size(); ++value)
{
    if (isMultiple[value])
        continue;

    primes.push_back(value);

    for (int multiple = value;
         multiple < isMultiple.size();
         multiple += value)
    {
        isMultiple[multiple] = true;
    }
}
```

こいつは読みやすいかな？　BitVectorクラスがチームの道具一式に標準的に含まれ、誰もが知っているなら、もちろん読みやすい！　単純なbool配列としてフラグを

---

[8]　この章のBitVectorクラスは、（実態はともかく、精神的な面では）C++のvector<bool>の簡略版だ。

保持していたバージョンのコードよりも簡単になってることすらあるかもしれない。

　BitVectorを知らない人は、状況が違う。まあ、不注意なプログラマーはこいつを、お察しのように文字通りビットのベクターだと思い込んで、そのまま読み進めるかもしれない。でも不注意なプログラマーは、自滅する傾向がある[†9]。慎重なプログラマーは、BitVectorクラスを調査した上で、正しく理解しているか確認するだろう……でも、前述の利用パターンに適合する、可能な限り一番単純なバージョンですら、自明で簡単に理解できるようなもんじゃない。

```
class BitVector
{
public:

    BitVector(int size) :
        m_size(size),
        m_values()
    {
        m_values.resize((size + 31) / 32, 0);
    }

    int size() const
    {
        return m_size;
    }

    class Bit
    {
        friend class BitVector;

    public:

        operator bool () const
```

---

†9　訳注：原文では、「状況が違う（in a different boat：同じ船＝状況にいることを意味するin the same boatの逆）」「読み進める（sail forward：航海する）」「自滅する（vote themselves off the island：アメリカ合衆国のリアリティTVシリーズ『Survivor』で、参加者相互で投票し海上の島から追放するメンバーを決めていくことにちなむ）」となっており、船のメタファーが続いている。

```
        {
            return (*m_value & m_bit) != 0;
        }

        void operator = (bool value)
        {
            if (value)
                *m_value |= m_bit;
            else
                *m_value *= ~m_bit;
        }

        unsigned int * m_value;
        unsigned int m_bit;
    };

    Bit operator [] (int index)
    {
        assert(index >= 0 && index < m_size);
        Bit bit = { &m_values[index / 32], 1U << (index % 32) };
        return bit;
    }

protected:

    int m_size;
    vector<unsigned int> m_values;
};
```

　本物のBitVectorクラスは、これよりも高機能で、もちろんもっと大きくて複雑
だ！　この程度のレベルの機能でも、ビット1個を読み書きできる能力をラップした
一時的なオブジェクトを作成してから、C++の演算子を用いて値の取得と設定を処
理するとか、ややこしい部分がある[10]。
　このクラスは賢い[11]。そして、コンパイル結果はもっと複雑なコードになるとはい

え、このクラスのおかげで単純な配列アクセスのように見えるコードを書けるように
なっている。でも、このクラスの用いるややこしい技を整理して理解しようとすれば、
コードの読者の短期記憶スロットを使い切ってしまうだろう。コードの読者が持つ目
的は、エラトステネスのふるいのコードを理解することであって、この奇妙な
BitVectorクラスの詳細を整理して理解することじゃない。BitVectorが何をやるも
のかを自分の中に体得しているわけじゃないプログラマー、つまりBitVectorを集約
し抽象化したものを長期記憶に記録していないプログラマーにとっては、BitVector
クラスを使ったら、エラトステネスのふるいのコードが分かりやすくなるどころか、
難しくなってしまった。

　では、エラトステネスのふるいのコード[†12]を書いている最中だとしたら、フラグ
の配列を扱うために新規にBitVectorクラスを導入するのは筋が通るだろうか？　答
えは、ほぼ確実に否だ！　不要な作業だし、コードが読みづらくなる。

　BitVectorを導入する正当な理由が唯一あるのは、チーム全員が長期記憶に追加す
るほどコードベースで広く利用されることが分かっていて、かつ利用することで既存
の解法を上回る重要な利点がある場合だけだ。そして、そういう場合かどうか知る唯
一の方法は、コードベースでビット配列が使われている多数の場所を特定し、その利
点を突き止め（できれば計測して！）、その上でvector<bool>を使って済まさない正
当な理由がある場合だ。その時こそ、またその時のみ、BitVectorの導入は筋が通っ
たものになる。

　ちなみに、Sucker Punchにはビットベクターのクラスが実際にあり、ぼくらのか
なり大規模なコードベース内の、約120か所で使われている。チームのほとんどのメ
ンバーにとって快適に使える技術で、メンバーたちは何をやるためのクラスなのかを
体得しているので、そのクラスへの参照があっても調査開始の引き金にはならない。
ビットベクターのクラスは、ぼくらの共通知識の一部なので、安全に使える。でもそ
のクラスは、たった1つのユースケースのみに基づいて導入されたわけじゃない。大
きなビット配列を扱うコードの例がたくさんあり、そういう数々の例に基づいてぼく
らはそのクラスを書いた。

[†12]　でも、今回の方法で素数を生成するのはやめてほしい。この2250年の間に人類は、もっと優
　　　れた素数生成の方法を発明している。けどエラトステネスには脱帽だ！　エラトステネスのふ
　　　るいは、彼の経歴の中で3番目か4番目に印象的なもので、現代のぼくでもそれが何なのか
　　　知っている。

全てをまとめる

　最高のコード、つまり読んで理解するのが最高に簡単なコードは、短期記憶と長期記憶が連携する仕組みを活用している。そういうコードは、チーム内の標準や規則を活用するが、それはそういう標準や規則が全部、チーム全員の長期記憶の中に既に入っているからだ。新しい考えが導入される場合、そういった考えは、コードの読者の短期記憶に収まるくらい小さな、中程度以下の大きさの塊として出現する。そういう塊は、抽象化しやすい単純な機能を持ち、名前が慎重に選ばれているので、集約して長期記憶に記録するのが楽だ。

　その結果どうなるかって？ 読みやすく、学びやすいコードベースができあがる。そういう風になっていると、新しい考えの数々を単純な抽象概念群に集約しやすくなる。そして、コードベース全体が明確になるまで、集約された抽象概念群に対し同様の集約が再帰的に行われていくのだ。

ルール **10**

複雑性を局所化せよ

　複雑性は、スケールの敵である。

　ルール1によれば、「できるだけ単純であるべきだが、単純化してはいけない」ってことで、コードは単純な方が優れているのはご存知の通り。でも、プロジェクトのスケールが大きくなると、そういう**ルール**に従うことは難しくなる。単純な問題ならコードを単純に保つことは簡単だが、コードが成長し成熟してくると、当然ながら複雑になってくる。そして、複雑になればなるほど、コードは作業しづらいものになり、全ての詳細を頭の中に入れておくことができなくなる。バグを修正したり、新機能を追加しようとするたびに、予測できない副作用につまずくことになる。前に一歩踏み出すたびに、予期しなかった後退の一歩が付き物になるってわけだ。

　複雑な問題に対しては、物事を単純に保つ、あるいは単純にする機会を探すという、部分的な解法がある。それが**ルール1**だ。でも、複雑性を完全に排除することはできない。まあまあ機能していて長く存在しているソフトウェアであればどんなものでも、そのソフトウェアが解決する問題に内在する複雑性を耐えて切り抜けなきゃいけないだろう。でも複雑性は、管理することならできる。

　スポーツでの常套句を借りれば、「複雑性を止めることはできず、できるのは抑え込めるよう期待することくらいだ[†1]」。

　こういう場合、排除できない複雑性を全て分離することが有効な戦略となる。あるコードの内部にある詳細が複雑でも、外部インターフェイスが単純であれば、その複雑性はあまり問題にならない。そのコードの内部にいる時は、その内部の複雑性に対処しなきゃいけないけれど、コードの外部では気にしないでいい。

---

†1　訳注：アメリカ合衆国のTV／ラジオ出演者で政治家のDan Patrick (1950-) がスポーツ実況者時代に好んで使ったフレーズ「(選手名) を止めることはできず、できるのは抑え込めるよう期待することくらいだ」に基づく。

171

単純な例

　好きなプログラミング言語での、サイン関数とコサイン関数について考えてみよう。外部インターフェイスは単純で、関数を呼び出すと、引数で渡した角度のサインまたはコサインが得られる。でも内部の詳細は複雑だ。

　ぼくは結構な年齢になるまで、そういう関数が実際にはどのように実装されているのか、疑問に思いもしなかった。それまでは、ぼくにとって、そういう関数ってのは正しい答えをただ魔法のように弾き出すものだった[2]……そしてこういうおめでたい無知は全く問題なかったのだ！　サイン関数とコサイン関数の実装の内部にどんな複雑性が存在しようが、ぼくが関数をどう使うかには影響しない。そういう関数は、ぼくの期待通りにとにかく動いてくれるだけなのだった。

　サインとコサインの実装詳細を知らなくても、円を描くことはできる。

```
void drawCircle(Point center, float radius, Color color)
{
    int count = int(ceil(pi / acos((radius - 1.0) / radius)));
    Point previousPoint = center + Vector(radius, 0.0, 0.0);
    for (int index = 1; index <= count; ++index)
    {
        float angle = 2.0 * pi * index / count;
        Point nextPoint = center +
                          radius * Vector(cosf(angle), sinf(angle), 0.0);

        drawLine(previousPoint, nextPoint, color);

        previousPoint = nextPoint;
    }
}
```

　sinfとcosf（C言語の標準ライブラリーにある、32ビット浮動小数点数用サイン

---

[2]　覚えている限りでは、初めて好奇心を刺激された時点でのぼくの素朴な推測は、「大きな表と線形補間」だった。この推測は少し恥ずかしい。テイラー級数が何なのか、当時知ってってのでね。（訳注：サイン関数やコサイン関数といった三角関数の値は、三角関数表内に載っている各値を用いた線形補間で近似的に求められる他、テイラー級数で表すテイラー展開によって多項式で近似して計算できる）

関数とコサイン関数）の内部のどこかには、複雑性がある。でもそういう複雑性が、これらの関数がやっている単純な抽象化の層を貫通して、コードの他の部分に漏れ出すなんてことはない[†3]。複雑性は、安全に局所化されている。

内部にある詳細の隠蔽

同じルールが、自分で書くコードにも適用される。複雑なコードは、可能な限りいつでも、コードの中で明確に定義された区域に閉じ込めて、分離すべきだ。

顧客（customer）レコードのリストがあり、最近何かを購入した顧客のリストを返す関数を書いていると想像してみよう。顧客レコードは、次のようになる。

```
struct Customer
{
    int m_customerID;
    string m_firstName;
    string m_lastName;
    Date m_lastPurchase;
    Date m_validFrom;
    Date m_validUntil;
    bool m_isClosed;
};
```

ここで複雑なのは、リスト内の顧客レコードが全部有効ってわけじゃないことだ。有効期限が切れているか、まだ有効化されていない顧客アカウントがある。顧客が閉じたアカウントもある。この関数は、そういう無効な顧客レコードを除外しなきゃいけなくなる。

[†3] sinfとcosfはどちらも実装依存で、驚くほど複雑になることがある。ここで短い説明を書こうとしてぼくは失敗した。だけど覚えておくべき重要なことは、この関数は**寸分の狂いもなく正確な値**を計算する必要はなく、浮動小数点値の分解能が許す限りで正確な値だけ計算すれば足りること、そして、モジュラス計算によって角度を近似に都合がよいように区間縮小できることだ。興味深いことに、サインとコサインを計算するx86 CPU命令があるが、現代的なコンパイラーは、明示的に指示されない限りそれらの命令を使わない。1987年に導入されたこれらの命令には既知の欠陥があり、後方互換性のために修正できないのだ。あーあ。

```
void findRecentPurchasers(
    const vector<Customer *> & customers,
    Date startingDate,
    vector<Customer *> * recentCustomers)
{
    Date currentDate = getCurrentDate();

    for (Customer * customer : customers)
    {
        if (customer->m_validFrom >= currentDate &&
            customer->m_validUntil <= currentDate &&
            !customer->m_isClosed &&
            customer->m_lastPurchase >= startingDate)
        {
            recentCustomers->push_back(customer);
        }
    }
}
```

　無効な顧客レコードがもたらす複雑性は、局所化されておらず、この無関係な関数に漏れ出している。今や、顧客リストを回すループは毎回、無効な顧客レコードをチェックしなきゃいけない。そして、有効性を判定するルールが変われば、そういうループの1つ1つを更新しなきゃいけなくなるだろう。

　前の例のコードは、正直言って、かなりダメな設計だ。顧客の有効性チェックを全ループに複製するってのは、わけが分からない。オブジェクト指向設計が約束していたことの中に、まさにこの種の複雑性の隠蔽を容易にするって話があった。最低でも、適格性のルールはカプセル化されるべきだ。

```
struct Customer
{
    bool isValid() const
    {
        Date currentDate = getCurrentDate();

        return m_validFrom >= currentDate &&
               m_validUntil <= currentDate &&
               !m_isClosed;
```

```
    }

    int m_customerID;
    string m_firstName;
    string m_lastName;
    Date m_lastPurchase;
    Date m_validFrom;
    Date m_validUntil;
    bool m_isClosed;
};
```

そうすれば、ループがちょっと単純になる。

```
void findRecentPurchasers(
    const vector<Customer *> & customers,
    Date startingDate,
    vector<Customer *> * recentCustomers)
{
    Date currentDate = getCurrentDate();

    for (Customer * customer : customers)
    {
        if (customer->isValid() &&
            customer->m_lastPurchase >= startingDate)
        {
            recentCustomers->push_back(customer);
        }
    }
}
```

　でも、これでは対策としては中途半端だ。もっと優れた解法が、上流の方に存在する。全顧客をループで回す代わりに、**有効な**顧客をループで回す必要がある。顧客リストを提供するコードは全部、おそらくは全顧客リストから計算された、有効な顧客のリストも提供する必要がある。そうすれば、コードが適度に単純になるはずだ。

```
void findRecentPurchasers(
    const vector<Customer *> & validCustomers,
```

```
        Date startingDate,
        vector<Customer *> * recentCustomers)
    {
        Date currentDate = getCurrentDate();

        for (Customer * customer : validCustomers)
        {
            if (customer->m_lastPurchase >= startingDate)
            {
                recentCustomers->push_back(customer);
            }
        }
    }
```

　この変更により、複雑性は全部、有効な顧客のリストを返す関数に局所化される。
findRecentPurchasersみたいなコードは、顧客の有効性を気にしないでよくなり、
結果として書くのも理解するのも楽になっている。

状態の分散と、複雑性

　オブジェクト指向設計は、複雑性を局所化するのに役立つことがあるが、万能薬
じゃない。特に、状態を、単一のオブジェクト内に局所化せず、オブジェクトの集合
全体に分散させた場合、問題が発生しやすくなる。

　状態を分散させたからといって、必ずしも問題になるわけじゃない！　あるシス
テムをモデル化する上で一番自然な方法が、そのシステムの状態を共同で管理する複数
オブジェクトの作成である場合もある。オブジェクト指向設計では、そういう類の複
数オブジェクト設計でも一貫性が保てるように保証する。各オブジェクトが自己の状
態を管理し、オブジェクト間の相互作用も十分に定義されているってわけだ。

　でも、そういう分かりやすいオブジェクト指向設計が保証する内容は、ある程度慎
重にコードを書かない限り、満たせないだろう。複数オブジェクトの現在の状態に依
存することを何かやろうとすると、かなり危なっかしいコードになってしまいがち
だ。

　以下は、架空の例になる。ステルスゲーム[†4]を開発していて、そのゲームの面白さの一端は、敵に見つかる (spotted) ことなくこっそり動き回ることだ。このゲームは家族で楽しめるような内容で、プレイヤーは他のキャラクターの背後に忍び寄り、その背中に「わたしを蹴って」と書かれた張り紙をテープで付けようとしている[†5]。忍び寄りやすくするために、画面上に小さな「目」のアイコンを表示したい。この目は、プレイヤーの敵からプレイヤーが見えない時は閉じ、敵からプレイヤーへの視線が遮られていない時は開く。目が閉じている時はプレイヤーは安全、開いている時は見つかる危険があるってことだ。

　そういう機能をモデル化するために、少数のオブジェクトとクラスが用意されている。プレイヤーのオブジェクト、他のキャラクター全員のオブジェクト、目のアイコンのオブジェクト、どのキャラクターからの視線が他のどのキャラクターに対して遮られていない状態かを追いかけて管理するオブジェクトだ。最後に挙げたオブジェクトであるアウェアネス (awareness：知覚) マネージャーは、コールバック関数2種を登録する手段を提供する。2種の関数とは、あるキャラクターを別のキャラクターが見つけた際に呼び出される1番目のコールバック関数と、その後者のキャラクターが登録済みキャラクターを見失った (lost sight) 際に呼び出される2番目のコールバック関数だ。

　そういうオブジェクト群がある場合、プレイヤーのオブジェクトを中心に据えた実装が、こういう機能を実装する際の当たり前の方法になる。プレイヤーのオブジェクトは、アウェアネスマネージャーのコールバック関数を実装し、そのコールバック関数を使って、プレイヤー以外の何人のキャラクターがプレイヤーを見つけたかを数えられる。この数がゼロなら、プレイヤーのオブジェクトは目のアイコンを閉じた状態に設定し、そうでなければ、開いた状態に設定する。

　アウェアネスマネージャーは、こんな風になっている。

[†4]　訳注：コナミデジタルエンタテインメント『METAL GEAR』シリーズで一躍有名になり、ユービーアイソフト『アサシン クリード』シリーズ等様々なゲームに広がったジャンル。敵を倒さずに、敵から隠れて見つからずに進むことを求められるのが特徴。とはいえ敵を倒すことが最終目標になっていることが一般的なため、家族で楽しめるような内容は稀。

[†5]　訳注：「わたしを蹴って (kick me)」という文字を他人の背中にこっそり書く行為は、20世紀初頭からアメリカ合衆国で職場や学校でのいたずらやいじめとして行われてきており、様々な映画やTV番組にも登場する。

```
class AwarenessEvents
{
public:

    virtual void OnSpotted(Character * otherCharacter);
    virtual void OnLostSight(Character * otherCharacter);
};

class AwarenessManager
{
public:

    int getSpottedCount(Character * character);
    void subscribe(Character * character, AwarenessEvents * events);
    void unsubscribe(Character * character, AwarenessEvents * events);
};
```

目のアイコンは、もっと単純だ。

```
class EyeIcon
{
public:

    bool isOpen() const;
    void open();
    void close();
};
```

　以上のオブジェクトがあれば、プレイヤーのコードは簡単に書ける。プレイヤーの
オブジェクトは、生成時に、見つかった数の初期値をアウェアネスマネージャーから
取得する。また変更を捕捉するために、AwarenessEvents インターフェイスを実装す
る。プレイヤーを見ることができる他のキャラクターを数えた正確な数値があれば、
目のアイコンを適切に開閉できる[†6]。

[†6]　訳注：【コード例解説】C++は多重継承をサポートしているため、Playerクラスは Character ク
　　　ラスの他に AwarenessEvents クラスも継承する。その上で AwarenessEvents の仮想関数を、
　　　override キーワードを指定しオーバーライド（上書き）して実装している。

```cpp
class Player : public Character, public AwarenessEvents
{
public:

    Player();

    void onSpotted(Character * otherCharacter) override;
    void onLostSight(Character * otherCharacter) override;

protected:

    int m_spottedCount;
};

Player::Player() :
    m_spottedCount(getAwarenessManager()->getSpottedCount(this))
{
    if (m_spottedCount == 0)
        getEyeIcon()->close();

    getAwarenessManager()->subscribe(this, this);
}

void Player::onSpotted(Character * otherCharacter)
{
    if (m_spottedCount == 0)
        getEyeIcon()->open();

    ++m_spottedCount;
}

void Player::onLostSight(Character * otherCharacter)
{
    --m_spottedCount;

    if (m_spottedCount == 0)
        getEyeIcon()->close();
}
```

　こいつは悪いコードじゃない。量は多くないし、コード自体もかなり読みやすい。
m_spottedCount を 0 と比較するタイミングの選び方にちょっと分かりにくいところが
あるとはいえ、理解が難しいってほどじゃない。このコードは真っ当なものだと思う。

有力化されているか?

　でも、全ての設計がそうであるように、この例も進化する。プレイヤーに挑戦しが
いのあるちょっとした課題を与えるために、ひねりを加えよう。プレイヤーが無力化
したら常に、目のアイコンが開いた状態になることとする。もしくは、別の言い方で
言えば、敵が誰もプレイヤーを見つけておらず、**かつ**プレイヤーが無力化されていな
い場合に、目のアイコンが閉じた状態になるようにするってわけだ。

　今回の場合、Player クラスには setStatus メソッドがあり、プレイヤーの健康状態
全般の変化を記録するために呼び出される。setStatus に少々コードを挿入して、プ
レイヤーが無力化されたり、そこから回復して完全に……んー、「有力化」? 非無力
化? 何でもいいや、有力化された場合を捕捉するくらいは、お安い御用だ。プレイ
ヤーのステータスの変化を気にするのは、m_spottedCount がゼロの時だけだ。それ
以外の時は目のアイコンが既に開いているので、気にしないでいい。同様に、見つ
かった数がゼロである状態から変化したら、プレイヤーが無力化されていない場合に
のみ、目のアイコンを気にする必要がある[7]。

```
enum class STATUS
{
    Normal,
    Blindfolded
};

class Player : public Character, public AwarenessEvents
{
public:
```

---

[7]　訳注:【コード例解説】列挙型 STATUS の値 Blindfolded は、目隠しされた状態で、無力化状態を
　　　表す。Normal は、「有力化(capacitated)」された、通常の状態。「無力化(incapacitated)」は、
　　　ゲームキャラクターの状態を表現するのによく使われる言葉だが、その反対の状態は一般的な
　　　呼称がないため、ここでは著者が capacitated というそれらしい語を当てている。

```
    Player();

    void setStatus(STATUS status);

    void onSpotted(Character * otherCharacter) override;
    void onLostSight(Character * otherCharacter) override;

protected:

    STATUS m_status;
    int m_spottedCount;
};

Player::Player() :
    m_status(STATUS::Normal),
    m_spottedCount(getAwarenessManager()->getSpottedCount(this))
{
    if (m_spottedCount == 0)
        getEyeIcon()->close();

    getAwarenessManager()->subscribe(this, this);
}

void Player::setStatus(STATUS status)
{
    if (status == m_status)
        return;

    if (m_spottedCount == 0)
    {
        if (status == STATUS::Normal)
            getEyeIcon()->close();
        else if (m_status == STATUS::Normal)
            getEyeIcon()->open();
    }

    m_status = status;
}
```

```
void Player::onSpotted(Character * otherCharacter)
{
    if (m_spottedCount == 0 && m_status == STATUS::Normal)
        getEyeIcon()->open();

    ++m_spottedCount;
}

void Player::onLostSight(Character * otherCharacter)
{
    --m_spottedCount;

    if (m_spottedCount == 0 && m_status == STATUS::Normal)
        getEyeIcon()->close();
}
```

　この機能のせいで、複雑性が若干増した。特に、健康状態を表示するための互いに重複する条件2つがどう相互作用するかという点で、複雑になっている。とはいえ、まだ大惨事ってほどじゃないようだ。

　作業を最小限にするべくコードが行う仮定（Player::setStatusで目のアイコンを更新するのは、見つかった数がゼロの時だけ、とか）は、今では分かりにくくなっている。何が起こっているか理解するのはさほど難しくはないが、少々の効率のために、複雑性の面で代償を払っているってわけだ。

霧が立ち込め始める

　設計はまたもや進化するが、だからといって全く誰も驚きはしない。今度は、天候の効果を追加していく。天候が霧の場合は、プレイヤーが見つかった時や無力化された時と全く同様に、目のアイコンが開くようにする。

　天候システムも、知覚システムと同様、問い合わせとコールバックの単純なAPIを提供する。

```
enum class WEATHER
{
    Clear,
    Foggy
```

```
};

class WeatherEvents
{
public:

    virtual void onWeatherChanged(WEATHER oldWeather, WEATHER newWeather);
};

class WeatherManager
{
public:

    WEATHER getCurrentWeather() const;
    void subscribe(WeatherEvents * events);
};
```

天候APIは、アウェアネス向けに使ったパターンにぴったりはまる。天候のコールバックを実装し、初期化コードを追加し、既存のチェックに新しいロジックを混ぜれば、動作するシステムのできあがりだ。

```
class Player :
    public Character,
    public AwarenessEvents,
    public WeatherEvents
{
public:

    Player();

    void setStatus(STATUS status);

    void onSpotted(Character * otherCharacter) override;
    void onLostSight(Character * otherCharacter) override;

    void onWeatherChanged(WEATHER oldWeather, WEATHER newWeather) override;

protected:
```

```
    STATUS m_status;
    int m_spottedCount;
};


Player::Player() :
    m_status(STATUS::Normal),
    m_spottedCount(getAwarenessManager()->getSpottedCount(this))
{
    if (m_spottedCount == 0 &&
        getWeatherManager()->getCurrentWeather() != WEATHER::Foggy)
    {
        getEyeIcon()->close();
    }

    getAwarenessManager()->subscribe(this, this);
    getWeatherManager()->subscribe(this);
}


void Player::setStatus(STATUS status)
{
    if (status == m_status)
        return;

    if (m_spottedCount == 0 &&
        getWeatherManager()->getCurrentWeather() != WEATHER::Foggy)
    {
        if (status == STATUS::Normal)
            getEyeIcon()->close();
        else if (m_status == STATUS::Normal)
            getEyeIcon()->open();
    }

    m_status = status;
}


void Player::onSpotted(Character * otherCharacter)
{
    if (m_spottedCount == 0 &&
        m_status == STATUS::Normal &&
```

```
            getWeatherManager()->getCurrentWeather() != WEATHER::Foggy)
    {
        getEyeIcon()->open();
    }

    ++m_spottedCount;
}

void Player::onLostSight(Character * otherCharacter)
{
    --m_spottedCount;

    if (m_spottedCount == 0 &&
        m_status == STATUS::Normal &&
        getWeatherManager()->getCurrentWeather() != WEATHER::Foggy)
    {
        getEyeIcon()->close();
    }
}

void Player::onWeatherChanged(WEATHER oldWeather, WEATHER newWeather)
{
    if (m_spottedCount == 0 &&
        m_status == STATUS::Normal)
    {
        if (oldWeather == WEATHER::Foggy)
            getEyeIcon()->close();
        else if (newWeather == WEATHER::Foggy)
            getEyeIcon()->open();
    }
}
```

　繰り返しになるが、きみがこんなコードを書いたばかりなら、こういうコードを合理的と感じることがありうる。ぼくは確かにこういうコードを書いたことがあるが、悪い感じはしなかった！

　このコードは、1番目のバージョンのアプローチを進化させたものだ。プレイヤーのオブジェクトを初期化する際に世界の状態を見て、それから世界の状態の変化を追

いかけて目のアイコンを最新の状態に保つ。

　概念的な面に限って言えば、「目のアイコンの状態が変化すべきじゃない場合には、わざわざ目のアイコンを更新しなくていい」ってのが、最初の実装から生まれてきて繰り返されている共通テーマとなっている。天候が変わっても、見つかった数がゼロかつプレイヤーが無力化されていない場合でなければ、目のアイコンを更新する必要はない。見つかった数がゼロではない場合、またはプレイヤーが無力化されている場合であれば、目のアイコンは既に開いており、そのままに留まるべきだ。

　コード内には、そういう考え方の変種が3種類ある。視線、プレイヤーの状態、現在の天候だ。それぞれ微妙に表現が違うが、それでも考え方としては1つだけなので、それほど複雑には感じない。

　でも、一歩後ろに下がって客観的に見てほしい。コードを書いている時は、共通の考え方が簡単に理解できる。なんてったって、自分自身の考え方なんだから！　一方で、チームメイトが最後の例を見ていると想像してみよう。基本的な考え方は、連中にとって明白だろうか？　んー……そうでもないよね。

　例の考え方を知っていれば——つまり、「目のアイコンの状態が変化すべきじゃない場合には、わざわざ目のアイコンを更新しなくていい」って考え方だが、その考え方がコードの形で繰り返されるたびに、どう表現されているかを理解できる。逆に、考え方の表現結果全てから基本的な考え方を推測しようとすると……まあ、そんなに明白じゃないよね。

アプローチを再考する

　でもここには、もっと大きな問題がある。この機能の、ユーザーから見える設計はかなり単純で、次の条件3つが満たされたら目のアイコンが閉じられるというものだ。

- 敵がプレイヤーを見つけていない。
- プレイヤーは無力化されていない。
- 天候は霧ではない。

　先ほど書いたように、このロジックには5個（！）もの別々の実装があり、どの実装も、これら3つの条件を異なる方法で表現している。これでは混乱する。しかも、

そういうルールの単純明快な実装はなく、3つの条件をただチェックしているだけという場所もない。5つの実装は、どれも変種で、作業を最小化するためにどれも文脈の一部を利用している。

　設計に何らかの変更があった場合は、5個の実装をそれぞれ更新して設計に一致させなきゃいけない。例えば、天候システムに新しいWEATHER:HeavyFog状態を追加した場合、そのチェックを、WEATHER:Foggyについてチェックした場所全部に追加しなきゃいけない。

　もっと危険なのは、追加したメソッドが何か別の形で変わるとどうなる？　プレイヤーのモデルは、どの敵であれ、自分を見つけた敵なら振り向いて見るべきだって決めるかもしれないが、その場合、Player::onSpotted内のコードが増えることになる。今度は、ステルス状態表示機能をうっかり壊してないか確認しなきゃいけない。

　このコードの根底には、設計の複雑性を局所化できていないっていう、非常に大きな問題がある。この節の最初に述べた「3つの条件」という単純な設計があるのに、その設計の実装を5個の別々の実装に分散させ、全て少しずつ異なった書き方になっている。各条件が少しずつ複雑性を加え、それぞれの複雑性が他の全ての複雑性と相互作用する。複雑性同士がすぐにこんがらかってしまう。

　目のアイコンが開いてるか閉じてるかについてのルールのように、複雑な考え方があるのなら、その複雑な考え方を1か所で表現するよう目指すべきだ。

　今回の場合、3つの条件についての単純明快な実装が1つあることを意味する。そして、その実装を中心に残りのコードを構築していけばよい。システムの残りの部分を抜きにすると、次のようなコードができあがる。

```
enum class STATUS
{
    Normal,
    Blindfolded
};

class Player :
    public Character,
    public AwarenessEvents,
    public WeatherEvents
{
public:
```

```
    Player();

    void setStatus(STATUS status);

    void onSpotted(Character * otherCharacter) override;
    void onLostSight(Character * otherCharacter) override;

    void onWeatherChanged(WEATHER oldWeather, WEATHER newWeather) override;

protected:

    void refreshStealthIndicator();

    STATUS m_status;
};

Player::Player() :
    m_status(STATUS::Normal)
{
    refreshStealthIndicator();

    getAwarenessManager()->subscribe(this, this);
    getWeatherManager()->subscribe(this);
}

void Player::setStatus(STATUS status)
{
    m_status = status;

    refreshStealthIndicator();
}

void Player::onSpotted(Character * otherCharacter)
{
    refreshStealthIndicator();
}

void Player::onLostSight(Character * otherCharacter)
{
```

```
        refreshStealthIndicator();
    }

    void Player::onWeatherChanged(WEATHER oldWeather, WEATHER newWeather)
    {
        refreshStealthIndicator();
    }

    void Player::refreshStealthIndicator()
    {
        if (m_status == STATUS::Normal &&
            getAwarenessManager()->getSpottedCount(this) == 0 &&
            getWeatherManager()->getCurrentWeather() != WEATHER::Foggy)
        {
            getEyeIcon()->close();
        }
        else
        {
            getEyeIcon()->open();
        }
    }
```

　ここでは、条件をチェックする5個の実装は全部、refreshStealthIndicatorなる
ただ1つのメソッドに集約されている。このメソッドは、チェックする条件に変更が
あるたびに呼び出される。チェックする条件群と、それらの条件群の変更を検出する
コールバックとの間のつながりが明白じゃないので、局所化されていない複雑性がま
だ少しある。でも、以前よりはずっと少ない。

　そして、こういう実装は、条件の数に対して線形的な関係にある。新しい条件が追
加されたら、refreshStealthIndicatorに新しいチェックを追加し、初期化コードを
書き、1つか2つの場所で条件の変化をチェックすればいい。条件が10個あったら、
10倍のコード量になる。

　その状態は、複雑性を局所化しなかった以前の例より、はるかにマシになっている。
コンピューターサイエンスの用語では、前のコードには**2乗複雑性**[8]があった。つま

---

[8] 訳注：ここでの2乗複雑性 (quadratic complexity) は、アルゴリズムの時間的または空間的な
複雑性 (計算量) のように表せば、$O(N^2)$ となる。

り、新しい条件を追加するたびに、全条件をチェックする新たな場所が追加され、またそのロジックの既存実装のそれぞれに新しいチェックが追加される。そういう風にしていった直接の結果として、その設計を実装するコードの行数は、その設計に含まれる条件の数の2乗で増えてしまう。そいつはまずい！　コードの複雑性が2乗で増加すると、すぐに行き詰まることになる。

局所化された複雑性、単純な相互作用

　システム内にある別々の部分同士で複雑な相互作用が起こるのは、何が何でも避けたい。複雑な詳細部分がいくつかあるくらいなら許容できる。**その複雑性が局所化されている限りは**。インターフェイスと相互作用が単純なコンポーネントは、内部に複雑な詳細部分があっても、プロジェクトを破綻させるようなことはない。インターフェイス**ならびに**相互作用が複雑なコンポーネントは、たとえ内部の詳細が単純でも、命取りになるかもしれない。

　相互作用が単純なコンポーネント群で構成されたシステムは、線形の複雑性を持つ傾向がある。各コンポーネントがシステムを少しずつ複雑にしていくが、複雑性は管理可能な状態に留まる。

　コンポーネント間の相互作用が複雑だと、すぐに制御不能な状況となる。

　新しい機能を追加する際に、たくさんの場所でコードを書かなきゃいけないなら、悪い兆候だ。どうひいき目に見ても、その新機能は既存のコードになじんでいないことになる。追加する機能がどれも、たくさんの場所にコードを追加しなきゃいけないようなものなら、複雑性の局所化はおそらく失敗だ。そんな調子だと、泣きを見ることになる。

2倍良くなるか?

　どんなプロジェクトでもいずれは、利用しているアーキテクチャーに元から存在する限界で行き詰まる。それまでうまくいっていたやり方にはとにかく合わないような、何かの問題にぶつかるってわけだ。今までのパラダイムでは表現できない機能を追加する必要があったりするかもしれない。例えば、フィルター処理の仕組みが、全て満たすべき一組の条件を指定できる場合に、ある条件を AND（論理積）じゃなく OR（論理和）で指定しなきゃいけない事例に出くわしたとか。

　あるいは、データの形態が変化したとか。ある規模の問題を解決するために構築したシステムが、時間の経過とともに、元々の想定とは異なる規模や形態の問題に使われ始めると、存亡に関わるパフォーマンスの問題に直面することになる。

　いろんな物事がこんがらかってきてるだけってこともありえる。現行のパラダイムは、特殊な場合に、システムの根本的挙動を微調整して変える方法を提供している。そういう方法があることが、そのパラダイムがこれまで長く続いた一因だ。でも今や、そういう拡張の仕組みは、特殊な場合だけじゃなく、**ありとあらゆる場合**に使われるようになっている。システムを使う際は毎回、様々な例外的な場合の間を「けんけんぱ」の遊びみたいに注意深く飛び跳ねなきゃいけない。そして、新しいものが**動作するかどうか**、ましてやそれが**どのように**動作するかを探り当てるのは、至難の業だ。

　コードの一部が古くなりすぎて、ことによるとコードベースの他の部分と合わないかもしれない。かなり先進的なC++言語のプロジェクト内に存在するC言語のコードが、構造体へのポインターをいろいろ手作りしてるのを見て、気後れするとか。そういうコードは、古く異質な考え方を代表しており、誰もがもっとモダンなパラダイムで書き直したいと思っている。

　この手の話は自然かつ必然なので、慌てることはない。実のところ、問題ですらない。平常運転でしかないのだ。

　こういう事態を未然に防げるって思うだろうか。つまり、利用しているアーキテク

チャーに元々存在する限界で行き詰まるのは、最初の設計が不十分だったことの表れ
で、設計がもっとマシだったらこの問題を避けられたと思うか、ってことだ。避けら
れたと思うなら、一般化には3つの例が必要っていう**ルール4**の例を思い出してほし
い。最初の設計が悪かったってことは十分ありえる。でも、未来を予測しようとした
結果、ダメさ加減は似たようなものだが、もっと早い段階で限界に達する、さらに複
雑な設計になってしまっていた可能性が高い。

　また、プロジェクトのありとあらゆる部分がアーキテクチャー上の限界に達するわ
けじゃない。中には、作り直しを何年も全くせずに、順調に動作する部分もあるだろ
う。そいつは偶然なんかじゃない。最初の設計で良い選択をして、解決する問題がほ
ぼ変わらないままで、チームメイトと一緒になって保守に精を出し、出くわした例外
的な事例は全部局所化して簡単に対処できるようにする。そうしていれば、変更なし
でいつまでも進んでいける。

　ってのが、物事をフューチャープルーフ[†1]にしようとすることが非常に危険である
理由だ。フューチャープルーフにすることなんて必要ないか、フューチャープルーフ
にできないかの、2つに1つでしかない。

前に進む3つの道：無視、微調整、リファクタリング

　いずれにせよ、元から存在する、ある種の限界にぶつかったってわけだ。だからと
いって、コードを破棄してゼロから作り直すよう強いられるってことはない。

　例えば、元から存在する限界と共存できるかもしれない。フィルター処理でOR句
を許さないとか、性能問題に対処するためにもっとでかいハードウェアを買うとか、
我慢しつつ余計な複雑性や古臭いコードと共存する道を選ぶとか。

　ちょっとした微調整を加えたり、例外的な場合を設けたりすることも、有効かもし
れない。やろうとしてるフィルター処理の実態は、大多数のウェブサイト同様に、複
数並んだORで指定した条件をANDで加える処理だ。UI内でカテゴリーを2つ組み合
わせることで、追加のOR1つを特殊な場合として処理できるかもしれない。パフォー
マンスの問題のほとんどは何らかのデータの再計算に起因している可能性があり、そ
ういう場合は少々キャッシュしてやれば問題を大方解決できるだろう。システムを利
用すると毎回、例外的な機構を介してたりするかもしれない。でも、その手の多数あ

[†1]　訳注：フューチャープルーフ（futureproof）は、時間が経過した未来（future）となっても、陳
　　腐化する等の悪影響を最小に抑えられるような、耐性がある（proof）こと。

る例外的な場合の大半は、中身が全部同じことがある。そういう例外的な場合を処理するコードは、中心的なコード経路に織り込んでやることで、一気にたくさん除去できる。本当に古臭い部分は、Ｃスタイル配列用のメモリー確保処理のために、マクロで実現されてる中途半端な関数群を使ってるところくらいかもしれない。そういう配列をstd::vectorに取り替えるだけなら、大して難しくなさそうだ。

　あるいは、大きな変更をいくつか実行することが、**本当に**必要とされているかもしれない。現行のアーキテクチャーは、設計作業が始まった当時に問題と考えられていたことに対処すべく設計された。でも、その問題が変化した。もしくは、同じ問題に対する理解が、今となっては深まっているのかもしれない。現行のアーキテクチャーでは、今現在問題として理解されていることを全然解決できず、もっと適したアプローチが見えてきている。

　では、以上3つの基本的アプローチのうちどれを取るべきか、どうやって決める？問題を無視するか、問題解決のためにいろいろ微調整するか、それとも、もっとでかいリファクタリングをやるか？

プログラマーの2つの亜種：
漸進的発展派 対 反復的再発明派

　プログラマーには、そういう問題を下手に扱ってしまう先天的な傾向がある。間違った時期に間違った理由で大きな変更を行い、その結果、解決する問題の数より、新たに起こしてしまう問題の数の方が多くなってしまうのだ。

　もっと詳しく言うと、プログラマーには2つの亜種が存在する。インクリメンタルに考えるのが、タイプ1のプログラマーだ。新しい問題が発生するたびに、既存の解法の観点から検討する。そして、現行の設計を微調整することで問題を解決するのが常だ。タイプ2のプログラマーは、問題と解法を一緒に考える。そして、目の前の問題だけじゃなく、システムの問題全てを解決することに魅力を感じ、設計を新しくやり直すチャンスに飛びつく。

　どちらの傾向であれ、極端なところまでいくと、大惨事となってしまう。修正が全部インクリメンタルだと、プロジェクトに対する改善要求への対応を遅らせ、微調整や例外的場合への対応が長年積み重なった結果の重みにゆっくりと埋もれていく、囚われの状態に陥る。他方で、あらゆる修正がインクリメンタルじゃなく、変更という変更がどれも土台からの作り直しになると、その場でもがき苦しむことになってしま

う。前回のアーキテクチャーで学んだことは絶えず捨て去られる。どの新しいアーキテクチャーも新しい問題をもたらし、進捗は金輪際ない。

　ほとんどの物事がそうであるように、最良の結果はバランスを取ることから生まれる。無視、微調整、リファクタリングの中から正しいアプローチを選択するのは、一筋縄ではいかないことがある。でも、自分や同僚の傾向を知っていると、より良い決断を下すための役に立つ。不確実性に直面した場合の対応が、自分にとって心地良い決定を下すってことだと、毎回同じ選択肢を選ぶ危険性がある。タイプ1のプログラマーにとっては、心地良い決定とはインクリメンタルなものであり、あらゆる問題は微調整か無視によって解決される。タイプ2のプログラマーであれば、心地良い決定とは何でも作り直すことなので、毎回作り直しが起こってしまう。それじゃあまずい。そこで、そういう2種類のタイプのバランスを取らなきゃいけない。

　タイプ1の考え方が制御不能に陥っている可能性を示す、危険な兆候をいくつか見てみよう。

- 目の前の問題を、現行アーキテクチャーの用語で説明している。これは、問題をそれ自体の問題空間の中で説明する代わりに、内部的な用語を使って説明する、みたいな単純な形で現れるかもしれない。タイプ1のコーダーは、既存アーキテクチャーの用語を用いないと問題について考えることすらおぼつかない場合があり、そういう体たらくが使う言葉に表れている。

- 問題を説明するのに、**不可能**という言葉を使っている。そういう説明は、ほぼ確実に正しくない。最悪の場合でも、システムアーキテクチャーに大きな変更を加えない限り問題の解決が困難、ってだけの話だ。

- プロジェクトのスケジュールを持ち出して会話を打ち切る。スケジュールに関する懸念が間違ってるって言いたいわけじゃない。そういう懸念が妥当なのは明白だ！　でも、大きな変更に反対する、第一の、そして唯一の論拠が、スケジュールに合わないってことなら、タイプ1の考え方に陥っている可能性がある。

- システムにインクリメンタルな変更を何度も加えてきたにもかかわらず、大きな変更を最後に加えてからは数年が経過している。

　タイプ2の考え方が優勢になろうとしている状況に対して、警鐘を鳴らす兆候もある。

- システムを作り直す一番の理由として挙げられる点が、「あのコードはどうしてもきれいにしなきゃいけない」
- システムを作り直す決定が、実装が困難な単一の機能、あるいはパフォーマンス低下を生じさせるデータセットなど、ある特定の事例1つに基づいて下される。
- パフォーマンスやリソースの問題が作り直しを押し進める主要な論拠となっているのに、システムを実際にプロファイルしてボトルネックを見つけた者はいない。
- システムの作り直しの論拠を、目の前の問題ではなく、解法の観点から提示する。問題に立脚してない提案ってやつは、どいつもかなり胡散臭い。
- 新しい言語、新しいライブラリー、何かの新しい言語構成要素みたいな、ピカピカ輝くものが、提案されている作り直しにとって欠かすことのできない中心的なものとなっている。

　以上の兆候の中に、自分自身の思考パターンの一面が出てきて、身に覚えがあったかもしれないな！　ぼくはもちろん身に覚えがある。ぼくは心の奥底ではタイプ2なので、決定を下す際にはそのことを常に気に留めておかなきゃいけない。幸いなことにぼくのチームには、決定を下すに際して、バランスをある程度提供してくれるだろうと当てにできる、タイプ1の連中がたくさんいる。

　また、同じ問題に対し、タイプ1とタイプ2双方について警鐘を鳴らす兆候が現れ、信号が混在することもよくある。例えば、何年も根本的な作り直しを経ていないシステムに対して、大きな変更を検討しているかもしれない。でも、提案されているその変更のきっかけは、新しくてかっこいいデータベース技術の導入に対する興奮であるように見える。これは、タイプ1の信号（システムのアーキテクチャーには長い間変化がない）と、タイプ2の信号（よっしゃあああ！　新しいデータベース、キター！）が、混在している状態だ。

　こういう様々なパターンを認識しておくと、決定を行うプロセスの助けにはなる。でも、こういうパターンが代わりに決定を下してくれるわけじゃない。慎重なタイプ1のパターンがロジックの中に多少出てくるからというだけで、インクリメンタルな解法が間違いとは言い切れない！　また、タイプ2の兆候が表に出てきているからというだけで、システムを作り直すのが不適切ってことにはならない。大規模な作り直しに着手するか、それともインクリメンタルな変更を続けるか、という大きな決断を

下す手がかりとしては、こういう兆候以上の何かが必要になる。

単純な経験則

　大きな変更を行うにあたって、ぼくが用いる単純な経験則は、「2倍良くなるか？」だ。

　変更を行った後に、作り直されたシステムが現行システムの2倍良くなるって確信があるなら、変更の対価は、作り直しが必然的にもたらす断絶や新しい問題を正当化するくらい大きい。そうじゃない場合、つまり新しいシステムが現行システムの2倍良くなる見込みがない場合は、問題をインクリメンタルに解決していく方がマシだ。

　答えが明らかなこともある。絶対にやらなきゃいけないことがあるが、現行アーキテクチャーでは絶対にできない場合だ。例えば、法律で義務付けられた新しいプライバシー制約事項をサポートするために、サーバーのコードを作り直す必要があるとしよう。その制約事項は、「忘れられる権利」[†2]のサポートを要求している。現行アーキテクチャーは、個人の古いデータを削除できない方式でデータ履歴を混在させているので、現行アーキテクチャーの根本的な作りからしてサポートしようがない機能が求められていることになる。

　新しいシステムは2倍良くなるだろうか？　現行システムだとサポートできないが、作り直したシステムならサポートできる、というような機能を、今回の場合は入れなきゃいけないという話になっている。ある意味、作り直したシステムは古いシステムよりも無限に良くなるってわけだ。「無限」は「2倍」より余裕で大きいので、判断は明確であり、作り直しに乗り出すことになる。

　ただ、答えがそれほど明白じゃない場合の方が一般的だ。新しい答えが古い答えの2倍良いかどうかを判断するために、計測（可能な場合）と推定（計測が不可能な場合）を行う必要がある。

　例えば、Sucker Punchが『Ghost of Tsushima』の開発に着手した時のことだ。ぼくらが地表を物理的にモデル化している方式では、この新作ゲームの巨大なサイズを扱うのに苦労するだろうってことにぼくらは気づいた。それまでに開発したゲームでは、地表は全部、手作業で作った三角形群から成る表面として表現していたが、新

[†2]　訳注：21世紀に入ってから、個人のプライバシー権に関連して各国の司法で認められるようになってきている、インターネット上に残る自分のデータの削除を個人がサービス提供者等に求められる権利。

作ではその40倍ほどの面積を扱うことになった。対馬っていう島の地表は、実際の
ゲームでは、ハイトマップを集めて作った。各ハイトマップは、200メートル四方の
区域の高さ情報を保持する一様格子を表現する512×512のビットマップだ[3]。

　ハイトマップを三角形群に変換して、ぼくらの通常の物理パイプラインに通すって
のが、インクリメンタルな解法だった。この解法はうまくいったが、データが実にで
かくて扱いにくい状態になった。50万個もの三角形があり、軽く最適化した後でも、
全ての三角形を追跡管理するために何メガバイトもの記憶領域を費やすことになって
いた。

　代案もあった。物理エンジンを作り直してハイトマップを直接サポートするってい
う手段も取れたが、そうするとかなりの手間がかかる。ハイトマップと他の基本的な
物理プリミティブ形式との間で起こる相互作用の処理、社内の物理エンジンが要求す
る表面形式についての追加情報を符号化してハイトマップに入れる方法の考案、社内
の全デバッグツールに対するハイトマップのサポート追加、等々だ。全部を動作させ
るのに、プログラマー3人月分程度の作業を要するだろう。

　そこで、例の経験則を当てはめてみる。作り直したシステムは2倍良くなるだろう
か？　いくつかの評価軸の上では、間違いなく良くなる！　ハイトマップは社内のグラ
フィックスレンダリングエンジンが既に使っていたし、他に必要なことは何でも推測
できた。200メートル×200メートルの各正方形を物理的にモデル化するのに20メ
ガバイト以上必要だったのに対し、ハイトマップを統合するには数百バイトしか必要
としないだろう[4]。

　同様に、基本的な物理演算（短い線分のテスト等）は、ハイトマップのセル1つか2
つに問い合わせるだけでよい。そうすれば、もっと自由な形状のジオメトリの表現
用に使っている何十層ものバイナリー空間分割ツリー[5]を飛び回ったりしないでい
い。これで2倍以上高速になるだろう。

　というわけで、経験則が、「そういう作り直しは筋が通っている」と告げていた。

---

[3]　訳注：ルール11の章末に、詳細を記した（199ページ）。

[4]　複雑な諸事情により、最終的にはグラフィックスのレンダリングに使っているハイトマップの
　　コピーを別途作成し、コピー操作の一環として浮動小数点数に変換することになった。その合
　　計コストは200メートル×200メートルの正方形ごとに1メガバイト程度だった。

[5]　訳注：バイナリー空間分割ツリー（binary spatial partitioning tree/BSP tree）は、空間を
　　再帰的に分割することで構築するデータ構造で、あるシーン内のオブジェクトを記述するデー
　　タ構造であるシーングラフ（scene graph）として使われ、ゲームでは物理エンジンでの衝突判
　　定等の用途に利用される。

新しいシステムは、重要なメトリクス (metrics：指標)について、2倍良くなるだろう。そしてぼくらは、そういう結果には、新しいシステムを実装したりワークフローを見直したり新しいバグに対処したりといったコストに見合う価値があると判断した。

曖昧な便益の扱い

　物を作り直すことで得られる便益を定量化するってのは、必ずしも簡単じゃない。だからといって、「2倍良くなる」ルールを回避する言い訳としては不十分だ。プログラマーがもっと幸せになれるような変更とか、あるいはデザイナーがもっと洗練されたUXを作成できるようにするオーサリングパイプラインの再構築とか、ソフトな改善に重点を置いているとしよう。であれば、そういう改善を定量化する方法を考えてみてほしい。

　定量化をやらないようだと、一番心地良い決定、つまり自身に元々備わった傾向に沿った決定を行う状況へと、自分自身を仕向けている。心地良い決定をいつも下してばかりだと、自分自身を苦しめることになるだろう。

　例えば、古臭いコードを置き換える前出の例のように、ある変更の目的が、チームにいるプログラマーを単に幸せにすること以外の何物でもないとしよう。そうだとして、プログラマーは何故幸せになるんだろうか？　現在のこんがらかった混乱状態から確実に出現してくるバグと格闘しなくて済むので、生産性が上がる？　そうなるとしたら、生産性はどのくらい向上するんだろう？　2倍生産的になるのか？

　あるいは、UXオーサリングパイプラインを再構築するかどうかを決めてるところだとしよう。新しいUXはどれくらい洗練度合いが増すんだろう？　製品のユーザーにとって、何故、そして、どのようにより良いものになるのか。また、そういう改善を、どうやって予測できるのか？　ぼくらがゲームで目指してるように、もっと長い時間ユーザーが製品を満足して使うようになるだろうか？　もしくは、ゲームみたいなものより伝統的なソフトウェアのデザインに取り組んでいるなら、ユーザーはもっと速く効果的にタスクをこなすことができるようになるだろうか？

作り直しは、小さな問題の修正にうってつけの機会だ

　実際のソースコードがあるルールの章に戻る前に、最後に考えておきたいことがもう1つある。

　システムを作り直すと決めたら、そのシステムに存在する小さな不具合を全部片づ

ける方がいい。何かの古臭いコードを修正するためだけに、大規模な作り直しに着手するなんてことはないだろう。作り直しによって得られる便益が、作り直しのもたらす問題のコストに見合わない。でも、そのコードをぶっ壊すって既に決めたんだったら、変更のコストをいずれ吸収することに既になっているわけだし、どうせその変更を徹底的にテストするだろう。だから、そのコードをもっとモダンなコードに置き換えるとか、小さな問題をいくつかついでに解決した方がいい。

　こいつは結構生産的なパターンだ。すぐに修正できないような、コードの中にある細かい問題を書き留めておこう。そして、ある領域で大きな作業を実施する際に、同時にそういう細かい問題を全て一掃すべきだ。

　だからといって、インクリメンタルな改良の機会を探すべきじゃない、なんてことにはならない。インクリメンタルな変更を利用して、そういう改善をやればいい。時間の経過とともに、システムを改善する方法に関する小さなアイデアが、大規模な作り直しを正当化できるくらいの数になるまでいろいろと集まってくるかもしれない。実際それはかなりよくあることで、パターンが見えるようになってくればなおさらだ。現在のシステムに細かい問題が6個あり、1回の同じ作り直しで全部の問題に対処できることに気づいたとしよう。それはつまり、細かい問題の解決によって累積していく価値のおかげで、作り直しが労力に見合うようになってくる、転換点を見つけたってことかもしれない。塵も積もれば大きな改善となるだろう。そうなれば、大規模な作り直しが正当化される。

　「2倍良くなる」は、大きな変化には大きな改善が必要ってことを述べるための、便利な言い回しだ。何かをぶっ壊して、ほんのわずかだけマシなものに取り替えるってのは、やっちゃいけない。そいつは、下策だ。何かをぶっ壊して、**かなり**良くなるものに取り替えるべきだ。2倍良くなるようなものにね。

訳注3

　ソフトウェアとしての3Dゲームエンジンは、座標空間内で、頂点の集合である3Dモデルのデータを処理する。頂点が3つあると三角形となり、三角形が複数あるとポリゴン（polygon：多角形）となり、どんなオブジェクトもポリゴンの集合として表現されている。ゲームエンジンの構成要素で、ゲーム内にあるオブジェクト同士の衝突判定等の物理挙動を制御する物理エンジンは、各オブジェクトの3Dモデルを構成する頂点を手がかりに挙動を計算している。

　一方で、ゲームエンジンのもう1つの構成要素である、描画を担当するグラフィック

　スレンダリングエンジンは、頂点数を抑えてCPUとGPUでの処理負荷を抑えつつ描画を写実的にするために、頂点情報以外のデータも参照している。各3Dモデルには、3Dモデルの表面の色情報を格納する2Dビットマップであるテクスチャーの他、法線（normal：ある面に垂直なベクトル）によってテクスチャー上のテクセル（テクスチャー内のピクセル）の傾きを表現したノーマルマップ（normal map）、各テクセルの高さ情報を格納したハイトマップ（height map）を付加することがある。GPU上でシェーダー（shader：描画処理を制御するプログラム）がそれらの情報を参照することで、頂点が存在しないにもかかわらず立体感のある陰影処理を行っている。ただし見た目の処理でしかなく、たとえ凹凸があるように見えたとしても実際には頂点がないため、物理エンジンからは見えない。

　そこで、ハイトマップ情報を物理挙動に反映させ、細かい部分でもよりリアルな挙動を得たい場合、本文にあるように、ハイトマップ情報を頂点に変換したり、逆にハイトマップが物理エンジンから見えるように物理エンジンを改修したり、といった対応が必要になる。

大きなチームには
強い規則が必要

　本書の一番基本的な考え方は、プログラミングとは複雑なものであり、個人として、またチームとしての生産性は、そういう複雑性の制約を受けるってことだ。物事を複雑にすればするほど、あるいは物事が複雑になるに任せておけばおくほど、成功は遠のくだろう。物事を単純に留めておけばおくほど、大きく成功するだろう。だから、物事を単純な状態に保とう！

　このアドバイスは、取り掛かってるプロジェクトがどんな種類だろうが当てはまる。でも、当てはまる度合いはプロジェクトによって異なる。

　複雑性が余分にあったとしても問題にならないほど、小規模で単純なプロジェクトもある。とある午後に100行のコードを1人で書き、用が済んだら捨てるつもりなら、とにかくどんな風にでも好きに書ける。そうしたからといって、人に何か言われることもない。

　チームに入ると、たとえ2人のチームであっても、そういうわけにはいかなくなってくる。「自分のコード」と「他人のコード」の間に線を引いて、線で分けられた自分側のコードの書き方を各人が決めるようにしようとするかもしれない……でもあまりうまくいかないだろう。自分側の部分が、別の部分から非常にきれいに分かれていて、プロジェクトの存続期間中ずっとそのままってわけでもない限り、その境界の両側を短い間に定期的に行き来することになるだろう。半分に分かれた各部分同士のインターフェイスを定義する場合すら問題になる。例えば、境界線の両側にインターフェイスが半分ずつある場合、インターフェイスの名前をどうするかは誰が決めるのか？

　そういう「自分側と他人側」パターンを、もっと規模が大きいチーム向けに拡張する良い方法は、存在しない。にもかかわらず、やろうとする者が後を絶たない。プログラマーによっては、「自分の」コードに関するありとあらゆる決定を自分でやることに強い魅力を感じる者もいる。プログラミングとは創造的な行為であり、制約があれば創造性が失われていってしまうと主張したりする風潮も見られる。また、あるプ

ロジェクトに属する別々の部分は、必要とするものも別々なので、別々に扱われるべきと主張しがちだ。あるいは、自分のプログラミングスタイルの一番細かい部分に執着してしまいやすい。でも、中括弧の場所[†1]についての激しい論争の渦中に巻き込まれているのに気づくのが落ちだ。

　こういういろいろな主張は、どれも間違っている。完全に間違いってわけじゃないにせよ、大きなチームで大きなプロジェクトに取り組むっていう現実の重みが、各主張の中に存在するちっちゃな真実の核心を、どんな類の真実だろうが圧倒するのだ。様々なコーディングスタイル間にある差異のせいで複雑性が増すと、全員にとって仕事がこなしにくくなってしまう。

書式整形規則

　全てのコードは、何らかのスタイルと哲学を具現化している。異質なスタイルや哲学を持つコードを読み進めると、時間がかかり、間違いが起こりやすい。何となくしか理解してない異国の言葉を読むようなもので、何もかもが悪戦苦闘になる。

　以下のようなコードに慣れているなら、

```
/// \struct TREE
/// \brief 整数のバイナリーツリー(binary tree: 二分木)
/// \var TREE::l
/// 左の部分ツリー
/// \var TREE::r
/// 右の部分ツリー
/// \var TREE::n
/// データ
/// \fn sum(Tree * t)
/// \brief ツリー内にある全ての整数の合計を返す
/// \param t 合計するツリー(または部分ツリー)の根
/// \returns ツリー内の整数の合計

struct TREE { typedef TREE self; self * l; self * r; int n; };
int sum(TREE * t) { return (!t) ? 0 : t->n + sum(t->l) + sum(t->r); }
```

[†1]　訳注:一貫性のない中括弧の場所については、**ルール15**のコード例参照。

……以下のようなコードは読みにくくなるだろうし、逆も然りだ。

```cpp
// 整数ツリーの節 (node)

struct STree
{
    STree * m_leftTree;
    STree * m_rightTree;
    int m_data;
};

// ツリー内にある全ての整数の合計を返す

int sumTree(STree * tree)
{
    if (!tree)
        return 0;

    return tree->m_data +
            sumTree(tree->m_leftTree) +
            sumTree(tree->m_rightTree);
}
```

　ここでは、価値判断は働いていない。ある意味、こいつは同じコードだ。違うのは、名前の付け方と書式整形のやり方だけ。ぼくは2番目のコードみたいなスタイルでプログラミングすることに慣れてるので、1番目のスタイルはぼくには奇妙に見える。1番目のコードを読むには、頭の中での翻訳が多少は必要だ。1番目のスタイルに慣れてる人は、逆の反応だろう。

　ここで問題なのは、コーディングスタイルではなく、スタイルを**混ぜている**ことだ。スタイルを混ぜて、複雑性をまたもや増やしてしまうと、スタイル間の行き来に苦労することになる。コードの別々の部分向けに別々のスタイルを維持しようとするのは、悪い考えだ。

言語の使い方の規則

　言語機能の使い方についても同じことが言える。前の例のような「基本的」なC++

のコードに慣れていると、以下のようなもっと「モダン」なC++は読みづらくなって
しまう。

```
int sumTree(const Tree * tree)
{
    int sum = 0;
    visitInOrder(tree, [&sum](const Tree * tree) { sum += tree->m_data; });
    return sum;
}
```

　比較的古いバージョンのC++に慣れている人ならば、こいつがちゃんとしたコー
ドだって分からないかもしれない！ ラムダが定義されているが（[&sum]で始まる部分
だ）、C++11になるまで、ラムダは言語機能としては追加されてこなかった。
　繰り返しになるが、ぼくはここで自分の価値観を主張してるわけじゃない。ラムダ
は便利なこともあるし、C++の実装が現在そういう風になってる理由をぼくは理解
している。ラムダがチームのワークフローの標準的な一部になっていて、ラムダをど
こでどう使うかについて全員がしっかり理解を共有してるなら、先のコードは何も問
題ない。だが、きみがチーム内で唯一のラムダ派急先鋒なら、同じコードが大惨事に
なる。ここで問題なのは、言語機能の使い方そのものじゃない。どの言語機能を使う
べきかについて、期待する内容が別々で、混ざっていることだ。ある言語機能に慣れ
ている人が、別の言語機能に合わせると、エネルギーを消耗する。ある規則から別の
規則への移り変わりが、予期してないところで起こると、今見ているコードに対して
どの規則が適用されているんだかよく分からない状態に陥ってしまい、消耗が顕著に
なってしまう。

問題解決のための規則

　プログラマーは、解法が1つしかない問題にはあまり遭遇しないので、コードを書
く際に、ある問題をどのように解決するかをめぐり、誰しもが自己の直感を発達させ
る。そのせいで、自分の直感とチームメイトの直感が一致しない場合、問題が生じる。
同じ問題でも、別々の異なる方法で解決してしまうのだ。そういう風になると、一番
マシな場合であっても、互いのコードを見た際に起こる認知的負荷が増大してしま
う。もっとありそうなのは、車輪の再発明に陥る結末だろう。同じ問題を、既に解決

されていることに気づかず、複数の方法で複数回解決してしまうってわけだ。

　例えば、エラー処理。エラー処理の方法は、言語とそのライブラリーに内包されているものもあれば、チームによって特定のニーズを満たすために外延として構築されたものもあり、実に様々だ。C++の組み込み部分に限定しても、少なくとも3つの異なるエラー処理モデルがある。50年にわたる言語の発展のある時点で、各モデルが機能として入ってきたのだ。

　エラー自体の定義にすら、争いがある！　使い方の間違いはエラーである、と決めるのは、筋が通る話だろう。結局のところ、オペレーティングシステムやほとんどのライブラリーがそうしているんだし。一方で、エラー扱いするのは、完全に回避できるような使い方の間違いではなく、ファイルが見つからないとか回避しようのない問題に限定すべきと決める場合だって、全く同様にありうる話だ。

　例えばSucker Punchでは、使い方の間違いをエラーじゃなくアサートとして扱う。それがぼくらの規則なのだ。エラーの扱い方にはいろいろな選択肢があるが、ぼくらはその中から1つを選び、全員が守っている。

　1つの規則だけを頑なに守るのは、大変だ。どんなものでもライブラリーやその他の依存関係を使うと、使ったものが持つエラー処理モデルに引きずり込まれるので、特に大変になる。最低限、ライブラリーが返すエラーに対処しなきゃいけない。その上で、そのエラーをどういう風に伝播させるか決める必要がある。そういうエラー処理は、実に古風なC言語スタイルのファイル処理を扱っている場合、とある類の不愉快なコードになってしまう。

```
string getFileAsString(string fileName)
{
    errno = 0;
    string s;
    FILE * file = fopen(fileName.c_str(), "r");
    if (file)
    {
        while (true)
        {
            int c = getc(file);
            if (c == EOF)
            {
                if (ferror(file))
```

```
            s.clear();

        break;
        }

        s += c;
    }

    fclose(file);
    }

    return s;
}
```

　この1980年代風コードでは、エラーは、グローバルな状態[2]と、特別な戻り値との組み合わせで返される。詳細はさほど重要じゃないにせよ、相対的に見てここでは、規則の欠如が顕著だ。どの関数も、エラーを返す方式について、ちょっとずつ違った考え方に基づいている。例えば、fopenはエラー時にnullptrを返し、getcはEOFを返しつつもグローバルなフラグをセットする、といった具合に。こういうモデルを使うと、思い思いの方向を向いているいろいろな詳細部分をたくさん覚えることになる。

　エラーをオブジェクト自体に移してやれば、ちょっとはマシになり、新しいもっと強力な規則を導入することもできる。

```
bool tryGetFileAsString(string fileName, string * result)
{
    ifstream file;
    file.open(fileName.c_str(), ifstream::in);
    if (!file.good())
    {
        log(
```

†2　訳注：【コード例解説】C言語の標準ライブラリーstdioの関数getcは、入力ストリームから1文字読み取る。そして読み取りエラーまたはファイルの終端を示すために、EOFを返す。エラーが発生すると、グローバル変数errnoにエラーを示す値を設定するが、errnoを確認しなくても、読み取りエラーであることはferror関数で判定でき、ファイルの終端であることはfeof関数で判定できる。

206

```
            "ファイル%sを開くのに失敗：%s",
            fileName.c_str(),
            strerror(errno));
        return false;
    }

    string s;
    while (true)
    {
        char c = file.get();
        if (c == EOF)
        {
            if (file.bad())
            {
                log(
                    "ファイル%sの読み取りエラー：%s",
                    fileName.c_str(),
                    strerror(errno));
                return false;
            }

            break;
        }

        s += c;
    }

    *result = s;
    return true;
}
```

　tryで始まる名前の関数は失敗する可能性がある、ってのがここでの規則だ。成功すればtrueを、失敗すればfalseを返し、失敗の詳細はシステムのエラーログで報告される。tryで始まる名前の関数を見れば、期待すべき点が正確に分かる。そいつが規則の力ってやつだ。規則は理解への近道であり、自分でコードを読んでいって詳細を理解するよりも、規則の方がずっと好ましい。このコード例に出てきたC言語標準ライブラリーみたいな、規則に則っていないライブラリーだと変換作業を強いら

れるが、その作業をやる必要があるのは1人のコーダーだけだ。他のチームメンバー
は、一貫したエラー処理規則の利点を享受できる。

　成功か失敗かを単純なbool型の値で返すんじゃなく、もっと複雑な種類のエラー
を定義するプロジェクトに、ぼくは携わったことがある。

```
struct Result
{
    Result(ErrorCode errorCode);
    Result(const char * format, …);

    operator bool () const
        { return m_errorCode == ErrorCode::None; }

    ErrorCode m_errorCode;
    string m_error;
};
```

　この手のエラー報告では、コードにエラーを伝播させる時も、文脈を含んだ詳細な
エラー情報にできる。多数のエラーを扱うプロジェクトで役立つモデルで、tryみた
いな命名規則と組み合わせてやると特に役立つ。

```
Result tryGetFileAsString(string fileName, string * result)
{
    result->clear();

    ifstream file;
    file.open(fileName.c_str(), ifstream::in);
    if (!file.good())
    {
        return Result(
                "ファイル%sを開くのに失敗: %s",
                fileName.c_str(),
                strerror(errno));
    }

    string s;
    while (true)
```

```
    {
        int c = file.get();
        if (c == EOF)
            break;

        if (file.bad())
            return Result(
                        "ファイル%sの読み取りエラー : %s",
                        fileName.c_str(),
                        strerror(errno));

        s += c;
    }

    *result = s;
    return ErrorCode::None;
}
```

あるいは、C++ライブラリーの基本的なエラー処理モデルの3番目である、例外
を使うこともできる。

```
string getFileAsString(string fileName)
{
    ifstream file;
    file.exceptions(ifstream::failbit | ifstream::badbit);
    file.open(fileName.c_str(), ifstream::in);

    string s;
    file.exceptions(ifstream::badbit);
    while (true)
    {
        int c = file.get();
        if (c == EOF)
            break;

        s += c;
    }
```

```
        return s;
    }
```

　良くも悪くもこの関数は、`file.open`や`file.get`からスローされる実際の例外を隠蔽する。利点は、通常処理フローがエラー処理関連コードでごちゃごちゃにならないことだ。欠点は、エラーの検出と処理の方法の複雑性が、隠蔽された上に、複数の関数に散らばってしまうことだ[†3]。

　以上4つのスタイルは、他のたくさんのスタイル同様に、どれもうまくいく見込みがある。4つの中のどれを自分用の規則に選んでもいい。でもまあ、1番目のスタイルは使わないだろうね、バカげてるし。でも他の3つは、プロジェクトによるとはいえ、どれを使っても筋が通る可能性がある。

　筋が通らない場合も、あるにはある。同じプロジェクト内に、異なるエラー処理方式を混在させた場合だ。規則が一貫性を欠くと、チーム全員が始終、軽い混乱状態に陥り、混乱したプログラマーがバグ入りコードを書いてしまうことになる。

　そういう場合の例を、`try`で始まる名前の関数の規則2つの中に隠しておいた。どちらの規則の例でも、ポインターを通して関数の「実際の」戻り値が渡されてくる。でも、1番目の規則では、関数が失敗しても実際の戻り値は変更されずそのままなのに対し、2番目の規則では、エラーが発生するとクリアされる。

　どっちを選んでも、しっかりとした論拠を示せる。でも、2つの規則を同じプロジェクト内に混在させることはできない。大惨事になるのが明白だからだ。エラーコードの中にC++例外を混ぜるのも同じことで、泣きを見る運命にある。

　また、プログラムはエラー処理をやるべきじゃないと主張することもできるかもしれない。そう、見間違いじゃない、エラー処理なしだ！　実際、ぼくらはゲームコードのほとんどでそういうアプローチを取っている。つまり、エラーを定義しないので、エラー処理もないってわけだ。

　使い方の間違いは、アサートで処理される。メモリー不足みたいな致命的問題は、ゲームを停止させるってだけだ。エッジケースは、エラーを返すのではなく、デフォルトの挙動を引き起こす。

[†3]　本書の他の**ルール**、とりわけ**ルール10**「複雑性を局所化せよ」を考慮すると、Sucker Punchでは C++の例外を使ってない、って聞いても驚きはしないだろう。例外を使ってないのは、この欠点がまさにその理由に当たる。ぼくらのコードベースには try文が実際には数個あるが、それは社内ツールチェイン内に含まれている外部ライブラリーが強制する場合のみだ。

　コードのエッジ（edge：端）でエラーを処理せざるをえないのは、その通り。例えば、ぼくらのネットワーク処理のコードでは、取りこぼすパケットを処理しなきゃいけない[4]。でもSucker Punchのプログラマーは、エラーをただ1つも発生させたり処理したりすることなしに、何か月も過ごせる。

効果的なチームは、同じように考える

　個人としてではない、チームとしての目標は、一体となって考えることを目指すようなものであるべきだ。チーム全員がとても同期の取れた状態になっているおかげで、ある問題を提示されたら各人がぴったり同じコードを書くって状況こそ、理想的だろう。そしてぼくが言いたいのは、「ぴったり」とは、文字通り**ぴったり**ということ。同じアルゴリズム、同じ書式、同じ名前で、何もかも書くってことだ。

　自分のコードを読んで作業するのが、他人のコードを読むよりも簡単なのは、誰もが知ることだ。どんなコードにも、「コードはこう書かれるべき」っていう無数の仮定が埋め込まれている。自分のコードを読んでいる時は、そういう仮定が全部自然に感じられるので、気づかないものだ。他人のコードを読むと、自分が共有していない仮定の1つ1つに毎回つまずく。

　命名規則が期待と合致しないなら、思わぬ障害にぶつかる。もちろん解決はできるが、時間とエネルギーを要する。中括弧の位置が間違ったところにあったり、コードに見慣れない言語機能が使われていたり、先ほどのコンストラクターの例のように複数の規則を使ってありふれたことをやっていたりしても、同じ話だ。

　解決策は、分かりきってる。チームとして調和の取れた状態で円滑に作業したいなら、仮定を揃えよう！　同じ規則を使おう！　バカなことはやめよう！

　中括弧をどこに入れるかとか、規約そのものが問題になることはほぼない。中括弧の位置について、原理原則に則って議論してもいいが、もっともな答えがたくさんある。どのスタイルを選んでも、全員が同じスタイルを選び、そのスタイルを一貫して使用する限り、問題にはならない。

　Sucker Punchで、この件にどう対処しているかというと、以下のようになる。ぼくらは、コーディング標準のセットを用意し、考えうる全てのことに関してかなり厳格なルールを定めている。

---

[4]　訳注：ネットワーク処理のコードについては、**ルール20**を参照。

- あらゆるものの命名法。
- コードの書式整形方法。賢い者が定めれば、書式規則は、様々なコード書式設定ツールのうちどれかの出力と完全に一致することだろう。そうなっていると、規則に従うのが簡単になる。書式整形ツールを実行するだけでよくなるからだ[†5]。
- 言語機能の利用法。使うべき機能と、避けるべき機能を含む。
- ぼくらが解決する一般的な問題全部に関する規則。例えば、ぼくらのゲームコードにはたくさんのステートマシン[†6]があるので、ステートマシンを記述するための、かなり標準化された方法がある。
- ファイルを分ける境界線を引く場所と、分けたファイル内でのコードを並べる順序やコードのグループ化の方法。
- コード内で定数を表現する方法。コードにマジックナンバーを埋め込む代わりに#defineマクロやconst定数を使うことにする、と宣言するだけじゃ十分じゃない。const定数にはどういう名前を付けるべきか？ どこに定義すべきか？ 使っている場所の近辺で、他の定数と一緒にソースファイルの一番上に書くのか、あるいはことによるとプロジェクト全体のヘッダーファイルで定義するのか？

　誰もがこういう規則に従っている。またコードレビューの最中も、こういう規則が穏やかに強制される。ほとんどの新人コーダーにとって、こんな厳しい基準の中で仕事するとなると、慣れるために努力を要することだろう。でも、コーディング標準を厳守することの利点が歴然としたものになるまで、そう時間はかからない。

　ぼくらはどのプロジェクトでも、プロジェクト開始時に、コーディングをやるチームの誰であれ、コーディング標準に望む変更は何でも提案できるようにしている。提案された変更点については、それぞれ議論した上で投票に進む。投票の結果、過半数を獲得した提案は、新プロジェクトに適用される。例えば前回の投票では、特定の状

[†5] 残念ながら、ぼくらはそこまで賢くはない。ぼくらの書式規則は……独特なのだ。

[†6] 訳注：ステートマシン（state machine）は、ゲーム開発では一般的に有限状態機械（finite state machine/FSM）を指す。複数の状態の間で起こる遷移を定義することで、ゲームのAIを表現し実装するために使われることが多い。

況下でauto[7]の利用を認めた。これは（見る人自身の気質にもよるが）恐ろしく厳格に思えるかもしれないし、全くもって緩すぎるように思えるかもしれない[8]。

　社内コーディング標準への変更を全部済ませたら、社内のかなり大きなコードベースについて作業分担を決める。そして、飢えたイナゴの大群が襲いかかるようにして全体をくまなく見ていき、新しいコーディング標準に合わせて全部を変換していく。そういう作業のコストは決して安くはないが、1週間もかからない。そして最終的には、チームの規則が非の打ちどころなく遵守された状態になっている。

　ぼくらの目標を思い出してほしい。「ある問題に直面した際に、Sucker Punchのどのコーダーも、Sucker Punchの他のコーダー全員とぴったり同じ解法を書くこと」だ。その状態に近づけば近づくほど、他の誰のコードであれ自分のコード同様に簡単に扱えるっていう、完璧な状況に近づく。Sucker Punchのコードを見ていて、誰が書いたのか、あるいは自分が書いたのかさえ分からなくなったその時こそ、分かることがある。それは、ぼくらの目標達成が間近となり、ストレスから解放されたプログラミング[9]をやるためのお膳立てが整ったってことだ。

---

†7　訳注：C++では、テンプレートを使った場合に、型の名前が長く複雑になりがちになる。C++11から導入されたautoキーワードを、変数宣言時に実際の型の代わりに指定すると、コンパイラーがコンパイル時に型推論を行ってくれるので、長い型名を指定せずに済む。便利ではあるが、右辺が派生クラスのポインターである等、autoを使わないとプログラマーに裁量の余地がある場合や、意図と違った型に推論されているのにプログラマーが気づかない場合に、問題となりうる。

†8　そのために、規則ってものがある。

†9　ああはいはい、ストレスから本当に解放されてるってわけじゃない。でもストレスは、かなり軽減はされてる。

雪崩を起こした小石を探せ

ぼくが「コードを書くことってのは、実はデバッグすることなんだ」と言ったら、きみは悲しげに首を振って、「だよなー、あんたの言う通りで間違いない。分かってんじゃん」みたいな感じのことをつぶやくだろう。

まあ、実際はそんな会話は起こらず、誰もそんな風な言い方はしないんだけど。でも、前提になっている話には、間違いなく同意することだろう。アイデアを、完全に動作する実装にまで持っていく場合、「キー入力する」段階よりも、「動作するところまで持っていく」段階に相当多くの時間を費やすことは、避けられない。極端な状況（例えば、アイデアが単純で、かつ信じられないほどの幸運の連続に恵まれた場合）を除いては、コーディングよりもデバッグに多くの時間を費やすことになる。こんなのは分かりきった話なので、滅多に語られることがない。

ここで、ひねりを加えよう。

コードを書くことが実はデバッグすることなのは、ご存知の通り。でもその話は、コーディングのプロジェクトに対するアプローチ方法にどう影響するだろうか？コードを書くことが実はデバッグすること、すなわちバグを取り除くことなのは承知しているとして、そんな状況にどう取り組むつもりなんだろう？

「バグの少ないコードを書く」というのが、1つ明らかな答えだ。その話は本書の他の部分で扱っているので、今は脇に置いておく。今回の**ルール**は、「デバッグしやすいコードを書く」という、別の話について書かれている。

バグのライフサイクル

ここで一歩引いて、デバッグとは実際には何なのかについて考えてみよう。バグのライフサイクルには、4つの基本的な段階がある。

1. バグが発見される——問題を発見する。
2. 次に、バグが診断される——異常な挙動の原因を調査して明らかにする。
3. そして、異常な挙動をなくすために実装を変更し、バグを修正する。
4. 最後に、バグが実際に修正されたこと、そしてその修正が新たな問題を引き起こしていないことを確認するためのテストを行い、その修正をコミットする。

　診断（diagnosis）は、しばしば一番長く、また一番もどかしい段階になる。何故なら、ほとんどのバグは詳細な情報を欠いた状態で送られてくるからだ。一般的には、プログラムがクラッシュしたとか、ダイアログのOKボタンが常に無効になっているとか、全ユーザーのリストのうち入力データの4分の1で姓と名が入れ替わっているとか、バグの症状の記述があるだけだ。運が良ければ、バグ報告には、プログラムがクラッシュした時にユーザーが何をしていたかなど、何らかの文脈が含まれている。

　欠けてるのは、**何故**その症状が出たのか、という点だ。何が原因でそんな症状に至ったのか？　まずかったのは、正確には何なのか？　診断とは、そういう疑問に答えるプロセスだ。何がまずかったか分からないことには、問題を修正できない。

　味方してくれるのは、コンピューターが決定性[†1]であるってことだ。コンピューターは、全く同じ状況を提示されると、全く同じ結果を生成する。同じ結果が出なければ、状況を正確に再現してなかったってことになる。

　まずいことになり出す直前にタイムトラベルして戻れるなら、バグの診断はたやすい。そんなことができるなら仕事は簡単で、自分から揉め事に頭を突っ込むようにしてコードを段階的に見ていくだけになる。問題箇所を誤って通り過ぎてしまっても、あるいは見始めた時点が問題箇所を捉えるには遅い時点だったとしても、心配ご無用。タイムマシンを起動して、少し前の時間に飛んで戻ればいい。

　もちろん実際には、タイムトラベルなんて無理だ。タイムトラベルができるとしても、コードのバグ修正云々なんかより、タイムトラベル能力を得ることの方が先決だろう。代わりに、タイムトラベル能力がある**ふりをして**、問題を引き起こす状況を正

---

†1　訳注：決定性（determinism）は、全ての事象は、既存の原因によって完全に決定されているという世界観。コンピューターサイエンスでは決定性（deterministic）アルゴリズムという時、そのアルゴリズムは特定の入力に対して常に同じ出力を行う。決定性の対義語として非決定性（nondeterminism）があり、非決定性（nondeterministic）アルゴリズムは、入力が同じでも、実行のたびに出力が異なりうる（確率的アルゴリズムやマルチスレッド処理や、ゲームで使われる一部の物理エンジン等）。

確に再現した状態にコードを戻し、想定していた道を外れる直前でデバッガーを使って実行中断する必要がある。

　想定した道を外れ出してから、バグの症状が現れるまでの間は、間隔が空くことが多い。なので、デバッガーで実行中断するタイミングの見極めは、やや手品めいたものになる。本当に運が良い場合なら、背後にある実際の問題と、表に現れている症状は、同一不可分だったりもする。

```
void showObjectDetails(const Character * character)
{
    trace(
        "キャラクター %s [%s] %s",
        (character) ? character->name() : "",
        character,
        (character->sourceFile()) ? character->sourceFile() : "");
}
```

　nullオブジェクトのせいで起こるこういうクラッシュは、簡単に診断できる。症状（クラッシュ）は、実際の問題と同じ文に存在する（characterがnullかどうかをチェックして、nullオブジェクトがサポートされているように暗示しているものの、2行後に、nullチェックなしでcharacterの参照先を呼び出している）。症状と問題の間に間隔がないため、診断が容易だ。

　あるいは、「運の良さ」の値が少しだけ小さくなると、症状と問題が隣り合わせになる。

```
int calculateHighestCharacterPriority()
{
    Character * bestCharacter = nullptr;

    for (Character * character : g_allCharacters)
    {
        if (!bestCharacter ||
            character->priority() > bestCharacter->priority())
        {
            bestCharacter = character;
        }
```

```
    }

    return bestCharacter->priority();
}
```

　これもnullポインターによるクラッシュで、今回は、キャラクターが1人も存在しない場合にcalculateHighestCharacterPriorityが呼ばれると起こる。ここでの症状（bestCharacterがnullのままなのでクラッシュする）は、問題（直前のループのロジックが、キャラクターリストが空の場合に対処していない）から、数行離れている。

　ここで、実際のバグ診断プロセスについて、最初のヒントが得られる。先ほど、物事がまずい方向に行き出した時点にタイムトラベルして戻れるなら、バグの診断は簡単だと述べた。そこはその通りで、診断中にやっていることに近い。とはいえ、物事がまずいことになり出した時点に存在する元の原因まで、ジャンプして一挙に戻れるなんてことは滅多にない。

　全てが一気に崩れ去るなんてことはなく、少しずつ崩れていく方が普通だ。おかしくなった時点へと一気に時間を遡ってジャンプするんじゃなく、後ろ向きに少しずつたどっていくことになる。おかしく見えるものを何か特定したら、いつからおかしく見え出したか特定するために、後ろ向きにたどっていく。そうすると、何か別のおかしく見える点につながることが多い。そこからまた後ろ向きにたどるプロセスを経ていく。そして、最終的な症状にまで至る雪崩全体のきっかけとなった、最初に転がった小石を見つけるまで、同じことを繰り返していく。それこそが、バグ診断プロセスの実態だ。

　デバッグのプロセスを分解するこういう取り組みが、役に立たないように見えたとしても、分からなくはない。きみは、デバッグとは何なのか考えるところから出発した。きみはプログラマーであり、そしてコードを書くとはすなわちデバッグすることであり、従ってコードをデバッグしたってわけだ。分かりきったプロセスの説明に、何故これほどまでの労力を割くのか？

　一応、ぼくらの目標は、デバッグを容易にすることだ。そして、デバッグとは何かを明確に定義しないことには、その目標は実現できないのだ。

　「検出した症状に最終的に至る、おかしくなったことの連鎖を、時間を段階的に遡って再構築するプロセス」と、デバッグを定義するとしよう。そうすれば、時間を段階的に遡るのを容易にすることで、デバッグを容易にすることができる。雪崩を起こし

た小石まで後ろ向きにたどっていった先にたどり着いた場所こそが、結局は、修正対象のバグが存在する場所になる。後ろ向きにたどるのが容易であればあるほど、因果の連鎖をその源までたどれる可能性が高まるのだ。

　雪崩に関して、そういう風に小石までたどることについては、議論の余地がある。元の小石に行き着くまで、後ろ向きにたどっていかなきゃいけない、ってこともないんじゃないか？ 症状を修正するだけでよく、その症状の原因まで後ろ向きにたどって診断していくとかは気にしなくていいかも。2番目の例でクラッシュに突き当たったら、キャラクターがいない状態で呼び出されると発生するクラッシュっていう症状の方を抑えるために、nullポインターのチェックを追加すりゃ済む話なんじゃないか？

```cpp
int calculateHighestCharacterPriority()
{
    Character * bestCharacter = nullptr;

    for (Character * character : g_allCharacters)
    {
        if (!bestCharacter ||
            character->priority() > bestCharacter->priority())
        {
            bestCharacter = character;
        }
    }

    return (bestCharacter) ? bestCharacter->priority() : 0;
}
```

　後ろ向きにたどっていくことが難しい場合、まさにそういうnullポインターチェックの追加みたいなことをやるっていう、強い誘惑に駆られる。要は、原因を追究せずに、症状を修正する、っていうこと。誘惑が強いのは、ある意味では症状の修正に効果があるからだ。このコードはクラッシュしていたが、現在ではクラッシュしていない。仕事は完了した、ってわけだ。

　後ろ向きにコードをもう少しだけたどっていれば、bestCharacterポインターを除去する方が優れた修正であるってことに、おそらく気がついただろう。

```
int calculateHighestCharacterPriority()
{
    int highestPriority = 0;

    for (Character * character : g_allCharacters)
    {
        highestPriority = max(
                            highestPriority,
                            character->priority());
    }

    return highestPriority;
}
```

ほとんどのバグは、こんな例ほど単純なわけじゃない。元の問題へと後ろ向きにた
どっていかずに、症状の方にパッチを当ててしまうとしよう。そうすると元の問題の
方は、雪崩を起こす準備万端の待機状態のまま残る。

今回の例では、小石に当たるのは、特殊な場合のみnullになるポインターだ。そ
ういう特殊な場合を見逃すコードを、一度書いてしまった。そんな特殊な場合は、も
う一度見逃されてしまう恐れがある。ポインターを完全に削除し、小石を除去してし
まった方がいい。

原因ではなく、症状に対処しようとする誘惑は、因果関係の連鎖を遡って探ってい
く過程のあらゆる段階で存在する。症状から原因へ、そしてその原因の原因へ、さら
にその原因の原因へと、ゆっくりと時間を遡り後ろ向きにたどっていく間、どの時点
でも好きな時に、問題を抑え込んで、勝利を宣言してしまえる。これは、形だけの勝
利でしかない。デバッグするきっかけとなった、最終的に現れた症状は消えてくれる。

でも、雪崩の途中で勝利を宣言してしまうと、小石はまだそこにあるってことにな
る。ある時が来たら、その小石は再度雪崩を起こすだろう。その雪崩に埋もれるコー
ダーが、きみか、他の誰かか、どっちになるのかはともかく。段階的に時間を遡るの
が簡単になればなるほど、「遡って根本原因を突き止めずに、症状だけ修正して済ま
せる」っていう誘惑に抗いやすくなる。そうなれば小石の修正が簡単になり、雪崩に

パッチを当てたりしなくてもよくなるってわけだ[2]。

状態を最小化する

　以上のようなデバッグの定義を前提とすれば、改善の機会を見出すことができる。

症状を原因に近づけることで、上流へたどっていくことが容易になる。

　　　原因がソースコード内で近くにあるとか、あるいは症状が発生したのが最近であるほど、つながりを見つけやすくなる。

因果関係の連鎖の長さを短くすることで、デバッグのプロセスを短縮できる。

　　　原因がただ1つしかない症状は、症状が原因につながりそれがさらに別の原因につながり……というのが嫌になるほど繰り返されるような、長大な連鎖がある症状よりも、解決しやすい。

時間を遡って特定の時点へ簡単に飛べるようにしてやると、それぞれのつながりをたどりやすくなる。

　　　各症状の原因へと至った状態を再現しやすければ、因果関係の連鎖を探りやすくなる。

　中でも一番標的にしやすいのは、最後に挙げたやつだ。状態は、たくさんあると再現しにくい。再現しなきゃいけない状態の数を減らせば、因果の連鎖を遡ってある時点に飛び移ることが難くできるようになる。

　純粋関数（副作用がなく、入力にのみ依存する関数）に存在する問題のデバッグは簡単だ。ある入力の組に対して関数が不正な値を返したら、同じ入力の組でとにかくもう一度呼び出してやれば、同じ出力が返される。必要に応じて同じことを繰り返せばいい。

---

[2]　では、小石を見つけたと思った時、その小石が数ある症状の1つなんかじゃないってのは、どうやって知るのか？　とりあえず、小石とされるものが、何故起こるか、また、いつ起こるか分からない場合、おそらく小石を発見するに至っていないので、調査を続けるべきだ。でも、小石にこだわりすぎちゃいけない。実際の小石に向けて坂を登っていく際の一歩一歩はどれも、役に立つのだから。

　フィボナッチ数[3]を計算していて、バグが発生したとしよう。フィボナッチ数の計算は、プログラミングの試験やホワイトボードを使う採用面接でしか解かれない問題だが、ひとつお付き合い願いたい[4]。もらったバグ報告は、getFibonacciが間違った値を返すっていうものだ。

```
int getFibonacci(int n)
{
    static vector<int> values = { 0, 1, 1, 2, 3, 5, 8, 13, 23, 34, 55 };
    for (int i = values.size(); i <= n; ++i)
    {
        values.push_back(values[i - 2] + values[i - 1]);
    }
    return values[n];
}
```

　これは純粋関数なので、問題の再現は簡単だ。この関数が依存している状態は、引数だけなので、getFibonacci(8)を呼び出すたびに、21じゃなく23という同じ不正な結果が得られることになる。この関数内へデバッガーでステップ実行していくと、何が間違っているのかが一目瞭然になる。値の配列に初期値を入れていく際に、誤った値を入れていたってわけだ。診断完了。

　ということで、これが最初の学びだ。純粋関数を用いてコードを構築すれば、状態の再現も問題のデバッグも容易になる。

　もっと複雑な筋書きを見てみよう。キャラクターの現在の武器、防具、健康レベル、ステータス効果等に基づいて「脅威（threat）」の値を返すメソッドがCharacterクラスにあるとする。その脅威の値をキャラクター内の状態として保持するコードを書くかもしれない。

```
struct Character
{
    void setArmor(Armor * armor)
```

---

†3　訳注：フィボナッチ数（Fibonacci numbers）は、$F_0 = 0$, $F_1 = 1$, $F_n = F_{n-1} + F_{n-2}$で表される数列。

†4　これは、フィボナッチ数の計算方法としてはろくなもんじゃない。プログラミングの試験では使わないように。

```
    {
        m_threat -= m_armor->getThreat();
        m_threat += armor->getThreat();
        m_armor = armor;
    }

    void setWeapon(Weapon * weapon)
    {
        m_threat -= weapon->getThreat();
        m_threat += weapon->getThreat();
        m_weapon = weapon;
    }

    void setHitPoint(float hitPoints)
    {
        m_threat -= getThreatFromHitPoints(m_hitPoints);
        m_threat += getThreatFromHitPoints(hitPoints);
        m_hitPoints = hitPoints;
    }

    int getThreat() const
    {
        return m_threat;
    }

protected:

    int m_threat;
    Armor * m_armor;
    Weapon * m_weapon;
    float m_hitPoints;
};
```

　このコードにはバグがあり、「『重傷をもたらす剣＋1』を持つ敵に対して、プレイヤーが脅威を感じているように見えない」みたいな形で報告されている。幸いこういうバグは、手動での再現が簡単だ。魔力を帯びたその剣を構えている敵に近づいても、プレイヤーのキャラクターは、行動に出る用意があるそぶりを見せず、平然とした状態のアニメーションを相変わらず再生する。

　もちろん、その症状が現れるのは、前述のコード例の部分じゃない。今回の事例での実際の症状は、プレイヤーのキャラクターが、脅威を感じたそぶりを見せるべきところで不適切なアニメーションを再生し、平然として見えることだ。今回のコード例の部分に行き着くまでに、因果関係の連鎖を上流へたどって数ステップすでに戻ったところになる。でも行き着いたところで、m_threatが正しい値を保持していないことに気づく。

　そこで今度は、なんでまた正しい値が設定されていないのか、原因を探らなきゃいけない！ m_threatが間違った値に設定されるに至った状態を再現するために、時間に逆行してジャンプするという手品めいたことをやらなきゃいけないってわけだ。

　そして今回の事例では、そいつは一筋縄じゃいかない。こっちのコードは、前の単純な事例みたいに「近くにある」わけじゃないからだ。また、「最近」でもない。過去のある時点でm_threatに間違った値を設定したことになるが、いつ設定したかは分からない。

　それこそが、ステートフルなコードの問題点だ。問題を検出できるのは、想定した道を外れたところからずっと後のことになる。原因と症状の間にある、こういう遅れが、問題の診断を難しくしている。今回の事例では、m_threatに間違った値が設定されていることは分かっているのに、その間違った値が何故、そしていつ設定されたのか定かでない。

　ルール2に出てきた監査（audit）関数に関するアドバイスに従えば、問題の診断は朝飯前になる。キャラクターの状態を更新する場合は、監査関数への呼び出しを必ず追加するのだ。

```
struct Character
{
    void setWeapon(Weapon * weapon)
    {
        m_threat -= weapon->getThreat();
        m_threat += weapon->getThreat();
        m_weapon = weapon;
        audit();
    }

    void audit() const
    {
```

```
        int expectedThreat = m_armor->getThreat() +
                             m_weapon->getThreat() +
                             getThreatFromHitPoints(m_hitPoints);

        assert(m_threat == expectedThreat);
    }
};
```

　こういう風にすると、setWeaponの最後で、監査関数がアサートにひっかかる。おっとしまった、新しい武器（weapon）の分の脅威を加算する前に、前に持っていた武器（m_weapon）の分の脅威を減算するつもりだったのに。プレイヤーのキャラクターが無関心にぼけっと突っ立っているのも無理はない。

　監査関数の助けを借りない場合、問題の診断は断じて朝飯前なんかじゃない。おそらく、m_threatに値が設定される全ての行にブレークポイント[5]を設置してからコードを実行して、いずれかのブレークポイントにヒットするたびに状態を確認することになる。うんざりする作業だ。そして、今回の事例では簡単に回避できる作業でもある。m_threatを状態として保持する必要はないのだ。絶対に必要ってわけじゃなければ、状態なんか追加しちゃいけない。

　ステートレスなコードでの同じようなバグと対比してみよう。

```
struct Character
{
    void setArmor(Armor * armor)
    {
        m_armor = armor;
    }

    void setWeapon(Weapon * weapon)
    {
        m_weapon = weapon;
    }
```

---

†5　訳注：コードの特定の行にブレークポイント（break point）を置き、デバッガーをプロセスにアタッチした状態でコードを実行すると、制御がブレークポイントにさしかかったところでコードの実行が中断（ブレーク）され、デバッガー上でメモリー内容のスナップショットを閲覧できるようになる。

```
    void setHitPoint(float hitPoints)
    {
        m_hitPoints = hitPoints;
    }

    int getThreat() const
    {
        return m_armor->getThreat() -
               m_weapon->getThreat() +
               getThreatFromHitPoints(m_hitPoints);
    }

protected:

    Armor * m_armor;
    Weapon * m_weapon;
    float m_hitPoints;
};
```

　ステートレスなコードでは、Character::getThreat が間違った値を返しているのを発見した場合、明確な行動計画が存在する。魔法の剣を持った敵に歩み寄って、getThreat にブレークポイントを設定するのだ。診断は簡単で、明らかにプラス記号を意図していたところに、誤ってマイナス記号が入っている。状態の量を減らすことで、診断がずっと楽になった。

　Character オブジェクトから状態を完全に排除したわけじゃない。残っている状態（キャラクターの鎧、武器、現在のヒットポイント）は、Character オブジェクトの特徴みたいなものだ。削りようがない。

　ビデオゲームのコードには、そういう点が当てはまる部分が多い。その手のコードでは、現実世界のオブジェクトを、仮想の類似したものを用いてモデル化していて、そういうオブジェクトには状態がある。例えば、オブジェクトの位置や速度、プレイヤーの現在のヒットポイント、プレイヤーが持つ魔法の剣に装着されている魔法の宝石の種類等だ。全て状態で、簡単に排除できるようなものじゃない。

　でも、状態を除去できる場合は、除去すべきだ。状態があるとデバッグが難しくなり、そして、コードを書くこととはすなわちデバッグすることなのだから。可能な限り、純粋関数を用いて挙動を構築すべきだ。そうすれば細部を正しく理解することが

容易になり、うまくいかない場合でも問題の診断がはるかに楽になる。

持たざるをえない状態への対処

　状態を持たざるをえないようだと、問題の診断が複雑になる。矢を受けてしまった
キャラクターが時々、不適切な反応をすることがある、って問題を診断していると想
像してみよう。キャラクターは後方によろめくことが期待されるのに[†6]、後方ではな
く前方によろめいたりすることが時々あるってわけだ。

　うーむ。そのバグ説明の中に、何かを暗示するような言葉があるな……「時々」は、
この問題が、相互作用する複数オブジェクトの状態におそらく関連していることを物
語っている。ぼくの推測では、問題はキャラクターの内部にあり、キャラクターが多
分状態の大半を持っている。でも、矢が問題の可能性もある。この問題を診断するに
は、そういう状態の再現を要することだろう。

　再現が簡単な場合だってあるかもしれない！ バグがいずれかのユニットテストで
100％毎回発生してるなら、もう安泰だ。そのユニットテストが、不正な動作につな
がる状態を作り出してくれているので、診断が単純明快になっている。運悪く矢が
キャラクターに当たるという条件で有効化されるブレークポイントを設置し、デバッ
グを始めよう。雪崩を起こした小石を見つけるために因果関係の上流を探っていく必
要があるかもしれない。でも、時間を遡る各ステップの中で難易度の高い部分は、状
態の再現だ。ユニットテストがその部分を代わりに引き受けてくれる。

　あるいは、ちょっとだけ運が足りてないこともあるかもしれない。自動テストが用
意されていないとしても、何度か試せば手動で問題を再現できるだろうし、問題が発
生したら検出できる。

　Sucker Punchのエンジンには、ダメージの記録を全て、適切な反応に対応付ける
オブジェクトがある。そのオブジェクトこそ、矢がキャラクターにブスッと突き刺
さった時にキャラクターが取る行動を、コードが決定する場所だ。その対応付けの
コード内で、問題を検出できる。矢の衝突速度とキャラクターの転倒方向が同じ方向
を向いていることを確認するコードを追加すればいいだけだ。

[†6]　これは映画のロジックだ。矢には、そんなにたくさんのエネルギーはない。リスより大きなも
　　のは、後ろに倒せない。でも、ビデオゲームをプレイする全員が期待している挙動なので、こ
　　れでいいのだ。

```
void DamageArbiter::getDamageReaction(
    const Damage * damage,
    Reaction * reaction) const
{
    // ダメージを反応に対応付ける実際のロジックが全部、ここに入る。
    // Sucker Punchのエンジンには、対応付けをやるためにただ1つの関数がある。
    // その関数は3000行近くあり、ルールを純粋に具現化するようなものじゃない。
    // とはいえ言い訳をしておくと、その関数は非常に複雑な問題を解いている。

    if (damage->isArrow())
    {
        assert(reaction->isStumble());
        Vector arrowVelocity = damage->impactVelocity();
        Vector stumbleDirection = reaction->stumbleDirection();
        assert(dotProduct(arrowVelocity, stumbleDirection) > 0.0f);
    }
}
```

　このアサートに処理が到達すると、問題を診断する準備が整う。

　getDamageReaction関数は比較的純粋関数に近く、どんなDamageオブジェクトに対しても毎回同じReactionオブジェクトを返し、副作用もない。一方で、ワールド内にある、任意のオブジェクトの状態に基づいた判断も行う。ってのは、大惨事になるように思える。この問題を再現するために、ワールド内のありとあらゆるオブジェクトの状態を再現しなきゃいけないのだろうか？

　そのため、getDamageReactionから戻る前に、問題を早期に検出することが重要だ。そうすることで、問題を診断できるようになる。この関数には副作用がないので、ワールド内の全オブジェクトの状態が変化しない。すぐにもう一度getDamageReactionを呼び出すと、同じ結果が得られるはず。

　いにしえの昔には、そういうのを処理するコードを挿入したものだ。問題が検出されると、1行ずつステップ実行するためにデバッガーで中断し、純粋関数を再帰的に呼び出す。

```
#define CHRISZ 1


void DamageArbiter::getDamageReaction(
```

```
        const Damage * damage,
        Reaction * reaction) const
    {
        // ダメージを反応に対応付ける実際のロジックが全部、ここに入る。
        // Sucker Punchのエンジンには、対応付けをやるためにただ1つの関数がある。
        // その関数は3000行近くあり、ルールを純粋に具現化するようなものじゃない。
        // とはいえ言い訳をしておくと、その関数は非常に複雑な問題を解いている。

        if (damage->isArrow())
        {
            assert(reaction->isStumble());
            Vector arrowVelocity = damage->impactVelocity();
            Vector stumbleDirection = reaction->stumbleDirection();
            if (dotProduct(arrowVelocity, stumbleDirection) <= 0.0f)
            {
                assert(false);

                static bool s_debugProblem = CHRISZ;
                if (s_debugProblem)
                {
                    getDamageReaction(damage, reaction);
                }
            }
        }
    }
```

　最近は、そういう準備をする手間をかけずにその場で対応できるようになっている。ぼくらがSucker Punchで使っているIDEでは、デバッガー内で、コードのある行で停止した際はいつでも、次に実行する行を設定できるのだ。コード内をでたらめに飛び回ることは、それ自体が問題を引き起こす可能性があるため、危険がないわけじゃない。でも一定の注意を払えば、うまく機能する。問題にぶつかったのが分かったら、純粋関数の場合に限れば、コード内で後ろ向きにジャンプして問題の原因を特定できる。そういう能力があると、診断という作業が一変する。実行が難しかった、1ステップだけ時間を遡るっていう操作が、容易にできるようになったってわけだ。問題の根本的な原因が局所的、つまり最近起こっていてコード上で近くにあるのなら、簡単に見つかる。

　状態の排除は、完全に排除するか、全く排除しないか、という両極端に偏る必要はない。コードのある部分を完全にステートレス化すれば、たとえ近くのコードが相変わらず状態を保持していたとしても、問題の診断が簡単になる。どんなに少ない量の状態であれ、なくせば役に立つのだ。

やむをえない遅延への対処

　これまで見てきた例では、機械的に症状を検出できた。クラッシュしたら、問題がひとりでに検出されたようなものだ。アサートを通じてコードが自己管理するようになっていれば、コードがそれ自体の問題を検出してくれる。矢の例のような場合は、手動テストを通じて問題に気づいたが、その問題をコード内のアサートに変換することだってできた。

　症状をそんな風に検出するのがいつでも可能であるとは限らないので、診断はややこしい作業になっている。症状がすぐに現れないこともある。

　以下はSucker Punchでの例で、ぼくらのアニメーションのコードが抱える問題のデバッグだ。ゲーム中のキャラクターの動きは、社内のアニメーションチームが作成したアニメーションによって駆動されている。各アニメーションは、キャラクターの体の各部位が動く位置を、時間を入力とする関数として記述する。例えば、アニメーションをタイムライン上で1.5秒進めた時点では、左手は、とある位置にぴったり存在し、とある向きをぴったり向いている。1.53秒までアニメーションを進めた時点だと、左手はほんの少し上に移動し、また前方にちょびっと回転している。みたいな調子で、管理するキャラクターの体に存在する約600個の部位それぞれについて、アニメーションが続く限り60分の1秒ごとに位置を変化させていく。

　各アニメーションは、それ自体が純粋関数だ。外部の状態に依存することも、副作用を持つこともない。アニメーションが関心を持つのは、アニメーションが持つ唯一の入力変数だけになる。つまり、評価中のアニメーションが持つタイムライン上での、正確な時間だ。同じ入力変数でアニメーションを繰り返し評価すると、体の同じ位置が繰り返し得られる。

　でも、そこまで話が単純なわけじゃない。例えば、走っているキャラクターがジャンプしようとする時とか、あるアニメーションから別のアニメーションに切り替える場合に、新しいアニメーションに即座にただ切り替えるようなことはしていない。そんな風にすると、キャラクターの体が新しい位置に飛び移ってしまい、動きの見た目

が悪くなってしまうからだ。代わりに、元のアニメーションから新しいアニメーションへと、スムースに遷移させている。

　スムースに遷移させる処理は、アニメーションのタイムライン上の位置だけじゃなく、キャラクターの体の位置が現在どこにあるかにも依存する。そのため、事態はもっと複雑になる。この処理の問題を再現するためには、アニメーションのタイムラインの値1つだけじゃなく、管理するキャラクターの体が持つ600個あまりの部位全部の位置と向きが必要だ。

　まだだ、まだ終わらんよ！　これからが本当の地獄だ。ぼくらの脳は、アニメーションの異常の検出は得意だが、不具合を目にしたと悟るまでには時間がかかる。そしてアニメーションは、1秒間に60回も評価し直しているのだ。何かがおかしかったと悟る時には、アニメーションを何十回も評価し直してしまっており、アニメーションの異常の原因となった状態は、とっくに失われている。

　そういう問題への解法は存在するものの、高くつく。アニメーションをスムースに遷移させる処理は、多数の状態に依存している。でもそういう状態は、特定できることはできる。アニメーションを評価するたびにその状態を全部取得して保存しておけば、保存した状態を使って、アニメーションをスムースに遷移させる処理を評価し直して、問題を診断することができる。

　そして事実、ぼくらはそういう解法を実践している。異常のないアニメーションが絶対条件なので、ぼくらはアニメーションのデバッグにも投資してきているのだ。アニメーションに影響を与えるキャラクターの状態は全部、毎フレーム取得して保存している。また直近のアニメーションの評価について、行きつ戻りつスクロールしながら確認できるデバッグ用ツールを用意している。アニメーションの異常を目にしたら、ゲームを一時停止して、アニメーションのデバッグ用ツールを起動する。そして、異常発生箇所までスクロールして時間を遡り、デバッガーでコードの実行を中断して、症状から原因までの因果関係の連鎖を遡ってたどっていく作業に着手できる。

　ぼくらはそういうツールを使い、デバッグの難しい部分、つまり問題につながった状態の再現を、自動化した。状態に依存するコードが手元にあり、その状態の範囲を確定できるなら、状態を取得して保持しておくことで、デバッグがずっと簡単になる。

　このテクニックは、実行可能なログファイルを作成することだと考えてほしい。ログファイルには、何が起こったかを記述するだけじゃなく、同じ出来事を再び発生させるために必要なデータが全て含まれている。純粋関数でシステムを構築したのであれば、実行可能なログファイルの作成は、全くもって妥当だ。入力を全部取得して保

存し、保存したものを再生する方法を提供するってだけの話になる。

　こういうテクニックは、簡単に実践できるわけじゃない。でもSucker Punchで
のアニメーション品質問題のように、決定的に重要かつデバッグが困難な問題につい
ては、これくらいの労力をかける価値があるのだ。

コードには種類が4つある

　ここで、過度に単純化されてはいるものの依然として有用な、コードについて考えるためのモデルを紹介しよう。解かなきゃいけないプログラミング上の問題が、「やさしい」と「難しい」の2種類あると想像してほしい。

　「やさしい」問題とはどういう問題か、もう察しがついていると思うが、とりあえず一般的な例をいくつか挙げよう。「数値の配列から最大値と最小値を求める」「ソートされた二分木にノードを挿入する」「配列から奇数の値を取り除く」あたりだ。

　「難しい」問題も、簡単に見分けられる。例えばメモリーの確保で、要は「C言語の標準ライブラリーであるmallocとfreeの実装」だ。後は「スクリプト言語の構文解析」「線形制約問題ソルバーの作成」とか。

　さて、ここで定義した「やさしい」と「難しい」は、実際には連続的範囲内の2点にすぎず、範囲の端の極点というわけでもない。例えば、2つの数の和を求めるとか、「やさしい」問題の例よりさらにやさしい、自明な問題もある。また、ジャーナリング[†1]ファイルシステムをゼロから作るとか、「難しい」問題の例よりずっと難しい問題もある。

　でも、この「やさしい」と「難しい」の2点は、有用だ。「やさしい」と「難しい」の間には、プログラマーが日々解決している問題のほとんどが存在している。参考までに、ぼくはここで挙げた例の全部について、解法を書いた。いや全部じゃない、ジャーナリングファイルシステムをゼロから構築するってのは除く。とはいえ、それもやってみれば面白そうだが。

　「難しい」問題を解くには、「やさしい」問題を解くよりも多くのコードを書く必要

[†1]　訳注：ジャーナリング (journaling) とは、データ書き込み時に、ジャーナル (journal) と呼ばれる変更履歴のログを別途保存すること。ジャーナルには書き込む実データや実データの属性を記述したメタデータを含めることができ、ジャーナルを利用してある時点の状態へロールバックしたりできる。

があり、書くコードもさらに複雑になるというのは、明白に思える。よくある話だ。「難しい」問題の解法は、「やさしい」問題の解法よりも書くのが難しく、長く、複雑になるのが普通だ。

この話は、もう1つの過度に単純化されたモデルにつながる。今度は、問題に対する解法が2種類あると想像してほしい。「単純」な解法と「複雑」な解法だ。「単純」な解法は、短くて理解しやすい。「複雑」な解法は、長くて理解しにくい。ここでも、「単純」「複雑」は連続的範囲内での2点にすぎない。もちろん、「中程度に複雑」な解法や、「単純っぽい」解法もあるのは当然だが、連続的範囲内での「単純」な解法と「複雑」な解法の2点について考えてみるのがひとまずは有用だ。

きみはプログラマーなので、この時点で、**ルール**の題名にあるような、コードの4つの種類（flavor）（表14-1）にどのように至ったかを理解しているはずだ。

表14-1　「やさしい」問題と「難しい」問題に対する、「単純」な解法と「複雑」な解法

	「やさしい」問題	「難しい」問題
「単純」な解法	期待通り	野心的
「複雑」な解法	実に、実にひどい	容認されている

「やさしい」問題には「単純」な解法があり、「難しい」問題には「複雑」な解法があることは明白だ。「やさしい」問題に対して「複雑」な解法を書いてしまうことは悲惨なほどに簡単である、というのは、個人的な経験から言うと、誰もが認めるところだ。そして、「難しい」問題に対して「単純」な解法を書ける場合もある。

ルール1によれば、できるだけ単純な解法を見つけたいってことになるので、今回の**ルール**がどこに向かっているかは明らかだ！　とはいえ、いくつか例を見ておこう。

「やさしい」問題、「単純」な解法

まず「やさしい」問題の例として、配列の中の最大値と最小値を求める問題から始めよう。この「やさしい」問題に対する「単純」な解法を示す[†2]。

```
struct Bounds
{
    Bounds(int minValue, int maxValue)
```

---

†2　訳注：【コード例解説】INT_MAX は int 型変数の最大値、INT_MIN は int 型変数の最小値。

```
        : m_minValue(minValue), m_maxValue(maxValue)
        { ; }

    int m_minValue;
    int m_maxValue;
};

Bounds findBounds(const vector<int> & values)
{
    int minValue = INT_MAX;
    int maxValue = INT_MIN;

    for (int value : values)
    {
        minValue = min(minValue, value);
        maxValue = max(maxValue, value);
    }

    return Bounds(minValue, maxValue);
}
```

　アルゴリズムは単純で、ただ値をループして、見つかった最大値と最小値を追跡するだけだ。処理の始め方には、かなり目立たない、ある巧妙さが含まれている。最初の要素がminValueとmaxValueを両方必ず設定するように、ごく普通に使われる小技を用いているのだ。そこを除けば、こういうコードは追いやすく、理解しやすい。適度に単純なコードだ。

「やさしい」問題、3つの「複雑」な解法

　全く同じアルゴリズムを持ってきて、コードをもっと複雑にするのは、100％可能だ。単純なアルゴリズムの上に何重もの抽象化の皮を被せたコードを、誰しも見たことがあるはずだ。

```
enum EmptyTag
{
    kEmpty
};
```

```cpp
template <typename T> T MinValue() { return 0; }
template <typename T> T MaxValue() { return 0; }

template <> int MinValue<int>() { return INT_MIN; }
template <> int MaxValue<int>() { return INT_MAX; }

template <class T>
struct Bounds
{
    Bounds(const T & value)
    : m_minValue(value), m_maxValue(value)
        { ; }
    Bounds(const T & minValue, const T & maxValue)
    : m_minValue(minValue), m_maxValue(maxValue)
        { ; }
    Bounds(EmptyTag)
    : m_minValue(MaxValue<T>()), m_maxValue(MinValue<T>())
        { ; }

    Bounds & operator |= (const T & value)
    {
        m_minValue = min(m_minValue, value);
        m_maxValue = max(m_maxValue, value);

        return *this;
    }

    T m_minValue;
    T m_maxValue;
};

template <class T>
struct Range
{
    Range(const T::iterator & begin, const T:: & end)
    : m_begin(begin), m_end(end)
        { ; }

    const T & begin() const
```

```
    { return m_begin; }

    const T & end() const
    { return m_end; }

    T m_begin;
    T m_end;
};

template <class T>
Range<typename vector<T>::iterator> getVectorRange(
    const vector<T> & values,
    int beginIndex,
    int endIndex)
{
    return Range<vector<T>::const_iterator>(
                values.begin() + beginIndex,
                values.begin() + endIndex);
}

template <class T, class I>
T iterateAndMerge(const T & init, const I & iterable)
{
    T merge(init);

    for (const auto & value : iterable)
    {
        merge |= value;
    }

    return merge;
}

void findBounds(const vector<int> & values, Bounds<int> * bounds)
{
    *bounds = iterateAndMerge(
                Bounds<int>(kEmpty),
                getVectorRange(values, 0, values.size()));
}
```

　このコードは前のコードと全く同じアルゴリズムだが、そう確信するまでにだいぶ読み進めないといけない。少なくとも、このコードは善意で書かれたものだ。ここには、極端に目立つような悪い点は何もない。C++の奇妙な癖を特に悪用してるわけでもなく、凝ったところといってもテンプレートの特殊化が関の山だ。名前は全て説明的になっている。少し目を凝らしてやれば、各行を正当化する理由が想像できるだろう。

　それにもかかわらず……このコードは量が4倍あり、最初に出した単純な例と比べて、追いかけるのも理解するのもずっと難しい。少なくとも、解決しようとしている問題と対比する限りでは、「複雑」なコードになっている。前の例は適度に「単純」だったが、こっちの例は不適切なほどに「複雑」だ。

　当然ながら、このコードは解法を過度に複雑にする書き方の1つでしかない。解決しようと試みている問題の範囲を超えたコードだって、誰しもが見たことがあるだろう。

```
struct Bounds
{
    Bounds(int minValue, int maxValue)
    : m_minValue(minValue), m_maxValue(maxValue)
        { ; }

    int m_minValue;
    int m_maxValue;
};

template <class COMPARE>
int findNth(const vector<int> & values, int n)
{
    priority_queue<int, vector<int>, COMPARE> queue;
    COMPARE compare;

    for (int value : values)
    {
        if (queue.size() < n)
        {
            queue.push(value);
        }
```

```
        else if (compare(value, queue.top()))
        {
            queue.pop();
            queue.push(value);
        }
    }

    return queue.top();
}

void findBounds(const vector<int> & values, Bounds * bounds)
{
    bounds->m_minValue = findNth<less<int>>(values, 1);
    bounds->m_maxValue = findNth<greater<int>>(values, 1);
}
```

今回は、もっと一般的な問題として、配列の中でN番目に大きい（または小さい）
数を求めるという問題を解き、その上で特殊な場合として最小値と最大値を求める、
という方法を選んだ。この手の、過度に一般的とも言えるアプローチは、ほとんどの
場合見当違いだ。確かに、余分なコードはそれほどなく、もっと単純な解法よりもこ
ういう気の利いたものを書く方が楽しい。でも、読むのが結構大変になっている[†3]。

最後に、アルゴリズムを選び間違えたせいで物事を過度に複雑にしてしまうことが
ある。今回の場合は単純な解法が非常に明白なので、そういうことはやりにくいもの
の、簡単なアルゴリズムを使いそこねたコードをみんな見たことがあるだろう。

```
struct Bounds
{
    Bounds(int minValue, int maxValue)
    : m_minValue(minValue), m_maxValue(maxValue)
        { ; }

    int m_minValue;
```

[†3] このコードのパフォーマンスも、ひどいものだ。でも、**ルール5**で最適化について心配する必
要はないと言った以上、パフォーマンスに関する懸念は、脚注に格下げする義務があると感じ
ている。言い訳をすると、ここでは一番単純な解法が最速って話で、それは珍しいことじゃな
い。

```
    int m_maxValue;
};

int findExtreme(const vector<int> & values, int sign)
{
    for (int index = 0; index < values.size(); ++index)
    {
        for (int otherIndex = 0;; ++otherIndex)
        {
            if (otherIndex >= values.size())
                return values[index];

            if (sign * values[index] < sign * values[otherIndex])
                break;
        }
    }

    assert(false);
    return 0;
}

void findBounds(const vector<int> & values, Bounds * bounds)
{
    bounds->m_minValue = findExtreme(values, -1);
    bounds->m_maxValue = findExtreme(values, +1);
}
```

　ってなわけで、物事を必要以上に複雑にしてしまう非常によくある方法が、全部で3つある。「抽象化を用いすぎる」「一般性を追加しすぎる」「アルゴリズムの選択を誤る」だ。

複雑性のコスト

　余分な複雑性があると、現実的なコストとして現れてくる。複雑なコードは、単純なコードに比べ、書くのにかかる時間が長い。そして複雑なコードは、単純なコードに比べ、デバッグするのにかかる時間が**非常に**長い。コードを読む者はみんな、起こっていることを理解するために、複雑なコードと格闘しながら読み進めなきゃなら

ない。ここで言う「単純」な解法には、そういう問題が何もない。初めて読んだ場合でも理解しやすく、コードを一目見れば、どのように動作するのか、正しいコードなのかが、両方とも容易に分かる。

　実のところ、「やさしい」問題を「単純」な解法で解くか、というこのただ1つの問題こそが、平凡なプログラマーと優秀なプログラマーとを見分ける最良の方法なのだ。Sucker Punchで採用候補者に対して面接を行う際には、「難しい」問題を解けるか、また「やさしい」問題に対して「単純」な解法を書くか、その2点を確認する。それら2つの問いへの答えが両方ともイエスでない限り、ぼくらは候補者にそそられない。

　「やさしい」問題に対して「複雑」な解法を書く者は、自分自身の仕事を難しくしているだけじゃなく、チームの他の全員にとっても仕事を難しくしているのだ。そういう解法は、作成に時間がかかり、コードベースに発生するバグを増やすだけじゃなく、他のみんなにとっても扱いが難しく不快なものとなる。ぼくらには、そんなものに付き合ってる余裕はない。

プログラマーの4つ（本当は3つ）の種類

　「やさしい」問題と「難しい」問題、「単純」な解法と「複雑」な解法っていう4つの種類がコードにあるように、プログラマーにも4つの種類がある。「やさしい」問題があるとして、「単純」な答えを書くか、それとも「複雑」な解法を書くか？ また「難しい」問題があるとして、解法は「単純」か、それとも「複雑」か？

　さて、「難しい」問題に対して「単純」な解法を書く一方で、「やさしい」問題に対して「複雑」な解法を書く、なんていうコーダーは、実は**いない**ってことが分かっている。その結果、表14-2が明確にしているように、3種類のプログラマーが存在することになる。

表14-2　3種類のプログラマー

プログラマーの種類	「やさしい」問題	「難しい」問題
平凡	「複雑」な解法を書く	「複雑」な解法を書く
優秀	「単純」な解法を書く	「複雑」な解法を書く
偉大	「単純」な解法を書く	「単純」な解法を書く

　平凡なプログラマーと優秀なプログラマーの違いは、優秀なプログラマーが「やさ

しい」問題に対して「単純」な答えを書くところにある。優秀なプログラマーと偉大な
プログラマーの違いは、「難しい」問題でも、偉大なプログラマーは「単純」な解法を
相変わらず見つけるところだ。

　ある時点で問題は、「単純」な解法が見つからないほどに「難しい」ものとなる。と
いうことは、プログラマーを測る最良の指標とは、こういう「やさしい」から「難しい」
の連続的範囲内で解法を「複雑」にせずにどこまで進めるか、という点になる。連続
的範囲に沿って先に進めれば進めるほど、また「単純」な解法で解決できる問題が難
しければ難しいほど、プログラマーとして優れている。

　実は、この話には別の見方がある。偉大なプログラマーの中心的なスキルとは、一
見「難しい」ように見える問題でも、適切な観点から検討すると実は「やさしい」問題
であることを見抜けるスキルなのだ。

「難しい」問題、やや「複雑」でうまくいかない解法

　ある文字集合（仮に「abc」とする）の順列のいずれかが、ある文字列内に現れるか
どうかを調べる問題を考えてみよう。つまり、ある文字集合を表す「順列文字列」が
与えられた時、その文字集合内の文字をいずれかの順序で並べた文字列（順列）が、
その文字列内の全ての文字が連続した状態で別の「検索文字列」内に現れるかどう
か、って問題だ。順列文字列abcに対して、この関数は、検索文字列がcabbageや
abacusであればtrueを、scrambleやbrackishであればfalseを返さなければならな
い。

　こいつの解法は明白じゃないよね？　一番明白なやり方は、文字集合の順列を全て
生成して、それから、順列のどれかが検索文字列内に現れるかどうかチェックする、
というやつだろう。順列を再帰的に生成するのは、非常に単純だ。順列文字列から
次々に各文字を取り出し、検索文字列内にある残りの文字群から成る順列全部の先頭
に付加する。以下は、そういう問題を解く1番目の試みだ。

```
vector<string> generatePermutations(const string & permute)
{
    vector<string> permutations;

    if (permute.length() == 1)
    {
```

```
            permutations.push_back(permute);
        }
        else
        {
            for (int index = 0; index < permute.length(); ++index)
            {
                string single = permute.substr(index, 1);
                string rest = permute.substr(0, index) +
                              permute.substr(
                                  index + 1,
                                  permute.length() - index - 1);

                for (string permutation : generatePermutations(rest))
                {
                    permutations.push_back(single + permutation);
                }
            }
        }

        return permutations;
    }

    bool findPermutation(const string & permute, const string & search)
    {
        vector<string> permutations = generatePermutations(permute);
        for (const string & permutation : permutations)
        {
            if (search.find(permutation) != string::npos)
                return true;
        }

        return false;
    }
```

　このロジックは非常に単純で、うまくいっているように見える……が、順列文字列
が少々長くなるまでの束の間しかうまくいかない。順列文字列が長くなった時点で、
処理が爆増して破綻する。順列の数は順列文字列の長さの階乗になるので、
findPermutation関数はすぐに使い物にならなくなる。ここでの例のように、順列を

生成するために4文字のリストを与えれば、この関数は喜んで処理してくれる。十数
文字を与えると、再帰的な穴の中に消失してしまい、二度と戻ってこない[4]。

　こういう処理の爆増に対する素朴な反応は、余計な作業をやってしまっているのを
悟る、といったところだろう。リスト内の文字に重複があったら、順列のリストに重
複した要素があることになる。順列のリストから重複要素を取り除けば、解決に役立
つかもしれない。

```
vector<string> generatePermutations(const string & permute)
{
    vector<string> permutations;

    if (permute.length() == 1)
    {
        permutations.push_back(permute);
    }
    else
    {
        for (int index = 0; index < permute.length(); ++index)
        {
            string single = permute.substr(index, 1);
            string rest = permute.substr(0, index) +
                        permute.substr(
                            index + 1,
                            permute.length() - index - 1);

            for (string permutation : generatePermutations(rest))
            {
                permutations.push_back(single + permutation);
            }
        }
    }
```

---

[4]　まあ、「二度と」戻ってこないってわけじゃないけど。4文字だと、generatePermutationsは、
ぼくのPCでは計測が難しいくらいに高速だ。8文字だと、約100分の1秒かかる。12文字だと、
42秒待たされ、その間PCのファンがフル回転して、ぼくが何かを溶かしちゃうのを必死に止
めようとしていた。

```
    sort(
        permutations.begin(),
        permutations.end());
    permutations.erase(
        unique(permutations.begin(), permutations.end()),
        permutations.end());

    return permutations;
}
```

　うん、たいして役に立たないな。それほど多くのコードを追加したわけじゃなく、そのこと自体は素晴らしいことで、また追加したコードは単純だ。でも、中心的な問題への対処としては、あまりうまくいかなかった。階乗のせいで陥った窮地から、最適化によって抜け出すことはできない。順列生成の対象となる文字集合が必ず小さいか、大半の文字が重複したりしていない限り、このコードは相変わらずうまくいきそうにない。

「難しい」問題、やや「複雑」な解法

　もっと良い変更は、順列を**全部**生成するっていう考え方の放棄だ。そういうアプローチは失敗する運命にある。

　代わりに、問題についての考え方をひっくり返さなきゃいけない。検索文字列の各部分文字列（順列文字列と同じ長さ）をチェックしてみよう。順列文字列内の各文字が、検索文字列の部分文字列の1文字に一致すれば、順列を見つけたことになる。

```
bool findPermutation(const string & permute, const string & search)
{
    int permuteLength = permute.length();
    int searchLength = search.length();

    vector<bool> found(permuteLength, false);

    for (int lastIndex = permuteLength;
        lastIndex <= searchLength;
        ++lastIndex)
    {
```

```
            bool foundPermutation = true;

            for (int searchIndex = lastIndex - permuteLength;
                 searchIndex < lastIndex;
                 ++searchIndex)
            {
                bool foundMatch = false;

                for (int permuteIndex = 0;
                     permuteIndex < permuteLength;
                     ++permuteIndex)
                {
                    if (search[searchIndex] == permute[permuteIndex] &&
                        !found[permuteIndex])
                    {
                        foundMatch = true;
                        found[permuteIndex] = true;
                        break;
                    }
                }

                if (!foundMatch)
                {
                    foundPermutation = false;
                    break;
                }
            }

            if (foundPermutation)
                return true;

            fill(found.begin(), found.end(), false);
        }

        return false;
    }
```

入れ子になったループのロジックは少々こんがらかっているが、このコードはうま

くいく。3つのループが入れ子になっているのを見ると、パフォーマンス面での心配に胸がうずくかもしれない。この関数を最初に試した時は、結局パフォーマンスのせいで失敗した。でも実践の上では、このアプローチのN^3計算量は問題じゃない。順列文字列の長さが1000文字に達しない限り、パフォーマンスは問題にならないだろう。

　ここで問題があるとすれば、ロジックの複雑性だ。この例は、本書に収まるようにサイズを抑えた「単純」な例なので、ここで解決しようとしている問題は、実は**そこまで**「難しい」わけじゃない。そういう問題なら「単純」な解法が見つかるよう期待するかもしれないが、先ほどの解法は「単純」と認められるには少々不十分だ。このコードは「優秀」なプログラマーが書くような解法で、完全に機能するものの必要以上に複雑なのだ。

　実際は、「優秀」なプログラマーが出すもっと典型的な解法は、3つの入れ子になったループを回避するために、「早まった最適化」を衝動的に入れる[5]ってやつだろう。例えば、文字の出現回数を数え続け、その出現回数の集合（permuteCounts、currentCounts）をハッシュ化して、関数を大まかに線形化するかもしれない。

```
#define LARGE_PRIME 104729

bool findPermutation(const string & permute, const string & search)
{
    int permuteCounts[UCHAR_MAX] = {};
    int currentCounts[UCHAR_MAX] = {};

    int permuteHash = 0;
    int currentHash = 0;

    for (unsigned char character : permute)
    {
        ++permuteCounts[character];
        permuteHash += character * (character + LARGE_PRIME);
    }
```

---

[5]　訳注：著者によると、ここの「早まった最適化」は**ルール5**での「早まった最適化」を受けているが、ここでは、プログラマーが、複雑な入れ子になったループを回避し処理を高速化させようとして、もっと複雑なコードをとっさに書いてしまう様子を表現したかったとのこと。

```
int permuteLength = permute.length();
int searchLength = search.length();

if (searchLength < permuteLength)
    return false;

for (int searchIndex = 0; searchIndex < permuteLength; ++searchIndex)
{
    unsigned char character = search[searchIndex];

    ++currentCounts[character];
    currentHash += character * (character + LARGE_PRIME);
}

for (int searchIndex = permuteLength;; ++searchIndex)
{
    if (currentHash == permuteHash)
    {
        bool match = true;

        for (char character : permute)
        {
            if (permuteCounts[character] != currentCounts[character])
                match = false;
        }

        if (match)
            return true;
    }

    if (searchIndex >= searchLength)
        break;

    unsigned char removeCharacter = search[searchIndex - permuteLength];
    unsigned char addCharacter = search[searchIndex];

    --currentCounts[removeCharacter];
    currentHash -= removeCharacter * (removeCharacter + LARGE_PRIME);
```

```
        ++currentCounts[addCharacter];
        currentHash += addCharacter * (addCharacter + LARGE_PRIME);
    }

    return false;
}
```

今回も、このコードはちゃんと機能するが、ただし過度に「複雑」だ。ある条件下では、前の解法よりも良いパフォーマンスを発揮するだろう……でも、それはどうでもいい。前の解法は、完璧に納得できるパフォーマンスを出したし、もっと理解しやすい。

「難しい」問題、「単純」な解法

でも、もっと単純で、読みやすく、理解しやすい解法は存在するのだろうか？「優秀」なプログラマーと「偉大」なプログラマーの分かれ目になるのは、そういう解法を見つけられるかどうかだ。

今回の事例では、使っているアルゴリズムはしっかりしている。検索文字列の各部分文字列をチェックして、順列文字列の順列であるかを調べるっていうアルゴリズムだ。こんがらかっているのは、そのアルゴリズムの**表現**の方になる。でも、一致のチェックについては、もっと単純な考え方がある。

順列文字列内の文字の並びを正規化し、それと比較する各部分文字列の並びも同様に正規化すれば、正規化された2つの文字列を比較するだけで済む。

```
bool findPermutation(const string & permute, const string & search)
{
    int permuteLength = permute.length();

    string sortedPermute = permute;
    sort(sortedPermute.begin(), sortedPermute.end());

    for (int index = permuteLength; index <= search.length(); ++index)
    {
        string sortedSubstring = search.substr(
                                    index - permuteLength,
                                    permuteLength);
```

```
        sort(sortedSubstring.begin(), sortedSubstring.end());

        if (sortedPermute == sortedSubstring)
            return true;
    }

    return false;
}
```

　ここでは基本的なアルゴリズムは変えていないが、こんな風に表現することで、ずっと理解しやすくなる。前のコード例では「複雑」だったところが、このコード例では「単純」になっている。「偉大」なプログラマーは、こういう単純明快な解法を見つける。そして、単純さと明快さがほぼ常に重要な問題であるのを、はっきり理解している。最も「偉大」なプログラマーとは、最も複雑なコードを書ける者ではなく、最も複雑な問題に対して最も単純な答えを見出す者なのだ。

ルール **15**

雑草は抜け

　娘たちが幼い頃、我が家にはニンテンドーゲームキューブ[†1]があった。ビデオゲーム開発を生業にしているパパを持つと、家にありとあらゆるビデオゲームコンソールが揃うってのが「あるある」だ、ってことがそのうち分かってくる。ぼくの子供たちが、どこの家もそんな風なわけじゃないってことに気づいたのは、ずっと後になってからのことだ。

　擬人化された動物たちが暮らすちっぽけな村を、ぼくら3人で共有するゲーム『どうぶつの森』が、ぼくらのお気に入りだった。化石を発掘したり、服をデザインしたり、家の飾り付けをしたり、貝殻を集めたり、釣りをしたり、町に住む動物たちと友達になったり、ただのんびりして「とたけけ」[†2]が弾くギターに聴き入ったり、村ではいろんなことが何でもできた。

　『どうぶつの森』で、必要と言えば必要な作業として、雑草を抜くっていう作業があった。その日にゲームをプレイしていてもしていなくても、毎晩、村に雑草が数本生えてくる。雑草を抜くのは簡単だ。雑草のところまで走っていって、ボタンを押せば、スポッ！　と雑草が地面から抜ける。でもその作業は、やり続けなきゃいけなかった。抜こうが抜くまいが、雑草はどんどん伸びてきた。ゲームをやらない日ですら雑草は生えてくるのだ！　抜くのをやめたら、雑草に占領されちゃうってわけだ。

　20年経った今でも、『どうぶつの森』シリーズのゲームは作り続けられている。何

---

†1　訳注：任天堂が2001年に発売した家庭用ゲームコンソール。ゲームキューブ向けに日本では、『どうぶつの森+』（任天堂、2001）が発売された。ゲームキューブ向けにアメリカ合衆国では、『どうぶつの森+』に基づいた "Animal Crossing"（任天堂、2002）が発売された。さらに日本では、ゲームキューブ向けに、"Animal Crossing" の日本国内版である『どうぶつの森e+』（任天堂、2003）も発売された。

†2　訳注：『どうぶつの森』に登場する犬のキャラクター。"Animal Crossing" では、K.K. Sliderという名前である。

251

千万人もの人々が、このシリーズ中のどれかのゲームをプレイしてきており、誰もが同じ経験をしてきた。数週間留守にした後で村に帰ったら、一生懸命作った小さく整然とした村が、雑草に完全に覆われてるってやつだ。20年経った今でも、その辛さをありありと思い出す。

きみのプロジェクトは、そういう村みたいなものだ。どんなコードベースにも絶え間なく生えてくる、小さな悩みの種であるところの雑草を抜かなきゃならない。毎日、そのプロジェクトで作業していようがいまいが、雑草を抜いていようがいまいが、雑草の数は増え、生い茂っていく。抜かないでいると、雑草がプロジェクトの息の根を止めてしまうのだ。

では、この隠喩でいうところの雑草ってのは何だろう？ 雑草とは、修正するのは簡単だが、無視するのも簡単な、小さな問題のことだ。『どうぶつの森』で生える雑草を思い浮かべてほしい。雑草を抜くのは、ボタンを押す程度の簡単なことだ。雑草を抜いても、副作用は起こらない。抜いたからといって、他の場所で問題が起こることもない。変わるのは、雑草が1本減るってことだけ。

以下は、雑草っぽいコードだ。

```cpp
// @brief vector配列から重複する整数を削除する
//
// @param values 圧縮する整数vector配列

template <class T>
void compressVector(
    vector<T> & values,
    bool (* is_equal)(const T &, const T &))
{
    if (values.size() == 0)
        return;

    int iDst = 1;

    for (int iSrc = 1, c = values.size(); iSrc < c; ++iSrc) {
        // 一位な値かチェックする
        if (!is_equal(values[iDst - 1], values[iSrc]))
        {
            values[iDst++] = values[iSrc];
```

```
        }
    }

    values.resize(iDst);
}
```

　このコードのコメントには、明白な問題が2つある。まず、ヘッダーのコメントが、関数と一致していない。この関数は、整数のvector配列から重複する値を取り除いて配列を圧縮する関数として出発したようだが、この関数をC++テンプレートを使ったものに改造した誰かが、コメントの更新を忘れたってわけだ。その上、コメント自体が曖昧すぎる。ここでは、重複する値を全て削除しているわけじゃなく、**隣接する重複値**を削除しているのだ。配列がソートされていない限り、それらの処理は同じ処理にはならない。さらに、3連単の最後を飾るべく、2つ目のコメントには書き間違いがある（「一位」）。以上の問題を修正すると、こうなる。

```
// @brief vector 配列内の、等しい値が連続した部分を圧縮する
//
// vector 配列内で等しいと見なされる値が連続している部分全てについて、
// 重複した値を取り除き、その連続部分の1番目の値だけを保持する。
//
// @param values 圧縮する vector 配列
// @param is_equal 使用する比較関数

template <class T>
void compressVector(
    vector<T> & values,
bool (* is_equal)(const T &, const T &))
{
    if (values.size() == 0)
        return;

    int iDst = 1;

    for (int iSrc = 1, c = values.size(); iSrc < c; ++iSrc) {
        // 一意な値かチェックする
        if (!is_equal(values[iDst - 1], values[iSrc]))
        {
```

```
                values[iDst++] = values[iSrc];
            }
        }

        values.resize(iDst);
    }
```

　こういう問題の修正が、雑草を抜くってことだ。簡単に実行できる。コメントを修正することで、他の場所で問題が発生したりはしない。そして、コードを改善した。つまり、コメントの曖昧さを修正したので、どこかの時点で誰かが起こすバグを防げそうだ。

　だけど、できることはもっとあったはずだ。命名や書式整形の問題もちらほら目につく。iとかcとかいう変数は、標準の規則に従っていない。このプロジェクトでは、1文字の変数命名規則じゃなく、indexとcountを使っているからだ。is_equalって関数ポインターの引数は、このプロジェクトの関数命名スタイルに合わせて、isEqualにすべきだろう。中括弧の位置は一貫していないし、このプロジェクトの規則では、for文の中にループ変数を複数詰め込むのは良しとされていない。また、このプロジェクトの規則では、コメントの後に空白行があることになってるのに、2番目のコメントにはそれがない。

　全部、簡単に直せる。

```
    // @brief vector配列内の、等しい値が連続した部分を圧縮する
    //
    // vector配列内で等しいと見なされる値が連続している部分全てについて、
    // 重複した値を取り除き、その連続部分の1番目の値だけを保持する。
    //
    // @param values 圧縮するvector配列
    // @param isEqual 使用する比較関数

    template <class T>
    void compressVector(
        vector<T> & values,
        bool (* isEqual)(const T &, const T &))
    {
        int count = values.size();
```

```
    if (count == 0)
        return;

    // 前の値に等しくない値をコピーする

    int destIndex = 1;
    for (int sourceIndex = 1; sourceIndex < count; ++sourceIndex)
    {
        if (!isEqual(values[destIndex - 1], values[sourceIndex]))
        {
            values[destIndex++] = values[sourceIndex];
        }
    }

    values.resize(destIndex);
}
```

今回の変更も安全だったが、初回にやったコメントの変更ほどは安全じゃなかった。こういう類の変更と一緒にバグを入れてしまう可能性はある。例えば、destIndexのつもりでsourceIndexって間違えて打ってしまうとか。起こりにくいことではあるものの、可能性はあるのだ。

雑草の見分け方

見つけた問題が雑草かどうかの判定について決め手になるのは、安全性だ。安全に修正できるってことなら、抜くべき雑草となる。コメント内にある書き間違いの修正は、絶対に安全だ。コメント内にあるもっと実質的な間違い、例えば初回の変更で一掃した曖昧さとかについても、問題の修正は安全だ……その関数は何をするものかっていう点について、修正する者の理解が本当に合っている限りは！

命名の問題も安全に修正できる。ソースコードのある部分について全体的に検索して置換する、っていうようなことはうまくいくだろう。そしてどんな間違いをしても、C++みたいなコンパイル言語に限れば、コンパイラーが間違いを見つけてくれるはずだ。

2回目の変更では、名前を変更する際に変数をいくつか移動させた。これは安全っぽいが、他の変更に比べると安全さが落ちる。多分まだ雑草の仲間だが、雑草っぽさ

がなくなりつつある。

　ここで言う「雑草っぽさ」には、連続的な幅がある。当たり前だけど！ これまでやってきた変更はどれも、機能面の変更じゃない。つまりコンパイラーは、大体同じコードを生成するだろう。コードの機能には影響を与えずに、コードの読みやすさと一貫性を向上させたってわけだ。

　もっと実質的な変更であれ、相変わらずコードの機能には影響を与えない変更を頭に描けないこともない。例えば、クラスのメンバーの名前を変更すると、それに合わせた変更が多数のソースファイル内で必要になるとか、クラスに対して想定利用法のコメントを新しく書くとか。そういうのも、コードの機能に影響を与えない限りは、雑草だ。とはいえ、変数の移動や名前変更みたいな、細部をちゃんとしてある限り機能を変えるはずのない変更は、おそらくまだ雑草ではあるものの、少し注意深く行う必要がある。

　問題のために行われる変更が意図的に機能を**変える**ような場合の問題は、もはや雑草じゃなくて、バグだ。バグには別のルールが適用される。雑草だったら何も考えず機械的に抜きにいけるけど、バグ修正の方は何も考えずにやるものじゃない。何故なら、バグは修正するとしばしば新しい問題を引き起こすからだ。雑草の方は、雑草の定義上、修正しようが新たな問題を招いたりはしない。

　雑草を抜くのは簡単だし、雑草のないコードベース内は、仕事がだいぶやりやすくなる……では何故、大半のプロジェクトでこんなにも多くの雑草がはびこってるんだろう？

コードが雑草まみれになる流れ

　まあ要は、雑草を抜くのは簡単だけど、無視するのも同じくらい簡単ってことだ。ぼくらはみんな、持ってる時間に収まりきらないほどたくさんの業務を抱えている。そして、雑草を抜くのにかかるコストは小さいとはいえすぐそこに生えてくるのに対し、雑草を抜いたことによる恩恵は、薄く散る上に、遅れてやってくるのだ。雑草からは目を背けたくなる誘惑に駆られる。

　さらに、あるコーダーには雑草に見えるものが、別のコーダーには花に見えたりす

るかもしれない†3。あるコメントを見て混乱し、そのコメントは正しくないんじゃないかと疑ったとしても、コードの理解について自信が十分にあるわけじゃないのでそのコメントを変更できないかもしれない。コードをもっと徹底的に確認したり、自分の持った疑いを他の人にも再確認してもらうためにそのコードにもっと詳しい者に尋ねたりできたかもしれない。でも、（前の段落にあるように）抱えている作業のリストは長大で、その割にこういう、たまたま目にするコメントの修正は、やる予定の作業を列挙したリストの項目としては載ってなかったりする。

あるいは、チームの新メンバーが書いたコードの塊の中に、書式整形に関する問題をいくつか見かけるかもしれない。見つけた者が自ら修正してもいいが、そうしてしまうと、新メンバーに正しい書式整形方式を教えることにならない、という推論を働かせてしまいやすい。次回のコードレビューで間違いが明らかになるのに任せといた方がいいんじゃないか、ってね。

雑草を抜くのはたやすいが、そのまま放置しておくのもほとんど同じくらいたやすい。重要な問題に集中しなきゃいけないとか、その雑草が本当に雑草かどうか分からないとか、雑草を抜くのをためらう元になる要因は、どれも現実的なものだ。

でも、雑草はさらに雑草を生む。命名規則や書式整形規則がきちんと定義されていても、規則に沿っていない雑草だらけのコードが満載のプロジェクトでは、何を信頼すればいいのか誰にも分からないだろう。規則を信頼するのか、それともコードを信頼するのか？　こんな場合に何が起こるかは、分かりきってる。みんな肩をすくめて、自分が楽な方をコピーするってわけだ。

きみを混乱させたコメント？　そのコメントは、次に見る者も混乱させるだろう。そして、関数が思った通りのことをやるか確かめ、その関数の周りのコードが行っている仮定が正しいかチェックし、その新しいコメントについてコードレビューで話す……といった、コメント修正のプロセスによって、コード内にある「本物の」バグが発覚する。びっくりするほどよくある話だ。

いいかい？　雑草抜きってのは定義上、すぐ終わる作業だ。予定を入れなきゃいけ

---

†3　庭師の格言によると、「雑草も植物で、ただ間違った場所に生えてるってってだけ」（訳注：アメリカの植物学者George Washington Carver [1864-1943] の言葉では、植物の代わりに花という語が使われている）。これで思い出すのが、妻をびっくりさせようと思って、妻の家庭菜園の雑草を抜くことにした時の話だ。その話での真のびっくり事案は、妻が最近植えたアスパラガスをぼくが全部抜いてしまったことだった。雑草抜きを金輪際もう二度と、一切頼まれないようにすることがぼくの目標だったとしたら……目標達成だ。

ないようなもんじゃない。まとまった時間がかかりそうなやつは、雑草じゃない。

　Sucker Punchでぼくらが雑草に的を絞って抜く作業がうまくいっているのは、雑草とは何かについて全員に合意があるからだ。**ルール12**に基づき、ぼくらには強力で厳格なチーム規則がある。雑草抜きの大半は、規則に準拠していないところの修正だ。そういうところを修正することで、規則自体が強化される。そうなる主な理由は、そういう変更のレビューで、レビューイとレビューアーの2人が、雑草を抜く前と抜いた後の、規則に準拠してないバージョンと準拠しているバージョンを見て、その変更が抜くべき雑草だったという点で合意するからだ。コードのレビューアーが、重要じゃない問題にレビューイが時間を浪費していると思うなら、何が重要かについての合意がないのが問題だってことになる。**そっちの方を**解決しなきゃいけない。

　最終的には単純な話だ。雑草だと分かってるものは、抜きゃあいい。雑草かも？って疑ってる状態なら、雑草だって確かめた上で抜くために、労力を少々割くくらいの価値はある[†4]。

　そんな風になると、最優秀で最上級のチームメンバーたちに、直感に反する責務が課される[†5]。雑草の発見に最も長けているのは、そういうメンバーたちなのだ。要は、プロジェクトの規則を書いた者こそが、その規則からの逸脱を発見するのに最適な立場にあるってわけだ。そういう者は、チーム内で上級の立場にある可能性も高い。立場が上の者たちが、ちょっとした問題を修正するのにちょっと時間を費やすってのは、大丈夫なんだろうか？

　間違いなく大丈夫！　プロジェクトの雑草を取り除くことで、みんなの仕事が楽になる。重要なものが、もっと見えやすくなるのだ。

[†4]　ただし、アスパラガスじゃないってのを確かめてからの話だ。

[†5]　訳注：最優秀で最上級のチームメンバーたちは、能力にふさわしい難問の解決に専念すべきという直感に反し、そういうメンバーたちに難問とはいえない雑草関連の責務が課される、ということ。

コードから先に進むのではなく、結果から後ろ向きにたどれ

　以下、しばしの間だが隠喩を使う例え話に入り込んでいくので、お許しを。

　プログラミングとは、隔たりの間の橋渡しをすることだ。一方には、解決したい何かの問題があり、他方には、使えるコードと技術が山のように手元に揃っている。問題と、コードや技術の間には、隔たりがある。手持ちのコードを拡張し、そのコード部品を新しい形に結合し直すことで、隔たりを渡る橋を建設してゆき、一度に少しずつ問題を解決するというのを、全部の問題解決が済むまで繰り返す。

　渡るべき隔たりが、小さいものしかない場合もある。手持ちのコードで問題をほぼ解決できるとか、あるいはそういうコードを正しい方法で呼び出すだけでいいとか。そんな場合は、橋を架けるのに、プログラミングはほとんど必要ですらない。つまり、正しいパラメーターを設定してコードを呼び出すだけになる。

　隔たりが非常に大きいこともある。どうやればコードで問題を解決できるのか、全然明らかになっていないのだ。どんな問題を解決すべきなのかについて、詳細な全貌が明らかになってるわけじゃないことだってある！　ビデオゲームに携わっていると、特にそういう傾向が強い。ゲーム開発では、ゲームを遊んだ際に面白くなる何かの機能を、その機能がまともに動作するところまで作り込まないうちから予測するのは難しい。Sucker Punchでは、入り組んだ問題を解決したのに、結果としてできたものを遊んでみたら面白くなくて、解決の意味がなかったってことが、鬱になるくらいよくある。

　どんな隔たりにも、2つの側がある。片側に立って、隔たりの向こう側を眺めているとしよう。その時に立ってる側は、既存のコードの山を抱えている側なのか、それとも問題を抱える反対側なのか、ってのがここでの問いだ。

　言い換えれば、橋の隠喩はいったん忘れるとして、既存のコードの観点から問題について考えてるのか、それとも、問題の観点からコードについて考えてるのか、っていう問いになる。

　多分、前者だよね？ 既存のコードを熟知しているとはいっても、問題の方は完全に新しいかもしれない。例えば問題の方は、自分の技術向けに使っている言葉とは全く別の言葉で表現されているかもしれない。Sucker Punchでは、ある機能を、その機能によってプレイヤーの内に湧き起こる感情っていう観点から説明することがある。例えば、ある能力をゲーム内で使うと、プレイヤーが「重い」とか「固い」とか感じるはずだ、とか。でもそういう言葉を、コードのループやデータ構造にどう翻訳したらいいのかは定かじゃない！

　ゲーム開発以外のもっと古典的な分野でプログラミングをやっているとしても、ある領域に固有な方法で定義された問題に対処しなきゃいけないのは同じだ。例えば、更新対象のデータに課された法的監査要件への参照とか、ビジネススクールあたりで使われる「行動可能かつ計測可能なもの」みたいな感じの遠回しなビジネス用語とか。

　手持ちの技術の観点から問題を理解しようとするのは、自然なことだ。Sucker Punchの例で言えば、プレイヤーの能力で「重いと感じる」ものについて、アニメーションシステム、自社の音響・視覚効果システム、ぼくらの持ってる触覚フィードバック技術[1]とかの観点から考えるかもしれない。そういう個々の技術をどう組み合わせたらその能力を「重い」と感じられるようにできそうか、という考え方をする。

　ゲーム開発以外のもっと古典的な分野での例としては、ジャーナリングシステムをどう改造すれば一連の監査要件に対応できるか、とか、商品をいずれ購入しそうな見込み顧客（新しい経営幹部が言うところの「行動可能かつ計測可能なもの」ってのは、実は見込み顧客のことだった）を営業スタッフが特定し追跡できるようにするツールをでっち上げるのに自社のUX技術をどう使えるか、とか、考えたりするかもしれない。

例：JSONライブラリーを使った設定ファイル処理

　例えば、システムを構築しているとして、そのシステムには様々な本番環境において調整が必要なパラメーターが多数ある。起動するワーカースレッドの最大数や、ログファイルのファイルパス等、単純なパラメーターもある。また、各種プラグインロジックとプラグインそれぞれが持つパラメーターとをまとめたリストとか、もっと複

---

[1]　訳注：著者がゲーム開発の対象としているPlayStationシリーズのゲームコンソールのコントローラーには、振動によってプレイヤーに対し様々に異なる刺激を与える機能が搭載されている。

雑なパラメーターもある。環境によっては、何百ものパラメーターを個別に調整しなきゃいけないかもしれない。

　設定ファイルの出番が来たようだ。結果的には、JSONを扱うコードが手元にあり、そのコードがうまくはまりそうってことになった。パラメーターが持つ、型と予測可能な構造とがきれいにはまる。JSONのようなテキストベースのフォーマットは簡単に編集とデバッグができる。そして、新しいパラメーターの追加が簡単って確信できるくらいJSONは拡張可能だ。完璧っぽいね！

　ぼくのJSONコードが持つインターフェイスは、こんな感じだ。

```
namespace Json
{
    class Value;
    class Stream;

    struct Object
    {
        unordered_map<string, Value> m_values;
    };

    struct Array
    {
        vector<Value> m_values;
    };

    class Value
    {
    public:

        Value() :
            m_type(Type::Null),
            m_str(),
            m_number(0.0),
            m_object(),
            m_array()
            { ; }

        bool isString() const;
```

```
        bool isNumber() const;
        bool isObject() const;
        bool isArray() const;
        bool isTrue() const;
        bool isFalse() const;
        bool isNull() const;

        operator const string & () const;
        operator double () const;
        operator const Object & () const;
        operator const Array & () const;

        void format(int indent) const;

        static bool tryReadValue(Stream * stream, Value * value);
    };
};
```

こういうインターフェイスを介してJSONを使うのは、単純明快だ。要は、Json::Value::tryReadValueでJSONを解析してValueオブジェクトを取得し、その型を確認してから適切なアクセス用メソッドを使うってことになる。例えば配列をオブジェクトに変換しようとしたり、一致しないアクセス用メソッドが呼ばれた場合、コードはアサートしてデフォルト値を返す[†2]。

今回の単純化された例では、サポートする設定可能パラメーターとして、ブロック対象サーバーのリストがある。以下はJSON設定ファイルのその部分からの抜粋だ。

```
{
    "security" : {
        "blocked_servers" : [
            "www.espn.com",
            "www.theathletic.com",
            "www.xkcd.com",
```

[†2] 目ざとい読者はもうお気づきだろうが、このコードは標準規格に完全に準拠したJSON処理クラスじゃない。JSONの標準ではキーの重複が明示的に許されているにもかかわらず、オブジェクトの処理にunordered_mapを使ってキーが一意であることを暗に示している。気にせず先に進もう。

```
                "www.penny-arcade.com",
                "www.cad-comic.com",
                "www.brothers-brick.com"
            ]
        }
    }
```

どうやら、設定を行った者は、仕事中の時間をぼくが浪費するようなことがあってはならないと決めたらしい。ブロック対象サーバーのリストが、ぼくのChromeウェブブラウザー用お気に入りリストの大部分と一致してるからだ。でも、いい感じではある。読むのも書くのもとても簡単なJSONになってるからだ。

設定ファイル内の少々予測しにくい点を処理する気がある限り、ブロック対象サーバーのリストをチェックする関数の実装は簡単だ。結局のところ、テキストエディターで編集されるJSONファイルでしかないので、完全に期待通りに設定が行われるとは限らない。オプション名の書き間違い、廃止済みの設定オプション、文字列が期待されるところに数値を指定したり配列を期待するところに単一の文字列を指定したり等、誰がファイルを編集しようが間違いを犯すだろう。

ぼくが使ってるJSONパーサーは、渡したJSONの正しさを検証してくれるので、正しい構文のJSONが渡されているかという点に限れば、心配は取り越し苦労だ。また、securityキーとblocked_serversキーがオプションになっているとか、予測不能な部分があるが、それも仕様のうちだ。そういうキーが省略されたら、ブロック対象サーバーは何も存在しないことになる。でも、例えばブロック対象サーバーのリストに誰かが数字を突っ込むとか、予測不能性が別の形で現れる場合に対してもコードが堅牢であるように取り計らっておかなきゃいけない。

こういう設定ファイルに対して堅牢なコードを書くのは、若干コードが冗長にはなるが、単純明快だ。

```
bool isServerBlocked(string server)
{
    if (!g_config.isObject())
    {
        log("configにはオブジェクトが期待される");
        return false;
    }
```

```
const Object & configObject = g_config;
const auto & findSecurity = configObject.m_values.find("security");
if (findSecurity == configObject.m_values.end())
    return false;

if (!findSecurity->second.isObject())
{
    log("config.securityにはオブジェクトが期待される");
    return false;
}

const Object & securityObject = findSecurity->second;
const auto & find = securityObject.m_values.find("blocked_servers");
if (find == securityObject.m_values.end())
    return false;

if (!find->second.isArray())
{
    log("config.security.blocked_serversには文字列の配列が期待される");
    return false;
}

const Array & blockedServersArray = find->second;
for (const Value & value : blockedServersArray.m_values)
{
    if (!value.isString())
    {
        log("config.security.blocked_serversには文字列の配列が期待される");
        continue;
    }

    const string & blockedServer = value;
    if (blockedServer == server)
        return true;
}

return false;
}
```

　ってなわけで……勝利、だよね？ 既存のJSONライブラリーを持ってきて、設定ファイルの処理用に手っ取り早く応用した。構文解析済みJSONデータを走査するために書いたコードは、少し量があるが、書くのも読むのも十分簡単だ。JSON処理用コードの堅牢さは知れ渡っているので、今回のような問題の解決に活用する話は筋が通っている。

　問題を解決するために、技術から出発して作業を前に進め、たいした努力もせずに、問題なく動作するコードを完成させることになった。このJSONライブラリーを使ったことがある者なら、今回の設定ファイルを全く支障なく扱えることだろう。

悩みの発生

　でもしばらくすると、設定情報を細かいところまで調べるために必要なコードの量に、チームは少々悩んだりしそうだ。読むのも書くのも簡単なコードではあるものの、オブジェクトの存在を確認し、キーを探し、見つからないキーを処理し、必要に応じて繰り返す、っていう同じ基本的なコードを5回とか書いた後なら、一般化に乗り気になってることだろう。

　ログに記録しているエラーのところで、一般化に向けた第一歩はすでに踏み出している。エラーは、ピリオドで区切った形式で一連のキーを指定しているが、キー自体にピリオドが入っていない限り、これは安全だ。キー名にピリオドを入れられないという制限は、今回の設定ファイルでは容認できるので、入れ子になったObject群を走査する関数は単純になる（文字列を分割する関数［splitString］と結合する関数［joinString］が、呼び出せる状態で存在すると仮定する）。

```
const Value * evaluateKeyPath(const Value & rootValue, string keyPath)
{
    vector<string> keys = splitString(keyPath, ".");

    const Value * currentValue = &rootValue;
    for (unsigned int keyIndex = 0; keyIndex < keys.size(); ++keyIndex)
    {
        if (!currentValue->isObject())
        {
            log(
                "%sはオブジェクトであることが期待される",
```

```
                    joinString(&keys[0], &keys[keyIndex + 1], ".").c_str());
            return nullptr;
        }

        const Object & object = *currentValue;
        const auto & findKey = object.m_values.find(keys[keyIndex]);
        if (findKey == object.m_values.end())
            return nullptr;

        currentValue = &findKey->second;
    }

    return currentValue;
}
```

こうすることでisServerBlockedの大部分がなくなり、必要なコードの量がおよそ半分になる。

```
bool isServerBlocked(string server)
{
    const Value * value = evaluateKeyPath(
                            g_config,
                            "security.blocked_servers");
    if (!value)
        return false;

    if (!value->isArray())
    {
        log("security.blocked_serversには文字列の配列が期待される");
        return false;
    }

    const Array & blockedServersArray = *value;
    for (const Value & value : blockedServersArray.m_values)
    {
        if (!value.isString())
        {
            log("security.blocked_serversには文字列の配列が期待される");
```

```
            continue;
        }

        const string & blockedServer = value;
        if (blockedServer == server)
            return true;
    }

    return false;
}
```

　配列を返していることをそれ自体が検証するバージョンのevaluateKeyPathを導入すれば、さらに単純化できるだろう。

```
bool isServerBlocked(string server)
{
    const Array * array = evaluateKeyPathToArray(
                            g_config,
                            "security.blocked_servers");
    if (!array)
        return false;

    for (const Value & value : array->m_values)
    {
        if (!value.isString())
        {
            log("security.blocked_serversには文字列の配列が期待される");
            continue;
        }

        const string & blockedServer = value;
        if (blockedServer == server)
            return true;
    }

    return false;
}
```

　このコードは、どこを取っても正真正銘の進歩があったことを示している。何しろ、isServerBlockedの今回のバージョンは、最初に実装を試みたコードに比べ、サイズが半分になっているのだ。何百ものオプションがある状況では、相当でかい進歩だろう。ちょっと計算すりゃ分かる話だ。

　でもこういう改善があったにも関わらず、**いまだに**定型的なコードをたくさん書いてるような気がする。何が問題なんだろう？

隔たりのどちら側に立つか選ぶ

　ここまでの例のどれも、JSONライブラリーを使うという最初の決定から、その後に連続する改良まで、技術から出発して前に進んでいっている。ぼくらのチームには、全員がよく理解しているJSONライブラリーがあり、設定ファイルの問題にそのライブラリーをどう適用するかを考え出そうとしている。そして、そのJSONライブラリーという技術を動作するところまで持っていけたら、今度は少しずつ改良しようとする。

　橋の隠喩では、自分の技術を携えて立ちながら、隔たりの向こうにある、解決しようとしている問題を見ている。これはよくあるパターンで、適用しようと目論んでいる解法の観点から問題を考えるっていうやつだ。

　でもそういうアプローチには、以下のような問題がある。JSONファイルというレンズを通すと、設定の問題だったはずが、問題がJSONの形を取るようになってくるのだ。似たようなもののリストがあれば、それらをJSONの配列として考える。各設定オプション向けに短い名前を考案するが、その理由は、そういう名前がJSONオブジェクト内のキーになるのが明らかだからだ。関連する設定オプションをオブジェクトとしてまとめるが、その理由は、そうすることが大きなJSONファイルを整理する場合に自然なやり方だからだ。設定オプションの1つが、コードをローカルで実行するかリモートで実行するかを示す列挙型オプションである場合、そのオプションを列挙型ではなく文字列型と見なすことになるが、その理由は、文字列型がJSONのサポートする型だからだ。

　そういう作りになるのは避けようがない、っていうのは間違いだ。JSONじゃなく別の形式を選んでいたら、問題の考え方も違っていただろう。Sucker Punchでは、テキストじゃなくバイナリ形式で書き込まれる設定ファイルもある。そっちでは、設定オプションの階層化については考えていない。それは、ぼくらが使っているシリア

ライゼーション技術が、階層化を推奨しなかったから。JSONのように全てを浮動小数点数に変換するんじゃなく、整数と浮動小数点数の両方を直接書いているのは、その方がより自然だから。要するに、使っている技術ってやつが、解決しようとしている問題に対する考え方に、強い影響を及ぼすってことだ。

　そんな傾向を打破し、設定ファイルの問題について**解決方法を気にせずに**考えてみたらどうだろう。隔たりの反対側、つまり問題を抱えた側に立って、技術の方から前に向かって進むのではなく問題の方から後ろ向きにたどっていくとしたら、どのように物事を考えるだろうか。

代わりに、後ろ向きにたどっていく

　この件を捉えるための、別の見方がある。設定ファイルの読み書きが魔法みたいに勝手に済んじゃうとしたら、isServerBlockedの一番便利な実装ってのはどんなものになるだろう？

　設定オプションを全部保持するグローバルな構造体があるだけ、ってのが一番簡単そうだ[†3]。その場合、ブロック対象サーバーのリスト用に、文字列の集合 (set) がその構造体の中にあるだけでいい。例えばこんな感じ。

```
struct Config
{
    set<string> m_blockedServers;
};
const Config g_config;

bool isServerBlocked(string serverURL)
{
    return (g_config.m_blockedServers.count(serverURL) > 0);
}
```

[†3]　グローバルなオブジェクトを使うっていうアイデアに発狂した方がいたら、申し訳ない。この特定の例は、起動時に読み込まれたまま二度と変更されない設定オプションがあったり、設定オプションのチェック箇所が何百個もプロジェクト内に散在したりするって話だが、グローバルなオブジェクトが良いものとなりうることもある理由の好例だ。

　うーん。今回のコードの単純さといったら、JSON技術に基づいて作った isServerBlocked の一番単純なバージョンすら、かなり上回る。書くのも読むのももっと簡単になっていて、何かにつまずくこともずっと少ない。多分この文脈では重要じゃないかもしれないが、パフォーマンスも随分良くなっている。

　実は、単純であることは、ほんの始まりにすぎない。設定ファイルの問題をまともに考えてみると、ぼくのJSON実装には、他にもいくつか問題があることがすぐに分かる。例をいくつか挙げよう。

- ぼくのJSONコードは、config.jsonファイル内にあるサポート対象の何かの部分が期待される構造じゃない場合、例えばキーに対する値が間違った型だったり、必須のキーが欠けている場合、文句を言う。サポートされていないオプションや認識されないオプションだと、黙って無視してしまう。JSONとして正しい形式である限り、設定ファイルは、あらゆる種類の、設定オプションみたいに見えて実際には何にも関連付けられてないものを含む可能性がある。こういうのはあまりいいことじゃなく、設定オプション名の書き間違いとか、よくある誤りを発見するのが難しくなる。
- ぼくらのチームは、自分たちの実装が抱えるオプションの問題を、そのオプションに関連する機能を実際に使おうとした時にだけ発見できる。今回 isServerBlocked は、isServerBlocked が認識している問題をログに記録する。でもそれが起こるのは、サーバーがブロックされているか確認するためにぼくらが isServerBlocked を呼び出した時だけ。この関数が呼ばれなかったら、設定ファイルのその部分にあるエラーは、検出されないままになってしまう。また、この関数が何度も呼ばれると、設定ファイルの書式に関する同じ報告が大量に出力され、ログがごみであふれてしまいかねない。
- チーム内で設定ファイルについてのドキュメントを作成する必要がどこかの時点でおそらく出てくる。ドキュメントの作成時には、ゼロから始めることになる。設定ファイルに期待される構造は、設定ファイルを使う全てのコードによって定義され、そういうコードはコードベース上に散らばっている。どんな設定オプションが許容されるかを知るには、ある程度の調査が必要になりそうだ。

　こういう問題は見覚えがある気がする……そしてそんな気がするのは、事前バウンドの解法と遅延バウンドの解法の間で進行中の聖戦に、裏手から迷い込んでしまった

からなのだ[†4]。プログラマーであれば、PythonやLua、JavaScriptとかの遅延バウンド言語を最低限かじったり、CやJavaとかの事前バウンド言語を試したりしたことが多分あるんじゃないか。

物事を極限まで単純化すると、遅延バウンドの解法では、問題の発見が遅くなる。事前バウンドの解法では、少なくとも問題の一部は、もっと早い段階で発見される。事前バウンドの言語では、バグの一部がコンパイル時に発見される（ただし、残念ながら全てのバグが発見されるってのは稀だ）。遅延バウンド言語では、バグは全部、コードの実行時に現れる。

ぼくがJSONライブラリー上に構築した解法は、遅延バウンドだった。security.blocked_serversキーに関する問題はどれも、isServerBlockedが呼び出されるまで発見されない。これに対して、設定用のグローバルな構造体を基本とした解法は、事前バウンドだった。おそらく何らかの設定ファイルの類から設定を読み出してそのConfig構造体を初期化した際に、見つけた問題は全部解決できたので、isServerBlockedをもっと楽に実装できるようになった。

となると、ぼくが実際に何か改善したってわけじゃないのかもしれない。ぼくがやったことは、問題の場所を移動させたにすぎないように見えるからだ。確かに、isServerBlockedのこの実装はずっと単純だけど、単純なのは、どこかになきゃいけない解析と検証のコードを省いちゃったからでは？ 設定ファイルにある何百個ものオプションの解析コードを書かなきゃいけないってのは、楽しくなさそうだ。

JSONライブラリーを使って設定ファイルを読み取るが、コード内で設定オプションにアクセスする際はConfig構造体を使うというように、2つのアプローチを組み合わせることを妨げるものは何もない。JSONパーサーが読み込んだデータをConfig構造体として復元(unpack)する関数を書くだけだ。適切なヘルパー関数群があれば、難しくはない。

---

†4　訳注：遅延バウンド／遅延バインディング（late bound/late binding）または動的バウンド（dynamic bound）とは、主に動的型付けプログラミング言語で、オブジェクトに対して呼び出すメソッドをメソッド名に基づいて実行時に検索し、見つかったメソッドをオブジェクトに結び付け（bind）呼び出す方式を指す。静的型付けプログラミング言語でも、C++の仮想関数呼び出しやJavaのリフレクション等の機能は遅延バウンドとされる。事前バウンド／事前バインディング（early bound/early binding）または静的バウンド（static bound）とは、静的型付けプログラミング言語で、プログラムをコンパイルする段階で変数の型や関数のアドレスが確定し、そのような事前に確定済みの保存された情報に基づいて実行時に関数を呼び出す方式を指す。

```
void unpackStringArray(
    const Value & value,
    const char * keyPath,
    set<string> * strings)
{
    const Array * array = evaluateKeyPathToArray(value, keyPath);
    if (array)
    {
        for (const Value & valueString : array->m_values)
        {
            if (!valueString.isString())
            {
                log("%sは文字列の配列であることが期待される", keyPath);
            }

            strings->emplace(valueString);
        }
    }
}

void unpackConfig(const Value & value, Config * config)
{
    unpackStringArray(
        value,
        "security.blocked_servers",
        &config->m_blockedServers);
}
```

　設定ファイルのオプションは何百とあるが、そのほとんどは単純な型、あるいは単純な型のリストで、単純で階層的な名前空間を通じてアクセスされ、非常に単純だ。十数個の「unpack」関数でほとんど全て処理できる。構造化されたデータのリスト（JSONで言えばオブジェクト［Object］の配列［Array］）を扱う場合は、コードをちょっと書かなきゃいけないが、ややこしいコードってわけじゃない。

　そんな風に構成してやれば、前に触れた問題のいくつかを解決できる。設定ファイルから設定を復元した際に問題が全部報告されるので、設定ファイルの問題をいち早く発見できる。同じ問題に関する複数の報告でログをごみだらけにすることもない。設定ファイルに必須のオプションがあれば、そういうオプションが存在することを期

待したコードを書ける。必須オプションがなかったら、起動時にunpackConfig関数がエラーを報告し、処理失敗って結果で終了できる。

でもまだ、問題が全部片付いたわけじゃない。以前に、設定ファイルの書式をどうにかしてドキュメント化する必要があると書いたが、その問題に対しては何の進展もない。また、認識できない設定オプションを設定しようとしているのを検出するために何かやってるわけでもない。

今ぼくの手元にある実装では、こういう設定ファイルがサポートする構造は、設定ファイルの内容を設定へと復元するコードによって定義されている。従って、実装の中で行われている復元関数の呼び出しを元に、設定ファイル用の構造を推論するという方法があるかもしれない。例えば、コードは設定ファイル全体を復元しているので、JSONファイル内にある復元されていないものはサポートされていない、と推論できるかもしれない。JSONのどの部分が正常に復元されたかを追いかければ、JSONファイルのうち復元されなかった部分は全て、認識しないオプションとして報告できる。

設定の全体を復元するので、設定ファイルにある全てのオプションの名前と型が同じようにして分かる。名前と型があればそこから、サポートされているオプションと型とを列挙した最小限のドキュメントを作れる。結局のところ、なんにもないよりは最小限のドキュメントがあるだけマシってわけだ。そしてこの最小限のドキュメントは、コードから直接引き出されているので、信頼に足る正確さを備えるという、巨大な長所があるのだ！

以上を両方ともやるのは、可能と言えば可能だが、単純ではない。認識できないオプションを検出して報告するコードを、ぼくは書いてみた。そのコードはひどく長いわけじゃないものの、この章に収めるには長すぎた。おまけに、問題空間の方から後ろに向かうんじゃなく、作った解法の方から前に向かって進んでいくような感じがした。

さてここで話はがらりと変わり[5]

突拍子もないアイデアがある。設定ファイルの構造を、書いたコードを元にして推

---

[5] 訳注：原文は "And Now for Something Completely Different" で、イギリスのコメディグループMonty PythonのTVシリーズ『空飛ぶモンティ・パイソン』(1969-1974) での登場人物のセリフから来ており、Monty Pythonの映画第一作 (1971)（邦題『モンティ・パイソン・アンド・ナウ』）の題名にもなっている。

論するのに苦労してるってのが問題なら、物事をひっくり返してみたらどうだろう？
まず構造を定義し、次いでその構造からコードを推論するのだ。

　最初に警告しとくが、今回の例はかなり長い！　結果から後ろ向きにたどっていく
というやり方がどんな風になるものか、「タネも仕掛けもありません」みたいな全開
の例を作りたかったのだ。その上で、今回の例でのコードは、備える機能の割に驚く
ほど引き締まった形に仕上がっている。

　本書で出てくる様々な例の中でただ1つ、このコード例はそのまま使える。てなわ
けで、これから数ページ、お付き合いいただきたい！

　この単純な例では、設定オプションを全部管理するためにグローバルな構造体を
使って、こんな風に設定ファイルの構造を定義したりする。

```
struct Config
{
    Config() :
        m_security()
        { ; }

    struct Security
    {
        Security() :
            m_blockedServers()
            { ; }

        set<string> m_blockedServers;
    };

    Security m_security;
};
Config g_config;

StructType<Config::Security> g_securityType(
    Field<Config::Security>(
        "blocked_servers",
        new SetType<string>(new StringType),
        &Config::Security::m_blockedServers));
```

```
StructType<Config> g_configType(
    Field<Config>("security", &g_securityType, &Config::m_security));
```

　コードにC++テンプレートの荒業的なところがちょいとある[†6]とはいえ、コードの意図はかなり明白なはずだ。JSONファイル内の各オブジェクトは、StructTypeテンプレートを使いグローバル変数で表されている。ここでは「security」オブジェクトは、g_securityTypeによって表されている。「security.blocked_servers」設定ファイルオプションは、g_securityTypeの一部として表される。設定ファイル全体は、g_configTypeとして表される。

　こんな風に各JSONオブジェクトを表すものが、JSONオブジェクトからC++構造体への変換を定義する。こういう変換をやるには、4つの情報が分からないといけない。オブジェクトのフィールドのJSONキーと型、およびそれらに対応するC++構造体のC++型とメンバーへのポインターだ。C++でこの手のメタプログラミングをやるとちょっとややこしくなるが、やれないこともない。

　難しいのは、処理を型安全[†7]に保つためにC++の型情報をあちこちへ持っていくところだ。そのために、C++とJSON間で対応する型を組み合わせるテンプレートクラスを定義している。

```
struct UnsafeType
{
protected:

    template <typename T> friend struct StructType;
```

---

†6　訳注：著者によると、Sucker Punch社では実際にC++テンプレートを使っており、内製のコンテナークラスや、コンパイル時に評価されるロジックや、入れ子になったテンプレートやテンプレートの特殊化など、主にライブラリー向けに利用している。テンプレートの利用はチームごとのポリシーに委ねられており、軽い利用は問題ないが、Boostライブラリー並みの多用は良しとされていない。本章のコード例レベルのテンプレート利用は、ここぞという場所でしか行われていないものの、Sucker Punch社では問題ないレベルということだった。

†7　訳注：型安全（type safe）とは、あるプログラミング言語について、あるデータに対し実行できる処理がそのデータの型によって決まっている状態を指し、この状態が保たれている度合いを型安全性（type safety）という。型安全性が高いほど、プログラムは未定義の状態に陥りにくい。型安全かどうかという軸は、弱い／強い型付け（無関係な型同士を暗黙的に変換し型システムを回避できるかどうか）や、静的／動的型付け（型チェックがプログラムのコンパイル時か実行時のどちらで行われるか）といった軸とは直交する。

275

```
    virtual bool tryUnpack (const Value & value, void * data) const = 0;
};

template <class T>
struct SafeType : public UnsafeType
{
    virtual bool tryUnpack(const Value & value, T * data) const = 0;

protected:

    virtual bool tryUnpack(const Value & value, void * data) const override
        { return tryUnpack(value, static_cast<T *>(data));  }
};
```

　　SafeType抽象構造体は、特定のC++型に対し、**型安全な復元処理**を提供する。この処理では、文字列は文字列変数として復元され、整数は整数変数へ復元される、といった具合に復元が行われるよう保証されている。ほとんどの場合、SafeTypeを使って復元を行うことになる。構造体に取り掛かる頃には、（UnsafeTypeが導入する、型安全でない復元インターフェイスのおかげで）コードは若干単純になるが、（テンプレートを使った多少の芸当のおかげで）型安全であることに変わりはない。
　　以下は、各種C++型向けのSafeType定義だ。

```
struct BoolType : public SafeType<bool>
{
    bool tryUnpack(const Value & value, bool * data) const override;
};

struct IntegerType : public SafeType<int>
{
    bool tryUnpack(const Value & value, int * data) const override;
};

struct DoubleType : public SafeType<double>
{
    bool tryUnpack(const Value & value, double * data) const override;
};

struct StringType : public SafeType<string>
```

```
{
    bool tryUnpack(const Value & value, string * data) const override;
};

bool BoolType::tryUnpack(const Value & value, bool * data) const
{
    if (value.isTrue())
    {
        *data = true;
        return true;
    }
    else if (value.isFalse())
    {
        *data = false;
        return true;
    }
    else
    {
        log("true または false が期待される ");
        return false;
    }
}

bool IntegerType::tryUnpack(const Value & value, int * data) const
{
    if (!value.isNumber())
    {
        log("数値が期待される ");
        return false;
    }

    double number = value;
    if (number != int(number))
    {
        log("整数が期待される ");
        return false;
    }

    *data = int(number);
```

```
    return true;
}

bool DoubleType::tryUnpack(const Value & value, double * data) const
{
    if (!value.isNumber())
    {
        log("数値が期待される");
        return false;
    }

    *data = value;
    return true;
}

bool StringType::tryUnpack(const Value & value, string * data) const
{
    if (!value.isString())
    {
        log("文字列が期待される");
        return false;
    }

    *data = static_cast<const string &>(value);
    return true;
}
```

　これは、Configの例で前にやっていたインスタンス化と同じ類のコードだ。ここでは型クラスの形に作り込んであるが、目的は同じで、JSONの値の型をチェックした上で、ネイティブの値に変換している。これにより、整数であると分かっている設定の値とか、一般的な場合を処理できる。JSONの数値は浮動小数点数なので、IntegerTypeのコードは、浮動小数点数の値が実際は整数なのかチェックする。

　単純な型にとどまらず、設定ファイルの例で出てきたブロック対象サーバーのリストみたいな、文字列のリストを見てみよう。そういうリストを表現するためにC++のsetクラスを使ったので、SetTypeを作らなきゃいけない。

```
    template <class T>
```

```
struct SetType : public SafeType<set<T>>
{
    SetType(SafeType<T> * elementType);
    bool tryUnpack(const Value & value, set<T> * data) const override;

    SafeType<T> * m_elementType;
};

template <class T>
SetType<T>::SetType(SafeType<T> * elementType) :
    m_elementType(elementType)
{
}

template <class T>
bool SetType<T>::tryUnpack(const Value & value, set<T> * data) const
{
    if (!value.isArray())
    {
        log("配列が期待される");
        return false;
    }

    const Array & array = value;
    for (const Value & arrayValue : array.m_values)
    {
        T t;
        if (!m_elementType->tryUnpack(arrayValue, &t))
            return false;

        data->emplace(t);
    }

    return true;
}
```

設定ファイルのオプションが何百個もあると、リストもいくつかありそうだ。vectorをラップするVectorTypeは、読者のために練習問題として残しておこう。

VectorTypeはSetTypeとほぼ同じになる。唯一の違いは、SetTypeがsetクラスの
emplace()[8]メソッドを呼び出すのに対し、VectorTypeはvectorのpush_back()メ
ソッドを呼び出す点だ。

　最後に処理するのは、JSONオブジェクトとC++構造体の対応付けだ。あるいは、
もっと正確に言うと、JSONのキーと値のペアを、C++の構造体やクラスが持つ、
メンバーに対応付けることだ。StructTypeが使う、型安全なField構造体を定義して
おく。

```
template <class S>
struct Field
{
    template <class T>
    Field(const char * name, SafeType<T> * type, T S:: * member);

    const char * m_name;
    const UnsafeType * m_type;
    int S::* m_member;
};

template <class S>
template <class T>
Field<S>::Field(const char * name, SafeType<T> * type, T S::* member) :
    m_name(name),
    m_type(type),
    m_member(reinterpret_cast<int S::*>(member))
    { ; }
```

　Field構造体では、型安全性をちょっと違った形で処理している。型安全性を、コ
ンストラクターが課すのだ。SafeTypeへのポインターtypeと、メンバーへのポイン
ターmemberが、一致する型Tを保持してることを要求するようにしている。そうし
ておけば、Field構造体の中にある、UnsafeTypeポインターの値m_typeと、メンバー
へのポインターを整数ポインターにした値m_memberは、型安全じゃなくても安全に
使える。保持している型が実は一致しているってのが分かってるからだ。

---

†8　訳注：引数を新しい要素としてsetに挿入するメソッド。

　StructTypeは驚くほど単純明快になる。今回の例ではイカれたC++テンプレートが他にもいろいろすでに出てきてるのを承知の上で、コンストラクターでは、**可変引数テンプレート**（可変個数の引数を取るテンプレート）を使うことにする。毒を食らわば皿までだ。

```
template <class T>
struct StructType : public SafeType<T>
{
    template <class... TT>
    StructType(TT... fields);

    bool tryUnpack(const Value & value, T * data) const override;

protected:

    vector<Field<T>> m_fields;
};

template <class T>
template <class... TT>
StructType<T>::StructType(TT... fields) :
    m_fields()
{
    m_fields.insert(m_fields.end(), { fields... });
}
```

　tryUnpackメソッドはかなり単純だ。このメソッドでは、JSONオブジェクトのフィールドをループして、各フィールドをStructTypeのフィールドと照合する。ループをこういう風に作ることで、設定ファイルに入ってる認識できないオプションを簡単に報告できるようになり、ずっとあった問題を1つやっつけられた[9]。

```
template <class T>
bool StructType<T>::tryUnpack(const Value & value, T * data) const
{
```

---

†9　訳注：【コード例解説】ルール16の章末に、詳細を記した（284ページ）。

```
if (!value.isObject())
{
    log("オブジェクトが期待される");
    return false;
}

const Object & object = value;
for (const auto & objectValue : object.m_values)
{
    const Field<T> * match = nullptr;
    for (const Field<T> & field : m_fields)
    {
        if (field.m_name == objectValue.first)
        {
            match = &field;
            break;
        }
    }

    if (!match)
    {
        log("認識できないオプション%s", objectValue.first.c_str());
        return false;
    }

    int T::* member = match->m_member;
    int * fieldData = &(data->*member);

    if (!match->m_type->tryUnpack(objectValue.second, fieldData))
        return false;
}

return true;
}
```

　JSONライブラリーからValueを取得したら、設定ファイル用に構築した
StructTypeにtryUnpackを呼び出すだけだ。

```
bool tryStartup()
{
    FILE * file;
    if (fopen_s(&file, "config.json", "r"))
        return false;

    Stream stream(file);
    Value value;
    if (!Value::tryReadValue(&stream, &value))
        return false;

    if (!g_configType.tryUnpack(value, &g_config))
        return false;

    return true;
}
```

　今のところいい感じだ！　しっかりとした型安全な動作をする設定ファイル解析機能が手に入り、そういう機能を入れるのにコードをたくさん書かずに済んだ。型と復元ロジックの全体が、300行以下のC++コードに収まっている。本書の中では巨大なコード例だが、大多数のコード開発プロジェクト内だと非常に小さな部分でしかない。今回の例では設定オプションが何百個もあるため、コード実装にかかるコストはあっという間に償却されて消える。設定ファイルのスキーマに関する説明を、コード自身によってドキュメント生成するにはまだ至っていないが、追加は簡単。各フィールドに説明文字列を付加した上で、ドキュメント生成用に型の階層を解析する、単純な再帰下降構文解析[10]のコードを書けばいい。

---

†10　訳注：各非終端記号に対応する関数を用意し、構文解析木の根から末端に向かう（下降する）ようにして構文解析を行う方法。

前を向いて進むこと、後ろ向きにたどっていくこと

　本章では、設定ファイルを解析するための道を2つ探った。第一の道では、設定ファイルの書式から出発した。オプションを全部JSONで表現できることに気づき、使える状態のJSONパーサーがあるのを認識し、そこからとにかく前に進んだ。そしてこの方法は、申し分なくうまくいった。設定ファイルは簡単に解析できたし、解析結果からオプションを抽出するのも実に簡単だった。

　第二の道では向きを変え、問題を別の観点から見てみた。別の観点とは、設定ファイルを解析するプログラマーの観点ではなく、サポートされている何百個もの設定オプションを実装するプログラマーの観点だ。第一の道では、実装するには便利だが、使うには不便な解法を選んでしまっていた。第二の道では、技術から出発し前を向いて進むんじゃなく、望ましい解法から出発して後ろ向きにたどっていった。やがて行き着いた解法は、第一の道での解法よりも単純かつ優れた解法となったのだった[†11]。

訳注9：【コード例解説】

　1つ先のコード例にあるtryStartup()内で、読み込んだJSON内容の設定としての復元処理をg_configType.tryUnpack(value, &g_config)を呼んで開始すると、&g_configの型はConfig*であり、T=Configとしてこのコード例のStructType<T>::tryUnpackメソッドが呼び出され、引数のdataはConfig*型となる。

　match->m_type->tryUnpack()では、UnsafeType<Config>::tryUnpack(const Value & value, void * data)が呼び出される。ここで、match->m_memberは、Security型のConfig::m_securityデータメンバーを指す「クラスのメンバーへのポインター」(Configクラス内でのm_securityの位置を示す)を、さらに整数型データメンバーへのポインター(int Config::*型)へとreinterpret_castしたものである。data->*memberとしてやると、memberはメンバーへのポインターなので*で参照外しであり、さらに&でそのアドレスを取得してやると、dataが指す特定のConfigオブジェクト内でm_securityデータメンバーの実体が始まる位置のアドレスを取得していることになる。そのアドレスは、memberが整数メンバーポインターであるせいで参照外しした実体データが整数として扱われているためint*型となり、fieldDataに入れてmatch->m_type->tryUnpack()のvoid*型引数dataとして与える。

[†11]　こういうのをやる話に興味があるなら、プロトコルバッファー（https://protobuf.dev/）とかのコード生成ソリューションや、clReflect（https://github.com/Celtoys/clReflect）みたいなC++リフレクションによる魔術も見てみるとよい。

match->m_typeの実体は&g_securityTypeであり、型はStructType<Config::Security>*であるので、match->m_type->tryUnpack()が呼び出されると、SafeType<Config::Security>::tryUnpack(const Value & value, void * data)内でdataはConfig::Security*型にstatic_castされてConfig::Security* dataを引数とする方のtryUnpackメソッドが呼び出され、今度はStructType<Config::Security>型のg_securityTypeの復元がこの同じコード例のtryUnpackメソッド（ただしT=Config::Security）内で始まる。

　このようにして、入れ子になったJSONオブジェクト内のキーに相当するC++オブジェクトを順次復元していく。

大きな問題ほど
解決しやすいこともある

「遭遇するどの問題に対しても、一番退屈なアプローチを選ぶこと。問題解決への刺激的なアプローチを思いついたとしても、そういうアプローチは多分悪い考えだ。」

本書に出てくるアドバイスの大半をこう言い換える読者がいても、責めたりはしない。ここでの**ルール**の多くは、場の雰囲気を若干盛り下げかねない。そういう**ルール**は、問題解決に使えそうな面白いテクニックや賢いテクニックを指摘したかと思うと、直後に、そのテクニックを使うのは悪い考えだと教えてくれたりする。そして、単純で退屈なアプローチが、**ほとんど**常に最良のアプローチであるってのも事実だ。でも、「ほとんど」でしかない!

ある極めて特別な機会に、叢雲が分かれて現れた荘厳な雲間を通じ、天から降り注いだ一筋の光芒が、キーボードに向かうきみを暖かく包んで照らす[†1]。そしてその輝かしい一瞬の間に、今取り組んでいる特定の問題が何であれ、その問題のもっと一般的なバージョンを解決する方が、単純かつ容易だってことに気づくのだ。

滅多に訪れない機会だから、大いに楽しんでほしい。そういう機会が実際に到来した暁には、機会に乗じる準備が整っていることが望ましい。単純なコードを書き、一般的問題を解決し、その利那を大いに喜び祝うべきだ。

結論へジャンプする

例えば、こんな感じだ。Sucker Punch社が初期に出したゲームの1つでは、プレイヤーはアライグマの怪盗Sly Cooperとして、各レベル[†2]を飛び回る。Slyはとて

---

†1　こういう隠喩を使っても勘弁してくれるよね。ぼくみたいに35年間シアトルに住んでると、雲を使った隠喩を体得してしまう。(訳注:アメリカ合衆国の北西部ワシントン州に位置するシアトルは、夏を除き小雨や曇りの日が多いとされる)

†2　訳注:レベル (level) は、ゲーム内領域の構成単位。日本語で「ステージ」や「面」と呼ばれるもの。

も機敏で、空中へ跳躍したかと思うと、ちっぽけな突起に着地したり、ビルとビルの間に張り巡らされた細い綱の上に止まったりする。操作方法は単純。×ボタンを押してジャンプし、コントローラーにあるスティックの1つで空中にいるSlyの軌道を（物理的に不可能だが完全にそれっぽく見えるような形で）曲げ、それから○ボタンを押して尖塔や綱渡りの綱みたいなものに着地するって具合だ[†3]。

　当たり前だが、そういうゲーム内容を全部実現するコードが存在してたってことだ！[†4]そのコードがやっている処理の中で一番ややこしい部分は、プレイヤーが○ボタンを押した時にSlyが着地する場所を選ぶところだった。○ボタンを押した時にどこに着地したいかプレイヤーには分かっている一方で、ゲーム側は何らかの方法でプレイヤーの意図を推量しなきゃいけない。推量が当たれば、プレイヤーは魔法みたいな推量の処理に気づきすらしないが、当たらなければ、プレイヤーは無茶苦茶イライラする。

　プレイヤーの頭の中にある着地点を推量するのは、言うほど簡単なことじゃない。Slyが綱の方に向かうようプレイヤーが操作していて、着地できそうな他の場所が近くにない場合を考えてみよう。コードは、プレイヤーが綱の**どこ**に着地しようとしてるのかを判断しなきゃいけない。そういう位置を選ぶアルゴリズムとは、どんなものなんだろう？

　単純な答えだと、あまり良い結果は出ない。綱の上の場所で、Slyが現在いる位置に最も近い場所にSlyを向かわせるというのは、たいしてうまくいかなかったりする。例えば、綱に沿ってジャンプしてる最中だと、ボタンを押した時にその上にさしかかってたところへと、後ろ向きに吸引されてしまう。こういう問題だけとにかく回避するには、前方に向かうSlyが現在たどりつつある軌道を予測し、綱の上の場所でその軌道に最も近い場所に着地させればよい。この解法は前のやつよりはマシだったのだが、何の変哲もない場合でも依然としてひどく破綻してしまっていた。また、そういう一見単純に見える解法を実装するのは、綱が直線でなく3次曲線なので、実の

---

†3　訳注：PlayStationシリーズのゲームコンソールのコントローラーには、△○×□の4つのボタンと、1997年以降は2つのアナログスティックが付いている。

†4　このアルゴリズムは、米国特許7,147,560号の保護範囲に入ってる。すまんね、当時はソフトウェア特許が流行ってて。でもビビることはない。この特許は2023年12月12日に失効するので、その時点で、今回紹介するアルゴリズムを使って、アライグマ的な敏捷さを中心に据えた、きみ独自のプラットフォーマー（platformer）（訳注：キャラクターをジャンプさせて様々な地形を進ませるゲームのジャンル）を自由に作れるようになるのだ。

ところ全く簡単じゃなかった。

綱の上への着地が不自然っていう問題を解決しなきゃいけない。そのために、ハックめいたヒューリスティック[5]を毎回何か新たに試しつつどんどん破れかぶれになっていくプロトタイプが、続々出ては消える、長い連鎖の始まりだ。試行錯誤は何週間も続いた。何週間にもわたって七転八倒四苦八苦するのだ[6]。

ある日、どうせまた失敗する運命にある何番目かのプロトタイプと格闘していると、例の隠喩で言うところの雲間が開き、例の隠喩で言うところの光明が、キーボードに向かうぼくに差した。問題だったのは、小さく考えていたことなのだった。ぼくは、大きく考えるべきだったのだ。

ぼくは解析的解法[7]を探し、入力を与えられると最適な位置を吐き出す唯一の魔法の関数を見つけようとしていた（そして繰り返し失敗していた）。入力ってのは、Slyの位置と速度、プレイヤーによるコントローラーへの入力内容、そして綱のジオメトリーだ。今やぼくは、自分がやりたかったのは綱の上の最適な着地点の計算じゃないのだと悟っていた。ぼくが**本当に**やりたかったのは、綱の上にあるあらゆる点の適切さを評価し、最適なものを選ぶ関数を書くことだったのだ。

えーと、ちょっと違うか。実際には、綱の上にある個々の点についてそれぞれ関数を評価する必要はなく、**一番**適切な点を見つけるだけでよかったのだ。定義域（綱に沿った点群と同じに見なせるパラメーター）上で、コスト関数（適切さを計測する関数）を最小化する必要があった。

要は、最適化問題[8]を抱えてたってわけだ。まずは大きい方の問題を解決してから——つまり、ある浮動小数点数（float）を別の浮動小数点数に対応付ける関数について、局所最適解を求めてから、Slyがある点に着地する場合のコスト関数を書けば、コストが最小になる点を見つけられるだろう。そのコスト関数がプレイヤーの思い描

---

†5 訳注：ヒューリスティック（heuristic）は、理論的裏付けのある最適な解法や、最適な解法との差が一定範囲に収まる近似的解法ではなく、試行錯誤や経験則等を用いて直感的に構成した、もっともらしい解法。

†6 本書の著者自らが苦しみ抜いた数週間だった。当該コードを書いた張本人なのでね。

†7 訳注：解析的解法／解析解（analytic solution）は、数式を変形して厳密な解を得ること。これに対し、数値的解法／数値解（numerical solution）は、数式に実際に数値を入れ、試行を繰り返したりすることで近似的な解を得ること。

†8 訳注：目的関数（objective function）またはコスト関数（cost function）と呼ばれる関数の値を、最小または最大にするような変数を解として見つける問題で、変数の範囲に制約条件がある場合とない場合がある。

くものと一致すれば、ゲーム側が綱の上の正しい点を選ぶようになる。

　黄金分割最適化アルゴリズム（https://ja.wikipedia.org/wiki/黄金分割探索）は、かなりしっかりしている上に、実装は難しくない[†9]。

```
float optimizeViaGoldenSection(
    const ObjectiveFunction & objectiveFunction,
    float initialGuess,
    float step,
    float tolerance)
{
    // 目的関数用に、定義域と値域のペアを追跡する

    struct Sample
    {
        Sample(float x, const ObjectiveFunction & objectiveFunction) :
            m_x(x),
            m_y(objectiveFunction.evaluate(x))
            { ; }
        Sample(
            const Sample & a,
            const Sample & b,
            float r,
            const ObjectiveFunction & objectiveFunction) :
            m_x(a.m_x + (b.m_x - a.m_x) * r),
            m_y(objectiveFunction.evaluate(m_x))
            { ; }

        float m_x;
        float m_y;
    };

    // 最初に当て推量した値 (initialGuess) の周りで、
```

[†9] このアルゴリズムは複雑じゃないってのは、頭が痛くなるまで考えたりしなくても、以降のコードを読めば導き出せる。でも、これから過ごす10分間にはもっと有意義な使い道があるだろうって思うなら、Wikipediaの説明を見てほしい。結果的に、黄金分割最適化コードは、複数の問題を解決するのに役立った。Sucker Punchのコードベースではそのコードを数十か所から呼び出している。

```
// 最初の標本 (sample)3 つの組を得る

Sample a(initialGuess - step, objectiveFunction);
Sample mid(initialGuess, objectiveFunction);
Sample b(initialGuess + step, objectiveFunction);
```

// 「a」の側が「b」の側より小さな値域の値を必ず取るようにする。
// 最初の値域が運よく最小値を挟む値域だったりしない限り、
// そういう値域を見つけるまで「a」の方へ進んでいくことになる。

```
if (a.m_y > b.m_y)
{
    swap(a, b);
}
```

// 「mid」の値域の値が「a」と「b」の値域の値より小さい点を見つける。
// それにより、a と b の間のどこかに局所最小値があるのが保証される。

```
while (a.m_y < mid.m_y)
{
    b = mid;
    mid = a;
    a = Sample(b, mid, 2.61034f, objectiveFunction);
}
```

// 定義域について、十分に狭い範囲が得られるまでループする

```
while (abs(a.m_x - b.m_x) > tolerance)
{
    // 黄金分割が行われるところが、定義の範囲が大きい側の方になるように、
    // 「a」の側が「b」の側より大きな定義域の範囲を必ず持つようにする。

    if (abs(mid.m_x - a.m_x) < abs(mid.m_x - b.m_x))
        swap(a, b);

    // 「mid」標本 (ここまで当たりをつけた点の中で最良のもの ) と
    // 「a」標本との間の点を試す。その点が mid の標本より良ければ、
    // その点が新しい mid の標本となり、元の mid の標本は新しい
    // 「b」の側となる。mid の標本より良くなければ、新しい標本は
```

```
            // 新しい「a」の側となる。

            Sample test(mid, a, 0.381966f, objectiveFunction);

            if (test.m_y < mid.m_y)
            {
                b = mid;
                mid = test;
            }
            else
            {
                a = test;
            }
        }

        // 見つけた最良の定義域の値を返す

        return mid.m_x;
    }
```

　汎用の黄金分割アルゴリズムの実装をしっかりとやった上で、今度は綱の上に落ちる場合用の目的関数を実装できる。綱は、3次曲線の様々な表現方法の1つである、ベジェ曲線[†10]でモデル化した。実際のコードを少しだけ単純化すると、目的関数は、着地点まで落ちるのにかかる時間（つまり、プレイヤーが早期に着地できるような点が望ましい）に、その点へと着地するのに必要な最大加速度を掛け合わせたものだ。目的関数を計算するのに必要な背景情報、例えばSlyの現在の位置や速度は、目的関数を実装するオブジェクトの一部となっている。

```
    struct BezierCostFunction : public ObjectiveFunction
    {
        BezierCostFunction(
            const Bezier & bezier,
            const Point & currentPosition,
```

---

†10 訳注：ベジェ曲線は、複数の制御点を用いて曲線を描くアルゴリズムで、制御点の数より1つ少ない次数の関数で表される。ここでは3次関数で表現されているので、3次ベジェ曲線で、制御点は4つあるということになる。

```
        const Vector & currentVelocity,
        float gravity) :
        m_bezier(bezier),
        m_currentPosition(currentPosition),
        m_currentVelocity(currentVelocity),
        m_gravity(gravity)
    {
    }

    float evaluate(float u) const override;

    Bezier m_bezier;
    Point m_currentPosition;
    Vector m_currentVelocity;
    float m_gravity;
};
```

evaluateメソッドは、たいして複雑じゃない[11]。

```
float BezierCostFunction::evaluate(float u) const
{
    // 曲線に沿った点を求める

    Point point = m_bezier.evaluate(u);

    // その点の高さまで落ちるのに、どれだけ時間がかかるか計算する

    QuadraticSolution result;
    result = solveQuadratic(
            0.5f * m_gravity,
            m_currentVelocity.m_z,
            m_currentPosition.m_z - point.m_z);
```

---

[11] 訳注：【コード例解説】本書著者による、本コードの元になった米国特許7147560B2（https://patents.google.com/patent/US7147560B2/）に、加速度を求める式の説明が記載されており、初期位置から最終位置への軌跡自体もベジェ曲線となっている。最大加速度を求める2つの式は、この軌跡のベジェ曲線を表す3次関数の、現在時点と着地時点それぞれの2階微分である。

```
        float t = result.m_solutions[1];

        // 着地前に水平加速度を完全に落とすと仮定

        Vector finalVelocity =
            {
                0.0f,
                0.0f,
                m_currentVelocity.m_z + t * m_gravity
            };

        // 瞬間加速度と最終加速度を求める……
        // 3次曲線に沿って移動しているため、以下のどちらかが最大加速度となる

        Vector a0 = (6.0f / (t * t)) * (point - m_currentPosition) +
                    -4.0f / t * m_currentVelocity +
                    -2.0f / t * finalVelocity;

        Vector a1 = (-6.0f / (t * t)) * (point - m_currentPosition) +
                    2.0f / t * m_currentVelocity +
                    4.0f / t * finalVelocity;

        // Z軸の加速度は、重力だと分かっているので無視する

        a0.m_z = 0.0f;
        a1.m_z = 0.0f;

        // コスト関数を計算する

        return t * max(a0.getLength(), a1.getLength());
    }
```

　この関数に対して黄金分割最適化コードを実行したところ、ほぼ自然に感じられるような着地点が得られた。実際には多少の調整を要し、またevaluateの実装からエッ

ジケースは除外した[†12]。でも、最初に得られた結果でさえ、この解法に取って代わられた失敗続きのプロトタイプ群よりも優れていた。調整後は、完全に予測可能で自然に感じられるようになった。そして実際には、プレイヤーはコスト関数に合わせるように練習し、プレイヤーの考えていることをゲーム側もほぼ常に当てていた[†13]。

原則として、理解できない一般的な問題を解決しようとするよりも、理解している特定の問題を解決する方がいい場合がほとんどだ。**ルール4**によると、一般化には3つの例が必要だ。でも**ルール4**の真理は、**完璧な**普遍の真理ってわけじゃない。一般的な問題の方が、特定の問題よりも簡単に解けることもある。この場合、綱の上でSlyが着地する場所を選ぶという特定の問題は、解析的に解こうとすると難しい一方で、一般的な問題は比較的簡単に解ける。

前に進む明確な道筋を見出す

Sucker Punchの歴史を語る年代記を紐解き、そこから例をもう1つ挙げることにしよう……今回は、もう少し最近の例だ。『Ghost of Tsushima』では、プレイヤーは突発的に短距離ダッシュすることができる。このダッシュはたいてい、迫りくる攻撃を避けるのに使われる。プレイヤーはコントローラーのスティックを傾けて方向を決め、ボタンを押してダッシュする。その方向にパッ！ と身をかわすことで、主人公の侍である境井仁は危機を回避する。少なくとも、プレイヤーとしてはそういう風に感じる。

仁は、必ずしもプレイヤーの選んだ方向**ぴったりに**ダッシュするとは限らない。例えば、森の中で敵と戦っている最中、仁がダッシュして真っ直ぐ木に突っ込んでしまったら、たとえ厳密にはプレイヤーの選んだ方向であったとしても、面白くはない。ドジっ子の侍になりたいやつなんていやしない！ そこで代わりに、プレイヤーが選んだ方向に近づけつつも、木々を全部避けられる方向をコードが選んだ上でダッシュ

[†12] エッジケースは、そこまでひどいものじゃない。それに、コスト関数にペナルティを追加すれば十分簡単に処理できる程度のものだった。評価 (evaluate) 関数が曲線の端から外れた点を評価しようとした場合、ペナルティが追加される。このペナルティを注意深く設定することで、最適化コードが曲線の有効範囲へ再び向かうよう誘導できる。同様に、Slyがある点に到達するのに十分な高さまでジャンプしなかった場合にも、別のペナルティが追加される。

[†13] こういう最適化コードを使って問題を解決しようとする場合、最適化コードは最小値を見つけはするが、望む最小値ではないかもしれないのを承知しておくべきだ。コスト関数は慎重に作成すべきであり、最初に当て推量した値についても同様だ。

させるようにしている。プレイヤーは、何が起こったかなんて知ったこっちゃなく、ドジ侍どころか優雅な気分になり、みんなが幸せになる。

　Sucker Punchのエンジンには、ゲーム環境でのこの手の経路探索をやるコードがある。大まかに言って、プレイヤーが通れないエリアを回避しつつ、探索エリアの反対の端に到達しようとするような経路探索だ。そのコードを大雑把に単純化するとすれば、初期の点から探索エリアの端までの線分をチェックし、遭遇した障害物の周りを全部迂回し、できた経路のもつれを可能な限り真っ直ぐにする、というものだ。そのコードをかなり単純化すれば、「発見されたグラフ」上でのA*ってことになる[14]。

　この経路探索コードをそのまま使うのは、自然に思わせつつも優雅なダッシュの実現に向けた素晴らしい第一歩ではあったが、製品として出荷できるほどの出来じゃなかった。仁は、木々を優雅にかわしていくが、敵であれ味方であれ、他のキャラクターにはうっかりぶつかるドジな状態だ。経路探索のチェックを調整して、木だけじゃなくキャラクターも含めるというのが、当然の修正だった。だが、木以外を含める方法は、既存の経路探索コードが知っていることの中には入っていなかったのだ！ 既存の経路探索コードは、木とか建物とか、環境内にある固定された障害物に対しては有効だった。でも敵キャラクターがプレイヤーに向かって突進してくる場合のような、一時的な障害物については、何も分かっていなかったのだ。

　でもそういう一時的な障害物のサポート追加は、さほど難しいことじゃないように思えたので、ぼくはそれを実行した。単純なレベルでは、経路探索のコードは、経路と障害物の交差をチェックする。経路が障害物にぶつかると、経路探索コードはその障害物を迂回する新しい経路を作る。従って、キャラクター向けのサポート追加は、2つのことを意味する。第一に、経路とキャラクターの交差チェック、第二に、経路にキャラクター周辺を迂回させることだ。どちらもさほど難しくはないにせよ、キャラクターは円形で表現されていたので、完全新規のコードになった。さらにおまけの問題が加わり、キャラクター用に確保された空間と環境内の障害物との交差や、キャラクター同士の交差も気にしなきゃいけない。こういう交差は全部、経路の終端点と

---

[14] A*アルゴリズム（https://en.wikipedia.org/wiki/A*_search_algorithm）（訳注：ヒューリスティックに基づいたヒューリスティック関数を探索の効率化に用いる経路探索アルゴリズム）は、そんなに複雑じゃないが、それでもここで説明するには内容が多すぎる。「発見されたグラフ」ってのは、理論的な探索空間が、世界の中にあるあらゆる点同士のペア間のリンクで構成されてるって話だ。世界の中にある全障害物を、点同士のペアの間にある線で切り取ることにより、点同士のペアのうち点同士が互いにアクセス可能なのはどれかってのが、処理が進むにつれて発見されていく。

して妥当だった。

　うげぇ。この方法はちゃんと機能はしたものの、たくさんの新しい場合分けを処理するために、新しいコードが大量に必要になってしまった。そのせいで、プレイヤーのダッシュっていう特殊な場合を処理するためだけに、複雑な経路探索コードがさらに複雑になってしまった。それから、キャラクター用に形成した単純な円形の障害物が、キャラクターの移動についてはあまりうまく機能しないのが分かった。そこで、代わりにロゼンジ型の障害物に変更したところ[15]、悪化してしまった。ぼくが追加していった分の余計な複雑さは、正当化のしようがなさそうだった。

　例の隠喩から、雲間と光明の出番だ。ぼくは間違った場所にコードを追加していたのだ！　結局のところ、経路探索のコードは、環境内にある任意のジオメトリーをもうサポート済みだった。木は円形の障害物であり、キャラクターが立ち止まっているのと全く同様だった。人間を一時的に木と見なせさえすれば、経路探索コードはその一時的な木を避けるだけでよく、ぼくが追加していたような余計な複雑性は全然要らなくなる。

　そういう視点に切り替えた途端に、前に進む明確な道筋が見えてきた。木や建物やフェンスやその他、環境を構成する固定的な要素は全て、単なる大きなグリッドで内部的には表現され、グリッド内の各セルには通行可能か不可能かの印が付けられている。そしてそこには、一時的な障害物を単純なインターフェイス経由で持ち込める。必要なのは、グリッド内に存在する特定のセルがふさがれているかどうかチェックする機能の追加だけだ。

```
struct GridPoint
{
    int m_x;
    int m_y;
};

struct PathExtension
```

---

[15] ある点から一定の距離にある点の集合が円であるように、ある線分から一定の距離にある点の集合がロゼンジ（lozenge）だ（訳注：lozengeは一般的には菱形という意味があるが、ここではstaduim形の意味で使われている。著者によると、lozengeには「のど飴」という意味もあるため、錠剤のようなカプセル形を指したつもりだったとのこと）。ペーパークリップや陸上競技トラックがロゼンジ形の例で、2つの半円が2本の平行な線でつながっている。

```
{
    virtual bool isCellClear(const GridPoint & gridPoint) const = 0;
};
```

その上で、この拡張インターフェイスは、線分に障害物がないかチェックしたり、ある方向に進む最適な経路を見つけたりといった、経路探索コードの基本的な呼び出しに渡せる。元の呼び出しは、次のコードのようなものだった。

```
class PathManager
{
public:

    float clipEdge(
        const Point & start,
        const Point & end) const;
    vector<Point> findPath(
        const Point & startPoint,
        float heading,
        float idealDistance) const;
};
```

そして、こっちが新バージョンだ。

```
class PathManager
{
public:

    float clipEdge(
        const Point & start,
        const Point & end,
        const PathExtension * pathExtension = nullptr) const;
    vector<Point> findPath(
        const Point & startPoint,
        float heading,
        float idealDistance,
        const PathExtension * pathExtension = nullptr) const;
};
```

clipEdge と findPath の内部的な詳細部分には、ほとんど影響がなかった。以前は巨大な経路探索グリッドをチェックしていたところ全てに、PathExtension インターフェイスへの追加チェックを入れた。これらの関数と、他のいくつかの似たような関数で、追加は合計十数行以下のコードになった。

この説明では、PathExtension インターフェイスを実装する作業を省いているが、その作業も同様に単純なものだった。

```cpp
struct AvoidLozenges : public PathExtension
{
    struct Lozenge
    {
        Point m_points[2];
        float m_radius;
    };

    bool isCellClear(const GridPoint & gridPoint) const override
    {
        Point point = getPointFromGridPoint(gridPoint);

        for (const Lozenge & lozenge : m_lozenges)
        {
            float distance = getDistanceToLineSegment(
                                point,
                                lozenge.m_points[0],
                                lozenge.m_points[1]);

            if (distance < lozenge.m_radius)
                return false;
        }

        return true;
    }

    vector<Lozenge> m_lozenges;
};
```

そして、これでおしまいだ。問題を直接解決しようとして格闘した1000行ほどの

汚いコードの代わりに、二十数行の単純なコードで解決した。

　新しいPathExtensionインターフェイスは明らかに、はるかに一般的になった。このインターフェイスは、グリッドに追加したい一時的な障害物を、形状やサイズや表現形式について何の条件もなく、どんな種類でも処理できる。これは、円形とロゼンジ形のサポートを固定で追加しただけだった最初の試みから一歩前進したものだ。でもこういう一般性が追加で足されたという点は、今回の話の要点では全くない。

　要点は、この解法がもっと一般的であるってことじゃなく、もっと特殊な、一般的でない解法よりも、単純で簡単に実装できるってことだ。実際、この文章を書いている時点で、Sucker Punchのコードベースには、今紹介したPathExtensionの実装が、1つだけある。ぼくらは追加された一般性の利点を享受していないが、それで全然問題ない。

機会を認識する

　たいていの場合、一般的な解法より、特定の解法の方が実装しやすい。自分が理解している問題を解決すべきだ。もっと一般的な問題を解決しようとするのは、もっと一般的な問題を解決する価値があると確信するのに十分な数の事例を得るまで、やめておこう[†16]。

　この**ルール**の例では、特定の問題より一般的な問題の方が単純で解きやすかったが、このような問題にぶつかることは、稀だ。本章での2つの例は、18年もの歳月（！）を隔てており、その間に解いた膨大な問題のほぼ全てが、単純かつ直接的に解決されたものだ。

　こういう一般的な解法ってのは稀だが、重要だ。本章の2つの例は、他の一握りの例とともに、Sucker Punchにとって重要な突破口となった。そういう突破口は、1番目の例（局所最適化コードを使ってゲームプレイ上のたくさんの問題を解決するよう促した）のように、新しいパラダイムを表すこともあれば、2番目の例のように、難しい問題に対する1回限りの解法でしかない場合もある。いずれの場合も、さらに優れ、さらに成功を収めた製品を生み出してきた。

　そこには、ある重要な問いが残されている。より一般的な解法が、より単純なコードを作成するようになる兆しとは、どんなものなのだろう？　自分のコードの中に、そういう機会を見出すには、どうしたらよいだろうか？

[†16] 「十分な数」とは「少なくとも3つ」だ。

四半世紀に及ぶSucker Punchでのエンジニアリングの歴史を振り返ると、ある共通点が見えてきた。一般的な解法がより単純な道となった事例の全てで、**観点を大きく変えることが必要だったのだ**。一般的な解法は、問題に関する全く異なる考え方を表していた。そういう新しい観点のおかげで、解法を根本的に単純にできたのだ。

今回の**ルール**の例では、観点の変更は技術的なものだった。1番目の例では、解析的アプローチから最適化アプローチに切り替え、2番目の例ではコードの全く別の部分に新機能を追加した。

でも時には、観点の変更が全然技術的じゃないこともある。例えば、ある機能について、自分のコードが間違ったユーザーをターゲットにしているのに気づくかもしれない。従来プログラミングチームが使ってきた機能をプロダクションチーム[17]に移したり、その逆をやったりすることで、もっと単純なアプローチができる道が拓けることが、ぼくらの場合よくあった。

でも問題に対する考え方が完全に間違っていたと気づく瞬間は、必ずある。そしてそういう悟りの境地に達した時にこそ、好機が到来する。雲が分かれて陽光が差し、単純な一般的解法を用いてただ1つの難問を解決するという、果てしない喜びを味わえることだろう。

---

[17] 訳注：著者によると、Sucker Punchのプロダクションチームはゲームのコンテンツ（レベル、スクリプト、3Dモデル／アニメーション、などのデータ）を作るチームで、コードを書くプログラミングチームが30人程度なのに対し、プロダクションチームには150人程度が属している。

コードに自らの物語を語らせろ

　本書では、コードを読みやすくすることに重点を置いている。コードの振る舞いを余計な抽象化で隠さないように注意したり、適切な名前を選んだり、問題に対して一番単純で実行可能なアプローチを選んだり、コードを読みやすくするためにやっていることは様々だ。読みやすいコードを書くことで、他のことが何もかも、もっとスムースに進むようになる。ぼくらはみんな、コードを読んだりデバッグしたりするのに、コードを書く時間よりずっと多くの時間をそもそも割いているからだ。コードをデバッグする際に、そのコードが何を達成しようとしてるかすぐ分かる方法があると、何が問題か理解するのがずっと楽になる。

　以上のことは、チームの一員として取り組んでいるプロジェクトには特に当てはまるが、1人のプロジェクトでも同じことが言える。それなりの規模のあるプロジェクトを何週間、何か月、ことによると何年もかけて1人で進めていると、昔書いたコードに再び詳しくならなきゃいけない羽目になる。そういうコードを書いた当時に頭の中で考えていたことは、どんなものだろうが全部消え去っていて、残っているのはコードそのものだけだ。この時点で、集団でやってるプロジェクトでの同僚とほとんど同じ立場に自分も置かれていることになる。そうなると、コードが何をしてるのか（あるいは何をしようとしてるのか）、読んで整理しなきゃいけない。

　こういう話を別の角度から考えると、要は、「未来の自分」とは「他人」なのだ。

　プロジェクトが1日か2日で片付いて放り捨てられるようなものでもない限り、自分のコードに他人として戻ってくるのを予期しておかなきゃいけない。「未来の自分」のために便宜を図って、読みやすいコードにしておこう。

　自分が書いたコードの一部を誰かに見せて説明していく場合を想像してみよう。自分のチームがコードレビューをやっているなら（コードレビューはやるべきだ。**ルール6**を参照のこと）、人に自分のコードを説明するのに多分慣れていることだろう。このコードは何を達成しようとしてるのか、このコードはプロジェクトの大局にどう

はまっているか、そしてコード内で行われている決定を行った理由について、次々と話していく。そして、ややこしい部分や小賢しい部分を全部指摘し（あまりないことを祈る）、まだ対処されていない問題には全部言及し、各部がどう組み合わさるか説明し、自分が書いた個々の関数を通っていく制御フローについておそらく語る。

要は、自分が書いたコードの物語を語ってるってわけだ。そういう物語を上手に語れば語るほど、聞き手の側はより早く、より完全に、そのコードを理解できる。そして完璧な世界では、コードについて語らずとも、コードが自らの物語を語ってくれることだろう。

これはかなり理想の高い目標だ。対象となる問題を解決するために、コードがやや複雑にならざるをえない場合は、特に理想が高くなる。そうであったとしても、自らの物語を語るコードは、常に目指していくべきだ。

真実じゃない物語を語るのはやめよう

では、コードが自らの物語を語るってのは、どういうことだろう？ これまで、適切な名前を選ぶこと（**ルール3**）や、コードの意図をできるだけ単純で明白にすること（**ルール1**）等、重要な概念についていくつか触れてきた。とどのつまり、複雑な物語を追っかけるよりも、単純な物語を追っかける方が、ずっと簡単だ！

本書では、書式整形やコメントの仕方について、まだまともに触れてはいない。**ルール**に付随するコード例には、ほとんどコメントがなかったりする。そういう風にしているのは、コメントに関する自分の立場を示しているわけじゃない。本書の中であれば、コード例について1段落まるごと説明の文章を書けるので、コードをコメントなしに保ってコンパクトにまとめるのが合理的だ。本じゃなく本物のコードにおいては、コメントはコードの可読性を高める大きな助けになりうる。

だからと言って、コメントなら何でもいいわけじゃない！ コメントってものが、善よりも多く害悪を及ぼす可能性は、十分ある。元から全く真実じゃないコメントもあれば、書かれた時は真実でも、その後、現実がかけ離れてしまったコメントだってある。

以下はその一例だ。

```
void postToStagingServer(string url, Blob * payload)
{
    // Connect::Retryのおかげで、有効なハンドルを必ず得られる
```

```
ConnectionHandle handle = connectToStagingServer(
                          url,
                          Connect::Retry | Connect::InternalServer);

// データを送信する

postBlob(handle, payload);
}
```

このコードはかなり簡単に見えるが、そんなことはない。1番目のコメントが間違っているのだ。このコードが書かれた当時は、Connect::Retryフラグが成功を保証していた。でも無限再試行（接続が成功するまでブロックしたまま関数が返らない）が良い戦略である状況なんてないと（今回の例では架空の）チームが判断した時、事態は複雑になった。Connect::Retryの挙動が変更されたにもかかわらず、元の挙動に依存していたこのコードには、新しい挙動に合わせるための変更が加えられなかったのだ。

従って今ではpostToStagingServerにバグがあるわけだが、connectToStagingServerはほとんどいつでも動作するので、あまり再現しない類のバグとなっている。特に、connectToStagingServerがエラー時に返す空のハンドルに対しても堅牢なようにpostBlobが書かれている場合、この問題をデバッグしようとしている哀れなプログラマーには同情する。哀れなプログラマーはコードを読み、コメントを見てそのまま受け入れ、本当は存在する問題を見逃して先に進んでしまう。

仮にそのコメントさえなければ、エラーが起こる可能性があるのが明白だったので、バグはもっと早く発見されたことだろう。古くなったコメントが引き起こす問題は、正確なコメントがもたらす利点を上回ると力説し、「全てのコメントは悪である」と主張するプログラマーがいるのは、この手の状況のせいだ。

ルール8が述べるように、実行されていないコードは動作しない、ってことを忘れないでほしい。あるコードが頻繁には実行されないようになると、動作しなくなるだろう。そして、実行されないので、動作しなくなったことに気づきもしないだろう。

ある意味、コメントってのは、決して実行されることのないコードだ。実行に一番近いのは、誰かがコメントを全部読んで、コメントを実際のコードと比較する場合になる。そういうことはあまり頻繁に起こらず、起こるとしてもあまり徹底的には行われないのが普通だ。従って、コメントが説明するコードの機能が、コメントの説明内

容から徐々に乖離していくと、コメントが「動作しなくなる」のは、驚くようなことじゃない。

　こういう事態を避ける一番簡単な方法は、コメントをアサートに変更することだ。関数の引数のうち1つが非NULLであると期待されてるとか、コメント内で言及しちゃいけない。非NULLである、ってのをアサートすべきだ。また今回の事例では、connectToStagingServer は常に有効なハンドルを返すとか主張しちゃいけない。有効なハンドルである、ってのをアサートすべきだ。伝えている物語は、同じになる。ただ、もっと効果的な方法で伝えているってだけのことだ。

物語に必ず意味があるようにしよう

　コメントが、間違ってはいないものの、役に立たないこともある。情報量の少ないコメントを、誰しも見たことがあるものだ。そういうコメントは、プロジェクト内の全コードが従わなきゃいけない何らかの決まったコメント追加スタイルが原因の、意図しない結果であることが多い。以下は、「全ての関数は、Doxygen[†1]を使ってドキュメント化必須」っていう、プロジェクト全体を対象とした命令に従っているコードの例だ。このコメントは、その命令が課すルールには従っているものの、情報を実際には何も渡していない。

```
/**
 * @brief ステージングサーバーにペイロード (payload: 送信データ内容)を送信する
 *
 * 与えられたペイロードを、与えられたアドレスにあるステージングサーバーへ
 * 送信するよう試み、送信が成功すれば @c true を、
 * 何らかの理由で失敗すれば @c false を返す
 *
 * @param url サーバーへの URL
```

---

†1　Doxygen は、奇妙な書式のコメントをソースコードから抽出し、抽出したコメントからプロジェクトのドキュメントを生成するツールとして、広く使われている。コードのすぐ側にあるドキュメントは、最新に保たれる可能性が比較的高いってのが、背後にある考え方だ。ぼくの経験では、「比較的」も「可能性が高い」も値としては低いところでしかないが、この考え方は正しい。C++プログラマー以外には、奇妙な書式についてお詫びする。実例を使いたかったのと、こういうドキュメント生成ツールはどれも、奇妙な書式をわざと使っている。その理由は、そういうツールが、処理の必要があるテキストに印を付ける目的で、そういう奇妙な書式を探すからだ。

```
 * @param payload 送信するデータ
 * @returns 成功の場合は true
 */
bool tryPostToStagingServer(string url, Blob * payload);
```

このコメントは何も間違ってはいない。ただあまり役に立たないってだけだ。関数名の最初にある「try」は、成功時にtrueを返す関数に印を付ける、プロジェクトでの規則であると仮定できる。実際にそうである場合、コメントに書かれている情報は全部、関数宣言が直接的に示しているってことになる。コメントは、新しいことを何も追加していない。単に関数名をあらためて述べていて、さらにまた述べ、その上で再度述べているってだけだ。

この例のように、コメントに関数の定義ではなく宣言が添えられているようだと、決まった書式のコメントが占めるスペースが、実際の関数宣言に充てられるスペースをすぐに超過してしまう可能性がある。それが、こういうコメント追加スタイルの場合にかかるコストだ。コメントのせいで、実際のコードを見つけにくくなってしまうのだ。コメントを書式に合わせようとしたためにコメント自体の中に出てくる不自然さのせいで、この問題は悪化する。コメント中の@cは、可読性を上げはしない[†2]。

良い点になるかもしれないところもある。Doxygenを使う意味は、コメントだけじゃなく、コメントから生成されるドキュメントにも存在する。エディターの、プロジェクト内を行ったり来たりするハイパーリンクを張る機能が発達したので、コメントから生成されるドキュメントは以前ほど有用じゃない。でもコメント追加が思慮深く行われるなら、相変わらず有用な場合がある。

でも、普通はそうじゃない。急いでいるプログラマーは、思慮深くコメントを書くわけもなく、急いでコメントを書く。別のことに進む前に、機械的な基準を満たそうとして、本節で出てきたような、正しいけれど情報に乏しいコメントを作成してしまう。個々の関数や型について、情報に乏しい内容が並んでいても、コードの紹介や参考として有用にはならない。そういうコメントを読んだところで、コードを通読しただけじゃ分からないような学びは何もない。

[†2] @cは、書体をクーリエ（Courier）みたいな固定幅フォントに設定されるべき用語に印を付ける。だから「c」ってわけだ。

良い物語を語る

　では、何があると良いコメントになるのか？

　一番明白な答えは、「良いコメントとは、コードについて**明白じゃない**何かを読者に伝えるコメントだ」、になる。前の例のように、明白なことを要約して繰り返すコメントは、正しいがあまり有用じゃない。良いコメントは、読者がコードを理解するのに役立つ。そして、コードが何故そのように書かれているか説明したり、関数の期待される使い方を示したり、さらなる作業が必要かもしれない何らかのロジックに印を付けたりする。

　良いコメントが果たす、もう1つ重要な役割がある。それは、コードを区切ることだ。コメントによって、コードのどの部分同士が組み合わさり、どの部分が別々の考えを表現しているかが分かる。こういう風にコメントは、文章を書く際のスペースや句読点のような役割を果たすのだ。スペースや句読点を含まない文を読むことはできる[†3]……でもスペースや句読点がある文章を読む方が、ずっと楽だよね？　スペースは単語を区切る。句読点は文や節を区切る。段落は別々の考えを区切る。

　コードも同様で、通常の文章作成で言うところのスペース追加や句読点が果たす役割を、コードではスペース追加やコメントが果たしている。例えば、以下のようになる（ここでは要点を誇張するために、変数向けに超コンパクトな命名スタイルを使用し、通常目にするコードと比べてスペースを圧縮して消す部分を多めにしている）。

```cpp
bool findPermutation(const string & p, const string & s)
{
    int pl = p.length(), sl = s.length();
    if (sl < pl) return false;
    int pcs[CHAR_MAX] = {}, scs[CHAR_MAX] = {};
    for (unsigned char c : p)
    { ++pcs[c]; }
    int si = 0;
    for (; si < pl; ++si)
    { ++scs[static_cast<unsigned char>(s[si])]; }
    for (;; ++si)
    {
```

---

†3　訳注：原文は、スペースも句読点もない「Youcanreadsentencesthatdontincludespacingorpunctuation」となっている。

```
        for (int pi = 0;; ++pi)
        {
        if (pi >= pl) return true;
        unsigned char c = p[pi];
        if (pcs[c] != scs[c]) break;
        }
        if (si >= sl) break;
        --scs[static_cast<unsigned char>(s[si - pl])];
        ++scs[static_cast<unsigned char>(s[si])];
        }
        return false;
    }
```

　この関数が何をしているのか、理解可能なのは確かだ。この関数には少なくとも説明的な名前が付いているので、有利なスタートが切れる。でももっと説明的な名前にして、別々の考えをスペースで区切り、区切った考えをそれぞれコメントで説明すれば、もっと読みやすくなるだろう。

```
// 検索文字列内に順列文字列の順列が出てくるかチェックする

bool tryFindPermutation(const string & permute, const string & search)
{
    // 検索文字列が順列文字列より短い場合、検索文字列に順列が出てくる
    // 可能性はない。その場合、処理を直ちに終了し、物事を単純にする。

    int permuteLength = permute.length();
    int searchLength = search.length();
    if (searchLength < permuteLength)
        return false;

    // 順列文字列内に各文字が何回出てくるか数える。
    // 数えた数を、検索文字列の方で保持している文字の出現回数と
    // 比較することになる。

    int permuteCounts[UCHAR_MAX] = {};
    for (unsigned char c : permute)
    {
```

```
    ++permuteCounts[c];
}

// 検索文字列内で最初に一致する可能性のある部分について、同様に数を数える

int searchCounts[UCHAR_MAX] = {};
int searchIndex = 0;

for (; searchIndex < permuteLength; ++searchIndex)
{
    unsigned char c = search[searchIndex];
    ++searchCounts[c];
}

// 検索文字列内で一致している可能性のある部分文字列をループしていく

for (;; ++searchIndex)
{
    // 現在の部分文字列が順列文字列に一致するかチェックする

    for (int permuteIndex = 0;; ++permuteIndex)
    {
        // 順列文字列内の文字を全てチェックして、文字を数えた数の
        // 不一致が全くなければ、順列を見つけ出したことになる。
        // その成功の印を付けるためにtrueを返す。

        if (permuteIndex >= permuteLength)
            return true;

        // 順列文字列内でこの文字を数えた数が、検索文字列の部分文字列内で
        // 数えた数に一致しない場合、その部分文字列は順列ではない。
        // 次の処理に移る。

        unsigned char c = permute[permuteIndex];
        if (permuteCounts[c] != searchCounts[c])
            break;
    }

    // 検索文字列内にありうる部分文字列を全てチェックしたら、処理を止める
```

```
    if (searchIndex >= searchLength)
        break;

    // 文字の出現回数を、次に一致する可能性のあるものに合わせて更新する

    unsigned char drop = search[searchIndex - permuteLength];
    unsigned char add = search[searchIndex];

    --searchCounts[drop];
    ++searchCounts[add];
}

    // 一致する順列が見つかった場合は直ちに関数から返り値を返すので、
    // ここに到達したら、部分文字列がなくなり、一致する順列は全く見つから
    // なかったということになる

    return false;
}
```

追っかけるのがずっと簡単になったよね？ 1つ前の例を読むと、何が起こっているか理解するのが難しい状況になるけど、こっちの例を上から下まで読めば、何をやっているか、何故そうしているのかが、正確に分かる。

文の中の単語をスペースで区切るのと全く同様に、スペースを追加すると個々のロジックが区切られる。インデントは、関連する思考をまとめる。変数の名前を適切に選択することは、変数の目的を理解する近道だ。適切な名前というのは、ドキュメントの最初かつ最も重要な部分だ。コメントは、文脈と説明を提供する。コードの「内容（what）」に対する「理由（why）」、つまり全体像に焦点を当てるのが、コメントなのだ。

コードを説明したり、説明されたりすることに慣れているなら、こういう書き方で書かれたコードを読むと、親しみを覚えるだろう。良いコメントってものは、まるで物語を読んでるような気分になる。

また、良いコードを、歌として考えることもできる。歌には音楽と歌詞があり、それぞれが補完的な役割を担っている。良いコードも同様で、実際のコードとコメントには、別々の、それでいて関連した役割がある。コードとコメントは、お互いを支え合ってるってわけだ。コードの行は、機能する部分であり、適切な命名と書式整形に

よって各行の機能が明確になる。コメントは、文脈でコードの機能の明確化を支援し、コードの各行がどのように組み合わさるのか、各行の目的は何なのかを説明する。

　読者の使っているコードエディターはおそらく、要素を色分けし、コメントはコードの行と別の色で表示されることだろう。ほとんどの人の脳は色を分類するのが得意だ。スペースの追加と色分けのおかげで、コードとコメントをまとめて見るのを容易にしたまま、コードとコメントにそれぞれ別々に注目するのがたやすくなる。楽譜を読むのも全く同様で、音楽は五線譜上に音符として現れ、歌詞はその横に印刷されて、ほぼ同じ位置にあるが分かれている。楽譜を読む時は、音楽に注目することも、歌詞に注目することもできる。

　良いコメントは、コードを複製するんじゃなく補完するのだ、ってのを覚えておくと、いい感じに落ち着くはずだ。コメントは、コードのむき出しの機械的構造を物語の中へと引き込むことで、かなり楽にコードを理解できるようにする。コードを無視してコメントを読み通し、コードの中で起こっていることをそれでも理解できたと感じられたなら、一流の仕事をやってのけたってことだ。

作り直しは並列で行うこと

　ほとんどの時間帯では、プログラマーがやる仕事の大半について、主要なコードベースから離れるのはごく短時間にすぎない。問題を調査し、その問題の解決に必要なファイルをチェックアウトし、変更のテストとレビューを行ってから、変更したファイルを元の基幹（main）ブランチにコミットすることになる。このサイクル全体を1日で完了させることもできるが、テストをやらなきゃいけない状況だと1日はかなり早い方だ。それよりは、ファイルがチェックアウトされた状態で何日かかけて完了させる方が普通だろう。

　でもやがては、こういう単純なモデルが破綻するような仕事に出くわす。例えば、他のプログラマーとチームを組んで何かやるとする。単独で作業してると、進行中の作業内容は自分のマシン上にしか存在しないが、誰かと組んで作業するとそうはいかない。進行中の作業内容の共有バージョンを、2人で維持しなきゃいけない。

　そういう場合の標準的な答えは、2人が計画した作業用に、ソースコードコントロールシステムで新しいブランチを作成することだ。このブランチは、最初は基幹ブランチのコピーとして作成されるが、作業が進捗するにつれて基幹ブランチの内容からすぐに離れていく。基幹ブランチの変更を自分のブランチに統合し、チームの他のメンバーが行っている作業に追いつき、基幹ブランチでの変更のせいで生じた競合を解決するという、時々訪れる機会をおそらく探ることになる。やがて作業が完了するので、最後にもう一度基幹ブランチと統合し、最終テストを行い、自分の作業分をレビューにかけ、チェックインする。

道の途上で起こる小さな問題

　以上のようなアプローチは機能する。標準的な答えになってるのは、それなりに機能するからだ。でも問題がないわけじゃない。

　例えば、基幹ブランチから来た変更を統合するのは大変なことがある。他のメンバーには、きみが自分のブランチで何をしてるかは見えていない。そのため、他のメンバーが、きみが取り組んでいる進行中の作業内容をぶち壊してしまいやすい。これは、きみが書き直している最中のシステムへの呼び出しを誰かが新しく追加した時みたいな、ちょっとウザい問題となりうる。もっと面倒な問題になる場合もあり、例えば、旧システムのバグを誰かが修正し、その修正が、きみが作り直したバージョンのシステムにも反映されてないといけないような場合だ。また、ソースファイルの構造を整理し直すってのを誰かが決めて、これまできみが拠りどころにしてきた差分を全部お釈迦にしちゃうような、本当に辛い事態だってありうる。

　旧システムを、稼働中のまま作り直すのが一般的だ。その場合、旧システムがどんな風に機能していたかを見失いがちになる。旧システムのソースコードから出発し、旧システムの機能を理解するためにそのソースコードを参照できるとはいえ、ソースコードの行を変更するたびに、どの挙動が元からあるものでどの挙動が追加されたのかが分かりにくくなる。そういう問題に対し、元のソースコード一式をまるごと参照用に保存しておくとか、元のソースコードとの差分を始終参照し続けるとかいった回避策を講じるのも、骨が折れる。

　大きなチームの一員だと、チームの他のメンバーが引っ掻き回した変更に追随していくだけでも難事となりかねない。通常、作業の中心部分として着目する部分は、ほんの一握りのソースファイルに限られる。でも、その中心部分に対する呼び出しが、何十個ものファイルに散らばっていることがある。そういうファイルのうちどれを変更しようが、マージの競合が発生する可能性がある。多人数の大きなチームが基幹ブランチへ変更をチェックインすると、別のブランチで作業中の小さなチームは、変更の統合にかかりっきりでいっぱいいっぱいになる恐れがある。

　ソースコードコントロールのブランチがこんがらかって迷子になってしまうのはよくある話だ。ブランチ作成がもたらす柔軟性は魅力的で、ついつい我を忘れてしまいがちになる。標準的アプローチとして説明した単純なブランチ作成法、つまり基幹ブランチから分岐してから後で再度合流する単一のブランチだったら、追跡が簡単だ。だが、それ以上複雑になり、問題に対する新しいアプローチをテストするための捨てブランチ、個人的なバックアップ用のブランチ、リリース用のステージング環境を管理する複数の基幹ブランチ等が出てきたりすると、かなり早いうちに迷子になってもおかしくない。

　Sucker Punchでは数個の大きな変更に際し、この「ブランチ作成と変更」という

標準的アプローチに従ってきた。その結果は目も当てられないものだったので、ぼくらは別の方法を試した。あるアプローチだとかなり良い結果を得ることができた。そのアプローチを「複製と切り替え」モデルという。

代わりに並列システムを構築する

このアイデアは、稼働中のシステムを変更する代わりに、並列システムを構築するというものだ。作業がまだ進行している最中は、その新システムへ作業中コードのチェックインが行われるが、新システムはそのシステムに対して作業中の小さなチームに向けてのみ（実行時の切り替えを通じて）有効になる。チームの大半は旧システムを使い、コードの新しい経路には全く触れない。新システムが稼働する準備ができたら、実行時の切り替えを使って全員向けに有効化する。全員が新システムをうまく使えるようになったら、プロジェクトから旧システムを切り離す。

Kent Beck[1]が発した素晴らしい格言（https://twitter.com/kentbeck/status/250733358307500032）があり、今回の場合に当てはまる。

> 望ましい変更それぞれについて、その変更を簡単にできるようにして（警告：簡単にするのは難しいかも）、その上で簡単な変更を行う。

この格言は、小さなプロジェクトに適用する分には単純明快な話だ。並列システムのテクニックは、この内容を、大規模プロジェクトでの大きな変更にも適用する方法ということになる。そういう大規模プロジェクトでは、準備作業は、複数のコーダーがコミットした多数のコード部分に及ぶ。並列システムを構築するのに要する大変な作業は全て、移行（cut-over）の時点に向けたお膳立てを整えるためにある。でもそういう大変な作業も、稼働中のシステムを直接書き換えるのを成功させる難しさに比べたら、相対的に簡単な部類に入るのだ。

具体的事例

現実世界での事例を見てみよう。文脈の設定に数ページかかるかもしれないが、そう遠くないうちに並列システムを構築するという考え方に戻ってこられると思う。

---

[1]　訳注：**ルール4**の訳注4参照。

　Sucker Punchでは、何でもかんでも標準のヒープアロケーターに依存するようなことはせず、スタック^{†2}に基づくメモリーアロケーターをコードの多くに用いている。スタックアロケーターの基本的な考え方は、確保したメモリーブロックを解放しない（少なくとも、**個別の**ブロックは解放しない）ようにして、メモリー確保を単純化することだ。標準のヒープアロケーターを使うと、確保した各ブロックは後で解放しなきゃいけない。スタックアロケーターはむしろ、コールスタック^{†3}上の変数のように動作する。つまり、関数内で確保されたブロックは全て、関数終了時に自動的に解放される。スタックに基づいたアロケーターは、ブロックの解放について心配しなくてよいので、使うのが簡単になっている。また極めて高速でもある。ぼくらがやるゲームプログラミングで起こりうる場面の大半では、高速であるってのは重要なことだ。

　スコープは、「コンテキスト」オブジェクトで定義される。スタックの確保は全て、現在のコンテキストに関連付けられる。コンテキストがスコープを外れると、そのコンテキストに関連付けられた全ブロックが解放される。ブロックは全て連続的に確保されているので、このまとまった解放は、各ブロックの確保と全く同様に極めて軽い処理だ。ポインターをあちこち引っ張り回しているにすぎない。以下がそのアロケーターになる^{†4}。

```
class StackAlloc
{
    friend class StackContext;

public:

    static void * alloc(int byteCount);
```

---

†2　訳注：スタックメモリーではなく、データ構造としてのスタック。**ルール2**訳注9参照。

†3　訳注：コールスタック（call stack）は、関数が終了時に戻るアドレスやローカル変数等、実行中の関数呼び出しの状態が保存されている、データ構造としてスタックを用いている領域（いわゆるスタックメモリー）。現在実行中の関数にまで至る各関数呼び出しに相当するスタックフレームが階層として重なっている。スタックの一番上に積まれた現在のスタックフレームの一番上を指すメモリーアドレスを、スタックポインター（stack pointer）という。

†4　訳注：【コード例解説】C++標準の仕様で、static変数は明示的に初期化しない場合0で初期化されるため、s_indexのメンバー変数m_chunkIndexとm_byteIndexの初期値は0である。

```
    template <class T>
    static T * alloc(int count)
        { return static_cast<T *>(alloc(sizeof(T) * count)); }

protected:

    struct Index
    {
        int m_chunkIndex;
        int m_byteIndex;
    };

    static Index s_index;
    static vector<char *> s_chunks;
};

StackAlloc::Index StackAlloc::s_index;
vector<char *> StackAlloc::s_chunks;

const int c_chunkSize = 1024 * 1024;

void * StackAlloc::alloc(int byteCount)
{
    assert(byteCount <= c_chunkSize);

    while (true)
    {
        int chunkIndex = s_index.m_chunkIndex;
        int byteIndex = s_index.m_byteIndex;

        if (chunkIndex >= s_chunks.size())
        {
            s_chunks.push_back(new char[c_chunkSize]);
        }

        if (s_index.m_byteIndex + byteCount <= c_chunkSize)
        {
            s_index.m_byteIndex += byteCount;
            return &s_chunks[chunkIndex][byteIndex];
```

```
    }

    s_index = { chunkIndex + 1, 0 };
  }
}
```

　スタックアロケーターは、メモリーの塊（chunk）のリストを追跡している。スタックアロケーターで言うところのブロックとは、リストの先頭にある塊から確保されたメモリーだ。確保するよう要求されたメモリーのサイズが、確保されたブロックが存在する終端の塊に収まる場合、その塊の中で最後に確保されたブロックの直後に新しいブロックを追加する。収まらない場合は、次の塊の先頭に追加し、必要な場合は新しい塊を確保する。

　コンテキストのオブジェクトは、スタックアロケーターのちっぽけなコードに輪をかけてちっぽけだ。次にブロックを確保する場所を記憶しているにすぎない。

```
class StackContext
{
public:

    StackContext()
    : m_index(StackAlloc::s_index)
        { ; }
    ~StackContext()
        { StackAlloc::s_index = m_index; }

protected:

    StackAlloc::Index m_index;
};
```

　こういうメモリー確保モデルには、利点がいくつかある。メモリーの確保は単純なポインター計算で、コンテキストの解放にはコストがほとんどかからないので、一般

的なヒープアロケーターよりずっと高速だ[5]。さらに重要なのは、連続的に確保された
たブロックがメモリー内で互いに隣り合っているため、非常に優れた局所性[6]を帯び
ていることだ。また、ブロックは自動的に解放されるので、ブロックの解放を忘れる
リスクがない。

　欠点もたくさんある[7]。でもスタックに基づいたメモリー確保が適する主なユース
ケースが、2つある。第一に、関数の内部ロジック用に一時作業領域を確保しなけれ
ばいけないことがよくあるが、スタックに基づいたメモリー確保はその用途に最適
だ。第二に、可変長データを返すなら、その返すデータ用の領域をStackAlloc経由
で確保するというのは実にうまくいく。

スタックアロケーターによるメモリー確保の実際

　元々のSucker Punch版スタックアロケーターによるメモリー確保は、前節のコー
ドと大体似たようなものだった。でも時間が経つにつれて、ほとんどの場合はスタッ
クに基づいたベクターを代わりに使うようにぼくらは移行していった。コードベース
をざっと検索したところ、スタックに基づいたメモリー確保を素で呼び出している箇
所は数百件だったが、スタックに基づいたベクターの利用箇所は5000件だった。

　以下は、スタックに基づいたベクターのクラスの簡略版で、メソッド名は標準
C++のvectorに合わせて選ばれている。

```
template <class ELEMENT>
class StackVector
{
public:

    StackVector();
```

---

[5]　そう、最適化の第一の教訓は、**ルール5**が説明するように「最適化するな」だ。ぼくらのゲーム
　　から採れた、高速な動的メモリー確保の重要性に関するデータが**ごまんと**ある、っていうぼく
　　の言葉を信じてほしい。

[6]　訳注：局所性 (locality) が高いと、ある処理に関連するデータ群がCPUのキャッシュに一緒に
　　載りやすくなり、スラッシングが起きにくくなる。**ルール2**、**ルール5**訳注参照。

[7]　一番重要な欠点は、コンテキストが有効な間しかブロックは存在しないってことだ。あるデー
　　タをコンテキストの有効期間より長く保持したいなんてことになったら、運が悪いとしか言い
　　ようがない。

```
    ~StackVector();

    void reserve(int capacity);
    int size() const;
    void push_back(const ELEMENT & element);
    void pop_back();
    ELEMENT & back();
    ELEMENT & operator [](int index);

protected:

    int m_count;
    int m_capacity;
    ELEMENT * m_elements;
};
```

こういうベクターの作成は、要素がない状態から始まるので、ほとんど無視できる
程度の軽さだ。ベクターの破棄も、同じくらい単純となる。解放するメモリーがない
ので、ベクター内にある各要素のデストラクターを呼び出すだけでいい。

```
template <class ELEMENT>
StackVector<ELEMENT>::StackVector() :
    m_count(0),
    m_capacity(0),
    m_elements(nullptr)
{
}

template <class ELEMENT>
StackVector<ELEMENT>::~StackVector()
{
    for (int index = 0; index < m_count; ++index)
    {
        m_elements[index].~ELEMENT();
    }
}
```

　ベクターの基本操作は単純明快だ。ベクターのサイズを変更しなければいけない場合、元のメモリーは解放しないでいいという点に注目してほしい。ベクターの要素を新しいストレージ領域にコピーしないといけないが、それだけで済む[†8]。

```
template <class ELEMENT>
void StackVector<ELEMENT>::reserve(int capacity)
{
    if (capacity <= m_capacity)
        return;

    ELEMENT * newElements = StackAlloc::alloc<ELEMENT>(capacity);

    for (int index = 0; index < m_count; ++index)
    {
        newElements[index] = move(m_elements[index]);
    }

    m_capacity = capacity;
    m_elements = newElements;
}

template <class ELEMENT>
int StackVector<ELEMENT>::size() const
{
    return m_count;
}

template <class ELEMENT>
void StackVector<ELEMENT>::push_back(const ELEMENT & element)
{
    if (m_count >= m_capacity)
```

---

†8　訳注：【コード例解説】reserve関数内のループで、m_elementsの要素m_elements[index]は、newElements[index]に代入後は要素としてアクセスすることはなく、また単純に代入するとELEMENTオブジェクトのコピーコンストラクターが呼ばれ、ELEMENTオブジェクトが大きい場合にコストが高くなる。そのため、C++標準のstd::moveを用いて右辺値にキャストし、ELEMENTのムーブコンストラクターが存在する場合はコピーコンストラクターではなくムーブコンストラクターが呼ばれるようにして代入のコストがなるべく低くなるようにしている。

```
    {
        reserve(max(8, m_capacity * 2));
    }

    new (&m_elements[m_count++]) ELEMENT(element);
}

template <class ELEMENT>
void StackVector<ELEMENT>::pop_back()
{
    m_elements[--m_count].~ELEMENT();
}

template <class ELEMENT>
ELEMENT & StackVector<ELEMENT>::back()
{
    return m_elements[m_count - 1];
}

template <class ELEMENT>
ELEMENT & StackVector<ELEMENT>::operator [](int index)
{
    return m_elements[index];
}
```

以下は、単純な使用例だ。

```
void getPrimeFactors(
    int number,
    StackVector<int> * factors)
{
    for (int factor = 2; factor * factor <= number; )
    {
        if (number % factor == 0)
        {
            factors->push_back(factor);
            number /= factor;
        }
```

```
        else
        {
            ++factor;
        }
    }

    factors->push_back(number);
  }
```

　今のところ、いい調子だ！　このクラスは、明確に定義されたいくつかの状況で優れたパフォーマンスを発揮するベクターにすぎず、非常に単純なので理解も簡単だ。スタックベクターがぼくらのコードベースで非常に広く使われている理由は、そこにある。

水平線上の雲

　でも厄介な問題がある。スタックベクターには、関数の一時作業用ストレージの確保と、関数から値を返すっていう、2つの主なユースケースがあるが、これら2つは両立しないのだ。説明しよう。

　あるビデオゲームで、プレイヤーから5メートル以内にいる敵（enemy）を返す関数を書きたい状況を想像してほしい。ある良さげなとっかかりを思いついたってところまで、さらに想像を進めよう。そのとっかかりってのは、近くにいるキャラクター全員を、プレイヤーとの感情的な関係がどうであれ、各キャラクターの位置と一緒にスタックベクターに全部入れて返す関数だ。そういうコードを呼び出して、近くにいるキャラクターを取得し、それから敵以外の全員をフィルター処理で外すというのが可能なはずだ。

　以下が、書きたいコードになる。

```
  void findNearbyEnemies(
      float maxDistance,
      StackVector<Character *> * enemies)
  {
      StackContext context;
      StackVector<CharacterData> datas;
      findNearbyCharacters(maxDistance, &datas);
```

```
    for (const CharacterData & data : datas)
    {
        if (data.m_character->isEnemy())
        {
            enemies->push_back(data.m_character);
        }
    }
}
```

でもこれは、前節で定義した単純なスタックアロケーターを使う限り、うまくいかない。

問題は、2つのスタックコンテキストがこんがらかってしまうことだ。findNearbyCharactersが返すキャラクターのデータ用にStackContextとStackVectorを作成するのは、素晴らしくうまくいく。でも関数の後半でenemies->push_backを呼び出すと、enemies配列に関連付けられたスタックコンテキストじゃなく、ローカルに作成したスタックコンテキストからメモリーを確保することになる。enemies配列はおそらく呼び出し側の関数で定義され、別のスタックコンテキスト内にある。

そいつはまずい！ 返された配列を呼び出し側で使うと、予期しない結果になる。実際、Sucker Punchで使われる本物のスタックベクタークラスは、スタックコンテキストが一致しないメモリーを割り当てようとすると、まさにこういう類のバグを捕捉するためにアサートする。スタックコンテキストがこんがらかるのは回避可能だが、そのコードは正直言って微妙に恥ずかしいやつなので、見せない[9]。

スタックコンテキストを少々賢くする

そういう問題を解決する、かなり単純明快な方法がある。先ほど定義したスタックアロケーターは、標準のヒープアロケーター同様にグローバルだ。ブロックを確保すると、直近に作成されたスタックコンテキストに関連付けられる。というのが、ここで解こうとしている、スタックコンテキストがこんがらかる問題の根本原因だった。ブロックを特定のスタックコンテキストに関連付けられれば、修正できるだろう。

そいつは難しいことじゃない。一番簡単な方法は、allocメソッドをStackContext

---

[9] 訳注：著者によるとこの回避策は、呼び出された関数内に、新しいスタックコンテキスト作成前に返り値の最大サイズ分をあらかじめ確保しておくというもの。

324

オブジェクトに移動させることだ。現在のコンテキストから確保するなら、共有スタックからバイト列を確保することになる。現在のコンテキストじゃないコンテキストから確保する稀な場合だと、予備の確保戦略に切り替えることになる。注意深く実装すれば、スタックアロケーターによるメモリー確保の利点を犠牲にせずにそういう処理を実行できる。

まず、再構築したStackContextクラスは以下の通りだ。

```
class StackContext
{
public:

    StackContext();
    ~StackContext();

    void * alloc(int byteCount);

    template <class T>
    T * alloc(int count)
        { return static_cast<T *>(alloc(sizeof(T) * count)); }

    static StackContext * currentContext();

protected:

    struct Index
    {
        int m_chunkIndex;
        int m_byteIndex;
    };

    static char * ensureChunk();
    static void recoverChunk(char * chunk);

    struct Sequence
    {
        Sequence() :
            m_index({ 0, 0 }), m_chunks()
```

```
            { ; }

        void * alloc(int byteCount);

        Index m_index;
        vector<char *> m_chunks;
    };

    Index m_initialIndex;
    Sequence m_extraSequence;

    static const int c_chunkSize = 1024 * 1024;

    static Sequence s_mainSequence;
    static vector<char *> s_unusedChunks;
    static vector<StackContext *> s_contexts;
  };
```

必要に応じてメモリーの大きな塊を作り、不要になったら再利用に回すために、新しい関数を作る。

```
  char * StackContext::ensureChunk()
  {
      char * chunk = nullptr;

      if (!s_unusedChunks.empty())
      {
          chunk = s_unusedChunks.back();
          s_unusedChunks.pop_back();
      }
      else
      {
          chunk = new char[c_chunkSize];
      }

      return chunk;
  }
```

```
void StackContext::recoverChunk(char * chunk)
{
    s_unusedChunks.push_back(chunk);
}
```

終端の塊に新しいブロックを確保するコードは、新しいSequenceオブジェクトの中に移動する。

```
void * StackContext::Sequence::alloc(int byteCount)
{
    assert(byteCount <= c_chunkSize);

    while (true)
    {
        int chunkIndex = m_index.m_chunkIndex;
        int byteIndex = m_index.m_byteIndex;

        if (chunkIndex >= m_chunks.size())
        {
            m_chunks.push_back(new char[c_chunkSize]);
        }

        if (m_index.m_byteIndex + byteCount <= c_chunkSize)
        {
            m_index.m_byteIndex += byteCount;
            return &m_chunks[chunkIndex][byteIndex];
        }

        m_index = { chunkIndex + 1, 0 };
    }
}
```

スタックコンテキストの残りのメソッドは単純だ。まず、入れ子になったスタックコンテキストを集めた現在の一覧を追跡する。そして一番上にあるスタックコンテキストから確保が行われる場合（通常の場合）、グローバルなSequenceから確保されたメモリーが返される。他のスタックコンテキストから確保が行われる場合（例外的な場合）、そのスタックコンテキストが所有するSequenceが代わりに使用される。

```
StackContext::StackContext() :
    m_initialIndex(s_mainSequence.m_index),
    m_extraSequence()
{
    s_contexts.push_back(this);
}

StackContext::~StackContext()
{
    assert(s_contexts.back() == this);

    for (char * chunk : m_extraSequence.m_chunks)
    {
        recoverChunk(chunk);
    }

    s_mainSequence.m_index = m_initialIndex;
    s_contexts.pop_back();
}

void * StackContext::alloc(int byteCount)
{
    return (s_contexts.back() == this) ?
                s_mainSequence.alloc(byteCount) :
                m_extraSequence.alloc(byteCount);
}
```

　通常の利用では、スタックコンテキストの予備 Sequence は使われないので、この新機能のせいで発生するペナルティはほとんどない。メモリー確保は、これまで通り高速で簡単だ。

　新しいスタックコンテキストのコードは、StackVector クラスに単純な変更をいくつか強いることになり、どのスタックコンテキストからメモリーを確保するか指定しなきゃいけないようになっている。変わらないものを除くと、以下のようになる。

```
template <class ELEMENT>
class StackVector
{
```

```cpp
public:

    StackVector(StackContext * context);

protected:

    StackContext * m_context;
    int m_count;
    int m_capacity;
    ELEMENT * m_elements;
};

template <class ELEMENT>
StackVector<ELEMENT>::StackVector(StackContext * context) :
    m_context(context),
    m_count(0),
    m_capacity(0),
    m_elements(nullptr)
{
}

template <class ELEMENT>
void StackVector<ELEMENT>::reserve(int capacity)
{
    if (capacity <= m_capacity)
        return;

    ELEMENT * newElements = m_context->alloc<ELEMENT>(capacity);

    for (int index = 0; index < m_count; ++index)
    {
        newElements[index] = move(m_elements[index]);
    }

    m_capacity = capacity;
    m_elements = newElements;
}
```

こういう新しい実装のおかげで、快適になっている。スタックアロケーターによる

メモリー確保の良い面である、超高速なメモリー確保と解放の操作、そして優れた局所性はそのままに、ローカルな一時作業領域と可変長の戻り値を組み合わせられないという厄介な問題を修正したってわけだ。

旧スタックコンテキストから
新スタックコンテキストへの移行

　さて、そろそろ本章の大前提に戻ろう。といっても、押し寄せる大量のソースコードに圧倒されて、前提なんて多分忘れてる頃だろう。スタックアロケーターによるメモリー確保には旧バージョンと新バージョンがあり、全く同じわけじゃないのを思い出してほしい。

　では、どうやって「A地点」から「B地点」に移動するんだろう? 新しいスタックアロケーターとスタック配列は、概念的には旧バージョンと同じだが、インターフェイスはちょっと進化している。ぼくらのソースコードの中にある、旧モデルのStackContext と StackVector を使っていた何千もの場所にあるコードは、新しいインターフェイスと完全には一致しないので、新しい実装をそのまま差し込むわけにはいかない。既存のソースコードの中には、わずかな変更を要する場所がたくさんある。

　新しい実装への切り替えで新たな問題を招いてしまわないか、ちょっと緊張するはずだ。旧モデルを使っている何千か所のどこかに、バグが潜んでいる恐れがある。誰かがどこかで、旧システムの挙動に依存していたりする。おそらく、気づかずに間違ったスタックコンテキストからメモリーを確保し、古い挙動に依存したまま自分のコードを動作させ続けてるってわけだ。そういうコードは、メモリー確保が決まった順番で行われるわけじゃない方式を実際にサポートする新モデルに切り替えると、破綻するだろう。

　こういう問題に対処する簡単な方法は、別の実装を並列して構築し、実行時フラグで切り替えることだ。

　まず、2つのクラスが同じコードベース内で共存できるように、異なる名前を付ける。C++的には、StackAlloc クラスと StackContext クラスを2つの名前空間、例えば OldStack と NewStack でラップし、クラスが NewStack::StackContext みたいな名前になるようにするのだ (クラス名を NewStackAlloc と OldStackAlloc へ変更するのも、同じくらい簡単にできる)。

　次に、新しいアダプタークラスである StackAlloc と StackContext を作成する。こ

れらのアダプタークラスは、新しいグローバルなフラグ次第で、StackAllocと
StackContextの旧バージョンか新バージョンのどちらかに処理を委譲する。このア
ダプタークラスは、新旧クラスへのわずかに異なるインターフェイス2つの和集合を
サポートしているのだ。

コードはとても単純になる。

```
bool g_useNewStackAlloc = false;

class StackAlloc
{
public:

    static void * alloc(int byteCount);
};

void * StackAlloc::alloc(int byteCount)
{
    return (g_useNewStackAlloc) ?
        NewStack::StackContext::currentContext()->alloc(byteCount) :
        OldStack::StackAlloc::alloc(byteCount);
}
```

StackAllocアダプターは、実行時フラグを調べて適切なアロケーターを呼び出すだ
けで、単純だ。StackContextアダプターはさらに単純にできる。古いStackContext
にはallocメソッドがなかったので、呼び出すコードは書いていない。StackContext
アダプターのallocを呼び出す新しいコードは全て、新しいStackContextの利用を
明示的に選択したことになる。

```
class StackContext
{
public:

    StackContext() :
        m_oldContext(),
        m_newContext()
        { s_contexts.push_back(this); }
```

```
~StackContext()
    { s_contexts.pop_back(); }

void * alloc(int byteCount);

static StackContext * currentContext()
    { return (s_contexts.empty()) ? nullptr : s_contexts.back(); }

protected:

OldStack::StackContext m_oldContext;
NewStack::StackContext m_newContext;

static vector<StackContext *> s_contexts;
};

vector<StackContext *> StackContext::s_contexts;

void * StackContext::alloc(int byteCount)
{
    return m_newContext.alloc(byteCount);
}
```

この時点での目標は、古いコード経路が間に割り込んでくる場合を最小に抑えることだ。グローバルなフラグがfalseである限り、コードは変更前とほとんど同じロジックを通じて実行される。以前のように旧式のStackContextを作成してもStackAllocは前と同じように動作するので、テスト中にたいした問題は何も見つからないはずだ。

テストがうまくいったと仮定すると、この時点で作業内容をコミットできる。StackVectorはそのまま動作するので、最初は更新しなくてもよい。StackVectorは他のスタックメモリーを使うコード同様にスタックメモリーを確保する。そして、実行時フラグを使えば、新旧のスタックメモリーアロケーターを切り替えられる。

部分的な作業内容を基幹ブランチにチェックインできるのは、並列作り直しテクニックの大きな利点だ。今回の小さな例ではその利点はさほど重要じゃないので、次のステップ2つを単一の変更リストに組み入れて、中間ステップをスキップすることも簡単にできる。でも、もっと現実的な規模の例であれば、一連の部分的ステップを

経て新しい解法に移行できるおかげで、こういうプロセスの実行がかなり簡単になる。

StackVector移行に向けた準備

　次のステップでは、StackVectorクラスの移行方法を決める。明白な答えとして1つあるのは、ぼくらがStackContext用に使ったモデルに従うことだ。その場合、新しいシム[10]としてのStackVectorクラスには、旧スタイルと新スタイルのStackVectorが両方埋め込んであり、グローバルなフラグに基づいて新旧スタイルを切り替える。その結果、次のような委譲メソッドになる。

```
template <class ELEMENT>
size_t StackVector<ELEMENT>::size() const
{
    if (g_useNewStackAlloc)
        return m_oldArray.size();
    else
        return m_newArray.size();
}
```

　一時的な措置としてならそんなに悪くない。委譲関数を作るのはちょっとかったるいが、新システムへの移行中にこのコードに出くわした人にとって、何が起こっているかは一目瞭然だ。

　もう1つの選択肢は、スタックアロケーターの呼び出し箇所で切り替えを行うことだ。今回の場合、StackVectorクラスはスタックメモリーの確保を1か所のみで行っている。従って、呼び出し箇所での切り替えは申し分なく成功する。そのコードが、（元のコードのような）グローバルなスタックからのメモリー確保と、（移行を目指している）明示的なスタックコンテキストからのメモリー確保の、両方を扱えるなら、いい感じに落ち着くだろう。

```
template <class ELEMENT>
class StackVector
```

---

[10] 訳注：シム（shim）は、インターフェイスの互換性を保つための中間層として仲立ちを行うラッパーコード。

```
    {
    public:

        StackVector();
        StackVector(StackContext * context);

        void reserve(int capacity);

    protected:

        bool m_isExplicitContext;
        StackContext * m_context;
        int m_count;
        int m_capacity;
        ELEMENT * m_elements;
    };

    template <class ELEMENT>
    StackVector<ELEMENT>::StackVector()
    : m_isExplicitContext(false),
        m_context(StackContext::currentContext()),
        m_count(0),
        m_capacity(0),
        m_elements(nullptr)
    {
    }

    template <class ELEMENT>
    StackVector<ELEMENT>::StackVector(StackContext * context)
    : m_isExplicitContext(true),
        m_context(context),
        m_count(0),
        m_capacity(0),
        m_elements(nullptr)
    {
    }

    template <class ELEMENT>
    void StackVector<ELEMENT>::reserve(int capacity)
```

```
    {
        if (capacity <= m_capacity)
            return;

        assert(
            m_isExplicitContext ||
            m_context == StackContext::currentContext());

        ELEMENT * newElements = (m_isExplicitContext) ?
            m_context->allocNew<ELEMENT>(capacity) :
            m_context->alloc<ELEMENT>(capacity);

        for (int index = 0; index < m_count; ++index)
        {
            newElements[index] = move(m_elements[index]);
        }

        m_elements = newElements;
    }
```

　StackVectorのコンストラクターが2つ用意されていると、どちらの種類のメモリー確保が適切かを追跡できる。既存のコードは全て、とりあえずは第一のコンストラクターを使うことになる。そのコンストラクターは、元のバージョンと同じ引数を取るからだ。やがては第二のコンストラクターを使用するように移行するが、そのコードはまだ全然書かれていない。第一のコンストラクターが使われると、isExplicitContextは設定されず、reserveは以前と全く同様に実行される。

　またもや、変更を安全にコミットできる地点にやってきた。グローバルなフラグが設定されていない場合、既存のStackVector利用箇所は全て、古いスタックメモリー確保用コード経路を通過することになる。グローバルなフラグを設定すると、コンテキストが明示された新コンストラクターでスタック配列を作成するコード同様に、新しいコード経路を通じて必ず実行される。

移行の時

　これで移行準備は完了だ！

　Sucker Punchでは、移行をいくつかのステップで行うことにしている。まず、少

数のファーストペンギンたち[11]が、新しいスタックメモリー確保システムに切り替えるグローバルなフラグを設定する。

ファーストペンギンたちが問題を発見しなければ、今度はさらに多数の志願者を募集する。全て安全なようなら、グローバルなフラグをtrueに設定してチェックインし、全員が新システムを使えるようにする。こういうロールアウト[12]中のどの時点であれ、問題を検出したら、問題の診断と修正を行う。その最中に、全員のコードを元の旧システムに戻す操作も単純だ。

みんなが新システムを安全に使えるようになったら、アダプターの撤去を始められる。新しいStackContextクラスは、古いバージョンを何の問題もなく置き換えられる。StackVectorクラスに追加した細かい配線コードも、全ての処理が新しいアロケーターを経由するようになったので、撤去可能だ。

コンテキストを各StackVectorに渡すよう要求するかどうかについては、方針を決めなきゃいけない。これは、スタックの最上位にあるコンテキストを推論することで生ずる利便性と、スタックコンテキストが誤って削除されたり違うものが渡されたりした際に発生するバグがないコードの正しさとの間の、トレードオフ[13]になる。コンテキストを要求することに決めたら、部分的に要求するようにできる。スタック配列を作成する5000か所（！）全てを一気に更新する必要はない。

変換の必要性を回避できる合理的な初期化戦略があるのに、5000行ものコードの変換を検討するのは異常だと思うかもしれない……でもぼくらが重視するのは長期的な視点だ。コンテキストを要求することで、ある種のバグをまるごと回避でき、効率が増すなら、労力をかける価値がおそらくあるだろう。

---

[11] この表現に馴染みのない方のために、解説を。ペンギンは巣を陸上に作るが、海で狩りをする。これはつまり、波の下に腹を空かせたヒョウアザラシ（訳注：体長が3メートルを超える肉食のアザラシでペンギンも捕食する）が潜んでるかも分からない状態で、流氷から大海に飛び込むってことだ。ペンギンは、水際で押し合いへし合いしながら群れを成して、飛び込む勇気のある1羽をみんなで待ち構える習性がある。あるいは、もっとありがちなのは、飛び込むっていうより押し出される1羽だ。ペンギンには仁義なんかないのだ。とにかく、そのペンギンが捕食されなければ、他のペンギンも続く。だから、「1羽目のペンギン（ファーストペンギン／first penguin）」なのだ。

[12] 訳注：ロールアウト（rollout）は、ソフトウェアの新バージョンを本番環境へ徐々に出すこと。

[13] 訳注：何かを得ようとすると他の何かを犠牲にせざるをえない二律背反の関係。また、そのような関係にある要因群の間で、バランスを取ったり取捨選択を行ったりする決定をすること。

　コードを変換するのは、さほど難しいことじゃない。Pythonコードをちょっと書いて、StackVectorを全部見つけ、どのスタックコンテキストが暗黙的に指定されているかを調べ（これはそんなに難しくない。ほとんどいつも、最後に定義されたStackContextだからだ）、コンストラクターを更新し、変更したファイルをチェックアウトするだけだ。本当のコストは、コードを更新することじゃなく、変更をテストする方法を見つけ出すことだ。

　コンパイラーは問題をほぼ全て捕捉してくれる。でもそれに加え、今回の場合については、本章の戦略を再帰的に適用することにする。ぼくがコンテキストを推論した場所全てに特別なコンストラクターを追加し、渡されたコンストラクターがコンテキストスタックの最上位にあることを実行時にアサートするのだ。コンテキストを変更していないことを確認したら、通常のコンストラクターに切り替える。コードカバレッジが十分にあるテストが備わっていれば、いい感じになる。

　この時点で残っているのは、スタックメモリーを直接確保するコードだけだ。現在のスタックコンテキストを暗黙的に使うグローバルなスタックメモリー確保をサポートし続けるか、数百行のコードを変換しStackContext変数で直接allocを呼び出すか、選択肢が2つある。今回の場合、ぼくだったら全部変換して、新しいメモリー確保モデルの堅牢性を手に入れるようにする。

　メモリーを直接確保している最後の部分の変換が済んだら、移行完了だ。古いスタックメモリー確保の痕跡は全て消えている。そして、一連のコミットで、安全なステップを踏みながら、移行を少しずつ実行できた。今回のアプローチでは、途中で何か問題にぶつかってもすぐに以前の挙動に戻せるので、チーム全体が混乱するようなことはない。

並列書き直しが有効な戦略であると認識する

　こういう並列書き直し戦略は、適切な状況下では非常に有用だが、万能じゃない。相変わらず、2か所でバグを修正する必要に迫られることが時々あるだろう。新バージョンのシステムを使い始めていないコーダーが、知らず知らずのうちにきみの作業を邪魔したりもするだろう。ソースコントロール上の自分だけのプライベートブランチの方へ出て行けば、そういう問題は起こる頻度も少なく、混乱も少ないだろうが、起こることは起こる。

　また並列書き直しには、ある程度のオーバーヘッドも付き物だ。同じ概念に対して、

元のバージョン、書き直しバージョン、アダプターという別々の名前を3つ管理する
だけでも面倒だ。また、元の解法の部分的コピーをおそらく作成するため、書くコー
ドの量が全体的に増える。

　書き直した新システムが、元のバージョンと根本的に異なるため、並列書き直しが
意味をなさないなんてこともあるかもしれない。旧バージョンと新バージョンを動的
に切り替えるアダプター層的なものを定義できないなら、ここで説明したテクニック
は適用できない。

　でも大多数の場合、並列書き直しは、コードベースに大きな変更を段階的かつ安全
に加えるための、管理しやすい方法を提供してくれる。Sucker Punchでは、あらゆ
る変更向けに並列書き直しを使っているわけじゃないにせよ、大規模な書き直しの場
合には、そういう戦略が常套手段となっている。

計算をやっておけ

　本書は、あまり数学的な本じゃない。確かに、いくつかの**ルール**には数字が出てくるが（**ルール4**「一般化には3つの例が必要」や**ルール11**「2倍良くなるか？」等）、**ルール**は、方程式っていうより概念だ。

　コンピューターのプログラミングに、現状必要な程度以上に数学が出てこないのは、ある意味驚きではある。結局のところコンピューターってのは、単なる数字処理機械なのだ。処理のために、全ては数字に換算される。言葉は数字で表された文字の並び、ビットマップは数字で表された色で表現されるピクセル群、音楽は一連の数字で表された波形の組み合わせだ。そういう数字のうちどれかが漏れ出してきて——プログラマーであればどこかの時点で、数式を解いてるんじゃないか、なんて思うかもしれない。でも、あまりそういうことは起こらない。

　プログラマーが下す判断のほとんどは曖昧だ。例えば、長いコメントの追加で明確さが増すとして、ロジックのフローをややこしくするほどの価値が、増した分の明確さにあるかどうかの判断。関数の名前をgetPriorityにするかcalculatePriorityにするかの選択[1]。何かのシステムを新バージョンに切り替える適切なタイミングの見極め。

　ほとんどの判断に留まらず、**あらゆる**判断は曖昧である、という考え方に陥ってしまいやすい。でも単純な計算に帰結する判断もあり、そういう判断が出てきたら計算すれば済む判断として認識しなきゃいけない。認識せずに、単純な計算をやらないで突き進んだら、後で痛い目を見て思い知らされる事態がきみを待ってるかもしれない。自分がなぞっていたアプローチは絶対にうまくいかないものだったんだ、先に計

---

[1]　Sucker Punchにはこのための規則があるのを知っても、きみは驚かないだろう。「get」は計算をしない（あるいはほとんどしない）ことを意味し、「calculate」とか他の似たような名前は、値を生成するために作業が要ることを意味する。こういう規則は、関数が何をするものかを理解するための、いいきっかけになる。

算しておくだけで時間を相当節約できたはずなのに……と気づくかもしれない。そうなると悲しいので、先に計算をやっといた方がいい[†2]。

自動化すべきか、手動のままにすべきか[†3]

　よくある筋書きを紹介しよう。今まで手動でやっていた何かのプロセスを、自動化しようと考えているとする。その自動化作業は、実行する価値があるか？

　そいつは単なる計算の問題だ！　その作業を手動で繰り返すよりもコードを書く方が費やす時間が少ないなら、やる価値がある。そうじゃないなら、やる価値はない。

　これは当たり前のように思えるかもしれないし、実際当たり前だが、だからと言って必ずしも計算がされてるわけじゃない。

　ぼくは、こういう計算が省略されるのを幾度となく見てきており、計算が実際に行われる場合より行われない方がはるかに多い。以下に、らしい反例をでっち上げるとしよう。プログラマーが何かの手動のプロセスにうんざりして、そのプロセスを自動化する2日間のプロジェクトへ直ちに没頭し、できあがったマクロを実行するたびに自画自賛する。マクロ実行は多分週に1回はやっていて、毎回15秒の節約になっている。

　2日間も費やした自動化プロジェクトは楽しかったかもしれないが、正当化できるものじゃなかった。そして始める前に計算しとけば、正当化できないのが明らかになっていただろう。いいかい？　ぼくらがプログラマーなのは、プログラミングが好きだからだ。でも、プログラミングってのが、あらゆる問題に対して適切な解法になるわけじゃない。

　あるタスクを自動化するかどうかを決めるのは、最適化問題となる。ただしプログラムの実行じゃなく、**作業プロセス**を最適化してるってだけのことだ。最適化しようとする前に対象のプロセスを絶対に計測しておかなきゃいけないといった、他のあらゆる最適化と同じステップを踏むことに変わりはない。

　具体的な自動化の筋書きを見てみよう。プログラミングに関する本を書いている状況を思い浮かべてほしい。コーディングの例は全部Visual Studioのエディターを

[†2]　訳注：本章の表題にもなっている「計算をやっておけ（do the math）」は、「ちょっと頭を使えば（＝計算すれば）わかることなのだから、頭を使え」という意味で使われるのが一般的な言い回しだが、本章では逆に、文字通りの意味でダブルミーニング的に用いている。

[†3]　訳注：原文は "To Automate or Not to Automate" で、シェイクスピア『ハムレット』の "To be, or not to be"（生きるべきか、死ぬべきか）を元にしている。

使って編集している一方で、本を書く際にはWordを使っている。コード例はソースファイル内ではインデントされているが、本の中ではインデントされてちゃいけない[4]。今回の手動プロセスは、単純でかなり高速だ。

1. エディター内で、コードブロックを選択する。
2. インデントを解除する。
3. クリップボードにコピーする。
4. エディター内でのインデント解除を取り消す。
5. Wordに切り替える。
6. 正しいスタイルで段落を作成する。
7. コード例を段落内に貼り付ける。

これは自動化する価値があるか？ この操作を自動化することで、全体として時間を節約できるのか？ 計算をやるべき時が来た。

計算には2つの面があり、ここで計算するのは、コスト面と便益面だ。コストは、自動化の実装にどれだけの作業が必要になるかという点になる。便益は、タスクが自動化されれば、どれだけの時間の節約になるかという点だ。

今回の具体的な筋書きでは、自動化した後でも、ステップがいくつか残っている。コードブロックを選択するために相変わらずコードエディターに切り替えるし、選択したコードブロックを貼り付けるために相変わらずWordに戻ることになる。この筋書き向けの計算をやる場合、自動化前と自動化後の時間の差分にしか興味がないので、変わらないステップは無視してもかまわない。それ以外は全て自動化できる。一度自動化すれば、時間は実質的に全くかからないようになる。

数字なしには計算はできない。可能な限り、推定ではなく、実際の数字を使うようにしよう。つまり、計測できるものは計測しておけってことだ。今回の場合は、手動プロセスにどれくらい時間がかかるか、という数字になる。そういうわけで、その時間を計測しておこう。そこで計測してみると、6秒かかっているとする[5]。書いてきた章を見ると、平均して8個のコード例があるので、1章あたり8個のコードサンプルってのを計算に入れる。出版契約では20章くらいを求められているので、その数

---

[4] エヘン。こいつは、ぼくにとっては思い浮かべるのが難しくはない筋書きだ。
[5] というのも、この手動プロセスの時間をぼくが計った時にそのくらい時間がかかったからだ。

字を使う。また、コード例を修正することがよくあるってのも気づいた点で、その場合、何度もカット＆ペーストが起こる。平均して各コード例が3回貼り付けられると思っとけばいい。その1つだけは推定の数字だ。

　便益面の計算をやるには、以上で十分だ。

6秒（コピー操作1回あたり）×
8（1章あたりのコード例の数）×
20（章の数）×
3（各コード例の修正回数）＝48分

OK、ってなわけで以上が便益面だ。次はコスト面に移ろう。

　プロセスの自動化にはどれくらいの時間がかかるだろうか？　Visual Studioで自動化をやるのは、少なくともインストール直後の素の状態では簡単じゃないが、Wordの方は驚くほど自動化できるようになっている。Wordのマクロを前に書いたことがある、特にクリップボードを操作するコードを書いたことがあるなら、基本は押さえ済みだ。クリップボードの操作に加え、テキストの整理を多少やる必要があるだけになる。

　そして、そういう整理の作業は大変には見えない。クリップボードの内容を取り出し、テキスト1行につき1つの文字列として、文字列の配列に入れる。全文字列の中で最小のインデント量を検出し、要素の文字列からそのインデント量を差し引いた配列を再構築する。空白行がどう影響するか考えなきゃいけないし、またスペースとタブはテキストエディターではほぼ同じに見える一方で、Wordではかなり違って見える、みたいな事情も考慮しなきゃいけない。そして、行を整理したら、整理した各行をテキストのブロックに組み立て直し、文書に挿入する。その上で、できあがった新しいマクロをホットキーに関連付けなきゃいけない。

　その上で、そういう作業をやるマクロを全部正しく動作するところまで持っていくには1時間かかりそうだ、と推定したとしよう[6]。

　1時間は48分より長いので、計算上は自動化をやらない方がいいことになる。でも、惜しいところだったみたいだ。便益側の見積もりが少し外れていたのかもしれない。コード例1個あたりの平均修正回数は、3回じゃなく4回かもしれない。そうなっ

---

[6]　楽観的な見積もりだと思う。

てたら、計算をプラスの方に持っていくのに十分だろう。平均修正回数が3回じゃなく4回なら、計算上は自動化に進むべきってことになる。そして事実、こういう手順を手動でやるのは、1回に6秒しかかからないとしても、本当にうんざりする。

まあ待て、早まるなカウポーク[†7]。便益の推定がやや悲観的すぎたのか、それともコードを動作するところまで持っていくのにかかる時間をちょっと楽観視しすぎたのか。どちらの可能性が高いと思う？ プログラマーであれば、この質問の答えは分かっているはずだ。コーディングにかかる時間の推定を外す可能性の方がずっと高い。

自動化のコストと便益の計算結果が五分五分なようであれば、自動化はしちゃいけない。

ハードリミットを探す

問題空間や解法にハードリミット[†8]があるなら、設計プロセスの最初から尊重すべきだ。

ビデオゲームコンソール向けにゲームを作ることのいいところに、ハードリミットがたくさんあるという点がある。例えば、ゲームコンソールが搭載するメモリー容量は固定。ブルーレイディスクに詰め込める容量のバイト数も固定。UDPネットワーク通信パケットのサイズも固定。各フレームは60分の1秒、以上。

ぼくらのチームは、技術的な設計のプロセスを明確にするために、ハードリミットを新設することもある。例えば、利用可能なネットワーク帯域。ネットワーク帯域は顧客によって異なるし、予測できないこともあるが、世界中の顧客のネットワーク帯域幅を計測した、かなり信頼に足る数字がぼくらの手元にはある。ぼくらは、ほぼ全ての顧客に対応するネットワーク帯域幅のハードリミットを新設できるのだ。そのハードリミット内に収まっていれば、そういうゲームはほぼ全ての人にとって問題なく動作するだろう[†9]。

---

†7 　訳注：カウボーイまたはカウガールの意だが、特に性別を含意しない語。

†8 　訳注：ソフトリミット（soft limit）が変更や一時的超過の余地が残っている制限であるのに対し、ハードリミット（hard limit）は、変更の余地が絶対ない、動かせない上限としての制限。本章でいう「ハードな上限（cap）」も同様の意味の上限。

†9 　でも、どこでも動作するってわけじゃない。南極のMcMurdo基地では、夏場は25Mbpsの帯域を1000人で共有する。これはぼくらのハードな上限よりも低い値だ。科学者のみなさん、すまんね。あと、Netflixの視聴を控えた方がいいかもしれない、科学者のみなさんは。それもすまんけどね。でも、いい仕事を続けてほしいね。

　こういう風に、ハードな上限がある状態を喜ぶのは、変に見えるかもしれない。ハードリミットがある、って状態が祝うべきことなのは、どうしてなんだろう？

　ゲームコンソール向けにプログラミングをやる時に対処する、メモリー上のハードリミットを例に取ろう。そういうハードリミットに制限されるのは、悪いことのように思える。仮想メモリーを使えば、プログラミングが楽になるんじゃないのか？　もちろん答えはイエスだが、その代償として、メモリーのハードリミットが、比較的ソフトな制限へと変わってしまう。利用可能な物理メモリー容量から書き込み内容があふれた場合、仮想メモリーはページをディスクにスワップアウトし、時間と引き換えに空間を得る。こういう処理は、ビデオゲームにとっては問題となる。仮想メモリーがスラッシングするようになったら画面の更新が数秒にたった1回になる、なんてことは許されない。そこでぼくらは、1フレームあたり60分の1秒っていうハードリミットを設けている。結局、メモリー上のハードリミットを受け入れる方が、単純になる。

　そういうわけでぼくらは、存在するハードリミットを特定し、また比較的ソフトなリミットを元にしてハードリミットを新設し、設計上の決定を単純化している。そういう方針はコーディングチームに当てはまるが、Sucker Punch社員（Sucker Puncher）でコーダーじゃない連中にとっても同様だ。トレードオフやソフトリミットは、頭で理解しようにも実に難しい。ハードリミットの方が何かと楽だ。ハードリミットは、設計プロセスを部分的に、単純な計算に変えてくれる。そしてそういう計算は、やるのが簡単だ[†10]。

　ネットワークプロトコルの設計例を考えてみよう。基本的なネットワーク設計は決まっている。ピアツーピア[†11]のゲームを書いているので、接続されている全マシンが、接続している他のマシンと直接通信している。各マシンは、ゲーム内にいるキャラクターたちの一部に対して「権限を持つ存在」であり、権限を持つ対象のキャラクターたちの状態を、他のマシンにブロードキャストする責任を負っている。考慮すべきハードリミットは、下りネットワーク帯域1Mbpsと上り帯域256Kbpsで、この範囲内に収まれば、ほぼ全てのプレイヤーが良好なパフォーマンスを得られる。接続

[†10] まあ、コーダー限定なら、計算は簡単だ。また、計算したくない人に説明するのも、コーダーにとっては簡単だ。

[†11] 訳注：サーバーに多数のクライアントが接続し、クライアント同士が接続しないネットワークアーキテクチャーに対し、ピアツーピア（peer-to-peer）は、ピア（peer：対等な存在）としてのマシン同士が直接相互接続する。

プレイヤー数としては、4人をサポートしなきゃいけない。

　各マシンが、権限を持つ対象の各キャラクターの位置と向き、さらにそのキャラクターに現在適用中のアニメーションの再構築に要する情報を、毎フレーム、UDPパケットに入れてブロードキャストするというのが、検討中の設計だ。それだけの情報を組み合わせれば、キャラクターの位置と姿勢を他のマシン上で再現するのに足りる。パケットを落としても[†12]、たいした問題じゃない。各キャラクターの情報を1秒間に60回も送ってるからだ。

　こいつもしょせん計算の問題にすぎない！　ネットワーク帯域幅には、尊重すべきハードリミットがあるので、今回の設計を実装した場合に毎秒送信されることになるデータの量を弾き出さなきゃいけない。要は、計測できるところは全部計測し、計測できないところは推定するってわけだ。

　今回の設計の一番単純なバージョンでは、ネットワークに流すつもりのデータにはネイティブ表現を用いることになるだろう。内部的には、キャラクターの位置は、3つの32ビット浮動小数点数から成るベクトルであり、キャラクターの向きは、同じく浮動小数点数で表現されるコンパスの方位に落とし込める。そういう表現で位置と向きを扱い、アニメーションの再構築に必要な情報をリモートマシンに渡している。

　幸いなことに、計測に使えるシングルプレイヤー版のゲームがあり、各キャラクターが平均6個のアニメーションの効果をブレンドしていることが分かった。そのため、アニメーションの回数と、実行中の各アニメーションを再構成するのに足りるだけのデータを、送信する必要がある。これはつまり、アニメーションを識別するってことだ。内部的には、8バイトの一意な識別子によって、そういう識別をやっている。また、アニメーションのタイムライン上での位置（内部的には4バイトの浮動小数点数）と、アニメーション2つの結果をブレンドするために使う係数（同じく浮動小数点数で表現されている）も、取得しなきゃいけない。

　こういう単純版の設計では、各キャラクター用の計算はもう明らかだ。浮動小数点数の値はどれも4バイトの値に格納され、回数にはデフォルトで4バイト整数が使われている。

　位置は12バイト、さらに方向に4バイト、さらにアニメーション回数は4バイトだ。

---

†12 訳注：UDPは、TCPと比較して高速な代わりに、パケットが伝送中に失われるパケットロスが起こってもパケットの再送が行われないため、信頼性が低い。オンラインゲームでは通信のレイテンシー（latency：遅延）が低いことが重要となるため、ネットワーク通信にUDPが使われることが多い。

各アニメーションは8バイトの識別子と、タイムラインとブレンド係数用の4バイトの浮動小数点値2つで構成されている。つまり、1キャラクターあたり12 ＋ 4 ＋ 4 ＋ 6 × (8 ＋ 4 ＋ 4) ＝ 116バイトとなり、まあまあ悪くないように思える。

でも、計算がまだある。各キャラクターの情報を1フレームに1回ブロードキャストするので、1秒あたり何バイトの帯域を使っているか計算するには60倍しなきゃいけない。

アーキテクチャーがピアツーピアであるってことは、あるキャラクターの同じデータ3つを、3つのピアのそれぞれに1つずつ、毎フレーム送信するってことも意味する。また、3つのピアから、各ピアが権限を持つキャラクターに関するデータも受け取る。この設計で最悪の場合となるのは、あるマシンが全キャラクターに対し権限を持つことになった場合だ。そうなるとそのマシンは、全キャラクターそれぞれについて3つの同じデータを送信し、何のデータも受信しない。

もう1つ固定された項目がある。それは、何人のキャラクターを扱わなきゃいけないかという人数で、ゲームデザインチームが30人と決めた。これで、計算をやるのに十分なだけの数字が揃った。

30 (フレーム / 秒) ×
3 (ピア向けの同じデータの数) ×
30 (キャラクター人数) ×
116 (バイト / キャラクター) ×
8 (ビット / バイト) ＝ 2.5Mbps

おっと。送信ビット数で、使える帯域幅の10倍にまでなっちゃうよ。こういう計算をやることで、念頭に置いていたような単純な設計ではうまくいかないことが分かった。実は、こういう設計が危険なのは、社内の1Gネットワークでは問題なく動作し、使える帯域幅にさざ波すら起こさないことだ。問題が初めて発覚するのは、現場にデプロイした時。あちゃー。

こういう単純な設計を救い上げるのは、ちょっと大変になる。

各キャラクターに関する送信データを圧縮する余地はたくさんあるので、そこが手始めだ。マルチプレイヤーゲームのプレイ領域は小さいので、座標は16ビットで多分十分だし、向きの精度は8ビットで十分だろう。ネットワークに流せる全てのアニメーションの名前が入った表を作成すれば、アニメーションの識別に10ビットで十

分ってことになる。また、各アニメーションは、ブレンドの重み係数と時間の値をそのまま送るんじゃなくもっと圧縮に適した、ネットワーク送信用のアニメーション状態を書き出せる。こういう圧縮の面での芸当を問題に全部ぶちこんだら、1キャラクターあたりのバイト数を116から16にまで絞れる。

計算の方はといえば、まだうまくいかない。

30（フレーム／秒）×
3（ピア向けの同じデータ）×
30（キャラクター人数）×
16（バイト／キャラクター）×
8（ビット／バイト）＝345Kbps

だいぶ近づいたが、相変わらずハードリミットを上回っている。何かを諦めなきゃいけないだろう。キャラクター人数は24人で十分だってデザインチームを説得できるかも。技術的な面では、キャラクターに関するデータを毎フレームじゃなく1フレームおきに送信しても何とかなるかも。こういう変更のどちらかで、設計はハードな上限より下の方へ無事収まるだろう[13]。

決定的に重要なのは、実装が始まる前に計算が行われることだ。計算が、最初の設計ではうまくいくはずがないってのを教えてくれた。コードが全部は書かれていないうちなら、計算の辻褄が合う設計に切り替えるのもだいぶ楽だ。マルチプレイヤーのコンテンツが全部完成した後だと、最大キャラクター人数を24人に減らすようデザインチームを説得するってのは、**かなり**難しくなる！

ここで重要な点として特筆すべきは、計算をやるのは、うまく**いかない**解法を特定するのがその意図なのであって、解法がうまく**いく**のを確認する意図は必ずしもあるわけじゃない、ってことだ。今回の単純なネットワーク設計は、破綻する理由は他にいくらでもありうるが、少なくとも基本的な計算が原因で失敗することはなくなるだろう。

---

[13] 実は、一番簡単な解決策は、ゲームの出荷時期を数年遅らせて、顧客のインターネット接続が速くなるのを期待するってやつだ。そうするのが結局パフォーマンス問題の最終的な解決策になる例は、びっくりするほど枚挙にいとまがない。

計算が変わる時

　1番目の例に戻ろう。Visual StudioからWordにコード例をカット＆ペーストする手動プロセスを自動化するかどうか、決定しなきゃならなかった。そのプロセスでは、コード例のインデントの正規化に重点が置かれており、自動化はやる価値がないのを計算が教えてくれた。

　では、問題に関する最初の理解が不完全だった場合を思い浮かべてほしい。インデントの正規化だけじゃ十分じゃない。コード例の中にあるタブを全部、スペースに変換する必要だってある。出版社が、本のレイアウトをそういう風にしてるからだ。

　元の計算は相変わらず当てはまるか？　いや、もう当てはまらない。計測した手動プロセスは、新しい要件に合わないからだ。手動プロセスを調整しなきゃいけない。例えば、タブをスペースに変換するVisual Studioプラグインを見つけ[14]、コード選択時にそのプラグインを起動するステップを追加し、それから取り消しステップを追加するとか。その上で、再度計測するのだ。

　そういう調整は、計算式の両辺に影響する。タブからスペースへの変換と、取り消しという、2つのステップを追加することで、手動プロセスが遅くなる。カット＆ペーストのプロセスの実行に毎回かかる時間は、前は6秒だったのが今や10秒になってるかもしれない。その分、方程式の便益の側が増える。

　そういう調整は、手動プロセスのコスト面にも影響した。今や、適切な拡張機能を探してインストールするのに時間を費やし、さらにそのプラグインがどう動くか正確に理解するための実験にも時間を費やすことになっているからだ。例えば、新しいプラグインが取り消しスタックと相互にどう影響し合うかという点に、こういうプロセスは大いに依存する。拡張機能をだましだまし使いこなすのに費やした時間は、自動化の取り組みに費やすことだってできたんだから、計算する時にコストの側に入れるのは妥当でしかない。

　以上2つの調整といくつかの新しい推定項目を用いてもう一度計算をやると、バランスが変わる。まずは手動プロセスからだ。

10秒（コピー操作1回あたり）×
8（1章あたりのコード例の数）×

---

[14] 何故なら、コードを書く際にタブを使ってるところから、スペースを使うよう切り替えるって選択肢は、当然ながら全く受け入れがたいものだからだ。人間誰しも、弱点がある。

20（章の数）×

3（各コード例の修正回数）= 80分

タブからスペースへ変換する適切なプラグインの調査（インストールと実験を含む）に45分を追加し、タブからスペースへの変換っていう追加作業を含むように自動化の推定時間を90分に上げると、計算が変わってくる。

80分 + 45分（手動プロセス）> 90分（自動プロセス）

今では計算は、自動化をやるよう告げている。手動プロセスでも依然としてコード例をカット＆ペーストできるとはいえ、そういうプロセスは遅くなり、理解に時間がかかるだろう。とりあえず自動化した方がいい[15]。

計算問題が文章問題に戻る時

本章を心に留めておくと、ちょっとした計算を要する問題の識別を、いい感じにこなせるようになる。定量化可能な制約と、計測可能な解法が、その手がかりだ。この2つ両方を見つけたら、計算をやって、決してうまくいかない解法を見定めるべきだ。

でも、どんな定量的分析であれ、定性的問題が潜んでいないかどうかは要注意だ！タスクの自動化を例に取ると、単に計算をやればいいような、単純な話ばかりじゃない。

タスクを自動化する際の第一の目標は、費やす時間の合計を短縮することだ……でも、それだけが目標じゃないかもしれない。例えば、手動プロセスは間違いが起こりやすい恐れがある。間違いの発生頻度や修正にかかる時間を数値化できるかもしれないが、そういう時間ははっきりさせるのが難しい。

あるいは、毎日やり遂げるべき手動タスクが煩わしいので、週ごとにしかやっていないかもしれない。タスクに費やされる時間のみに注目するのが適切でないこともある。自動化によってそのタスクが毎日確実に実行されるなら、節約できる時間がわずかでも、自動化の価値はあるかもしれない。

---

[15] ところで、今回できあがったWordマクロを書いてる時間は、素晴らしく楽しかった。Wordのマクロは、Visual Basic for Applicationsで書かれており、BASICはぼくが学んだ初めてのプログラミング言語だった。古き良き時代。

　また、チームの精神的健康をソフトな目標として考慮に入れるのは、理不尽なことじゃない。手動タスクでも、そこまで時間がかからないことがある。でも、常にイライラさせられ、かつ比較的簡単に解決できるものなら、計算があまり成立しなくても、自動化する価値があるかもしれない。みんなの生活をより快適にするためだけに、時には1日費やすのを恐れないでほしい。特に、計算が五分五分で際どい場合はそうすべきだ。

　反対に、タスクを深く理解していない場合は、たとえ数字がよく見えても、そのタスクの自動化には注意が必要だ！　前出の例では、ぼくは自分自身のタスクを自動化していた。ぼくは、そのタスクのことを一から十まで全部分かっていたのだ。コード例を本書にカット＆ペーストするのが、誰か他の人の仕事になってたら、状況はもっと曖昧になっていたことだろう。自動化に対する正しいアプローチが何なのか、ましてや計算を正しくやれたかどうか、確信を持てなかったことだろう。

　でも原則は、数字を信じることだ。検討中の問題解決アプローチの基本的な健全性を確認するために解ける、手っ取り早い算数問題があるなら、計算をやってみるべきだ。

ルール**21**

とにかく釘を打たなきゃ
いけないこともある

　プログラミングとは、それ自体に創造性が内在し、知的な面で挑戦しがいのある活動である。ってのが、ぼくがプログラミングを大好きな理由の大部分を占めており、きみもおそらく同じことを言うだろう。どの問題も前の問題とは違い、解くにはちょっとした賢さが必要だ。ただし、本書の**ルール**に沿って、できればあまり賢さをひけらかしすぎないようにしよう！

　でも、あらゆる問題にエレガントな解法があるわけじゃない。どんなにわくわくするプログラミングの課題であれ、退屈な作業が占める瞬間はあるものだ。例えば、面白くないタスク、わくわくしづらいタスク、誰もやりたがらないタスクとか。退屈な作業は後回しにして、チームの誰かが代わりに引き受けてくれるよう密かに願いつつ、わくわくするものの方に取り組んでしまいやすい。

　こんな風に前提を置いていると、本章の教訓に意表を突かれはしないだろう。「**退屈な作業をスキップしちゃいけない**」って教訓だ。その愛嬌のないタスクはどこにも行きやしない。きみが寝てる間に仕事をこなしてくれる、コードの妖精さんの大群はどこにも隠れていない。そして、中途半端にしかできてないタスクは、プロジェクトを死に至らしめる遅効の毒なのだ。

　重要なのは、危険の兆候を知ること。きみは賢い人だ[1]。自分が楽しめないタスクの必要性からどうにか逃れるための理屈をこねられるくらいに、無駄に賢い。きみのバックログ[2]にもっと面白いタスクが着手待ち状態でたくさん溜まっていればなおさら、理屈をつけて面白くないタスクを避けがちになる。

　自分自身が個人的に無視しがちなタスクの種類を知ることは、自己認識の重要な要

---

[1] 本書の最後の**ルール**までたどり着いたのは、きみが備える知恵と洞察力の証拠と捉えている。

[2] 訳注：バックログ（backlog）は、優先度の低い、短期的には対応しないものの長期的には対応するかもしれないタスクを記録しておくリスト。

素となる。きみのそういうタスクのリストは、ぼくのリストと一致しないかもしれないし、きみの同僚のとも一致しないかもしれない。言い回しをでっち上げるなら、「あるプログラマーの退屈な作業は、別のプログラマーの公園で遊ぶ1日」とでも言おうか。自分が避けがちなタスクを特定できれば、そのタスクにふさわしい優先度を与えるよう意識できる。

とはいえ、いくつか例を挙げないことには、本章はかなり空虚なものになってしまうだろう！ ぼくが個人的に恐れるタスクや、他の人が避けてるのを見たことがあるタスクを参考にできたので、そういう例を見つけるのは難しくはなかった。

新たな引数

こういう関数があると想像してほしい。

```
vector<Character *> findNearbyCharacters(
    const Point & point,
    float maxDistance);
```

この関数は、ある境界を区切る球体の中に存在するキャラクター全員を返す。この関数の呼び出しは、コードベース全体に何十か所か散らばっている。この関数の基本的な挙動があまり適切じゃない箇所が、いくつか見つかった。そういう場合に、検索から除外したいキャラクターが何人か出てきたので、除外処理のために新しい引数を追加することにした。

```
vector<Character *> findNearbyCharacters(
    const Point & point,
    float maxDistance,
    vector<Character *> excludeCharacters);
```

ここで直面する選択がある。古いコードが呼び出されている場所全部に新しい引数を追加して更新するか？ それとも、以下のようにデフォルトの引数を指定して、そういう更新作業を回避するか？

```
vector<Character *> findNearbyCharacters(
    const Point & point,
```

```
    float maxDistance,
    vector<Character *> excludeCharacters = vector<Character *>())
{
    return vector<Character *>();
}
```

あるいは、その関数のオーバーロードされたバージョンを2つ用意して、そういう
更新作業を回避したりするかも？

```
vector<Character *> findNearbyCharacters(
    const Point & point,
    float maxDistance);
vector<Character *> findNearbyCharacters(
    const Point & point,
    float maxDistance,
    vector<Character *> excludeCharacters);
```

オーバーロードとデフォルト引数のおかげで、findNearbyCharactersの既存の利
用箇所を更新する作業を省略できる。こいつはいいことだよね？ バックログに入っ
ているタスクに取り掛かれるし。

　いいことかもしれないし、そうじゃないかもしれない。古いバージョンの関数が呼
び出された場所を調べるというのは、単にそういう場所のコードを変換するだけじゃ
なく、それらのコードがその関数を**どのように**使っているか調べることでもある。そ
の中には、リストからキャラクターを除外しているコードがいくつかある可能性が高
い。まさに、新しい引数が扱う対象だ。そういう例は、新しい引数を使うように変換
すべきだ。

　その後すぐに、もっと粒度の細かいフィルター処理が必要な事態に陥った場合を想
像してほしい。例えば、全キャラクターじゃなくて、脅威となる近くの敵だけを探し
たいとする。そこで、単純なフィルター処理インターフェイスを追加することにした。

```
struct CharacterFilter
{
    virtual bool isCharacterAllowed(Character * character) const = 0;
};
```

```
vector<Character *> findNearbyCharacters(
    const Point & point,
    float maxDistance,
    CharacterFilter * filter);
```

　以下は、脅威を発する敵は受け入れるが、味方や戦闘不能のキャラクターは拒否するフィルターだ。

```
struct ThreatFilter : public CharacterFilter
{
    ThreatFilter(const Character * character) :
        m_character(character)
        { ; }

    bool isCharacterAllowed(Character * character) const override
    {
        return !character->isAlliedWith(m_character) &&
               !character->isIncapacitated();
    }

    const Character * m_character;
};
```

　ここで、決めなきゃいけない諸々の事項がもう1組ある。findNearbyCharactersのオーバーロード版をもう1つ追加するか？ それか、新しいオーバーロード版を**2つ**追加するか？ 1つはフィルター処理と除外するキャラクターのリストがあり、もう1つはフィルター処理のみだ。そうすると、相手しなきゃいけないこの関数のオーバーロード版は、3つか4つにまで増える。複雑に見えるな。同期した状態に保たなきゃいけない関数が3つも4つもあるってか？ ブレークポイントをどこに設定するかで迷っちゃうとか？ 手に負えない事態になってきた。

　それはやめて、除外するキャラクターをフィルターで処理する方がいいかもしれない。キャラクターのリストをチェックするCharacterFilterを実装するのは取るに足らないほど簡単だ。そうすれば、関数のバージョンの数を手に負える範囲に抑えておける。フィルターを使った方が単純になるようなfindNearbyCharactersの使い方だって、何個かは見つかりそうだ。

```
struct ExcludeFilter : public CharacterFilter
{
    ExcludeFilter(const vector<const Character *> & characters) :
        m_characters(characters)
        { ;  }

    bool isCharacterAllowed(Character * character) const override
    {
        return m_characters.end() == find(
                                m_characters.begin(),
                                m_characters.end(),
                                character);
    }

    vector<const Character *> m_characters;
};
```

どこだろうがフィルターを使うように変換するには、ある程度の作業を要する。findNearbyCharactersが呼び出される場所は、何十か所もある。呼び出すコードは全部検査が要り、そのうちの最低でも数個は新しいフィルターモデルへ変換されることになる。そういうのは、ぼく的には退屈な作業のような感じがする。それだけの量の作業を前にすると、関数のオーバーロードされたバージョンが3つあるのを我慢して、変換の必要があるコードをとりあえず変換してしまうのが本当に魅力的に思えてくる。

　それこそが、間違いなのだ。もしくは、間違いとまでは言わずとも、間違った理由に基づく合理的な決定、ってところがせいぜいだ。既存のコードの検査と更新にかかる短期的コストを何とかする代わりに、より単純で簡潔な近接キャラクター検索モデルっていう長期的便益を手放す、トレードオフをやってしまっている。

　ぼくらプログラマーの大半は、長期的な便益を得ることよりも、短期的なコストの解消を優先する形で均衡を破る傾向があり、たいてい後で残念な思いをすることになる。正しい解法が分かってると思いつつも、かかる手間の量のせいで実行を躊躇してるなら、とにかくつべこべ言わずに勇敢なカウガールみたいに立ち向かい（cowgirl up)^{†3}、その仕事をやれって話だ。

バグが1つだけなんてことは絶対ない

　例をもう1つ挙げよう。ある1つ目のコードが、別の2つ目のコードを間違って呼んでいるっていうバグに遭遇した。そういうバグが出るのは、無理もない。何故なら、2つ目のコードは、名前の選択を間違っている上に、ドキュメントを完全に省略して追い打ちをかけているからだ[4]。

```
void squashAdjacentDups(
    vector<Unit> & units,
    unsigned int (* hash)(const Unit &));
```

　非常に単純明快に見える。この関数は、提供されたハッシュ関数を使い、隣接する重複値を圧縮しているようだ。そして、この関数がやっているのは、**ほぼ**そういうことだ。

```
void squashAdjacentDups(
    vector<Unit> & units,
    int (* hash)(const Unit &))
{
    int nextIndex = 1;

    for (int index = 1; index < units.size(); ++index)
    {
        if (hash(units[index]) != hash(units[nextIndex - 1]))
        {
            units[nextIndex++] = units[index];
        }
    }
```

---

†3　きみのスタイルがそっちなら、「カウボーイみたいに立ち向かう（cowboy up）」でもいい。（訳注：元々 cowboy up という表現が、今日では性差別的にも捉えられかねない「男らしく振る舞う」という意味で存在した）

†4　訳注：【コード例解説】2番目の引数は、Unit クラスの定数の参照を引数として符号なし整数を返す関数への関数ポインターで、squashAdjacentDups 関数内では hash という名前で参照される。

```
    while (units.size() > nextIndex)
    {
        units.pop_back();
    }
}
```

　問題は、コードの書き方からすると、squashAdjacentDupsの引数であるhashは、完全に一意な値を返す関数へのポインターであると期待されていることだ。でもそれは、いわゆるハッシュ関数がやることじゃない。2つの同値なオブジェクトが与えられると、このハッシュ関数は同じハッシュ値を返すが、そのハッシュ値を、別の同値**じゃない**オブジェクトにも返すかもしれない。ハッシュ値の比較後に必ず同値かどうか確認する必要があるが、squashAdjacentDupsはそれをやらない。

　ここで修正したバグは、呼び出し側が渡したのは以下のコードのようなハッシュ関数であり、一意な識別子を返す関数じゃないっていう、特異な事情のせいで起こった結果だ。

```
struct Unit
{
    int m_id;
    string m_firstName;
    string m_lastName;
    string m_userName;
};

unsigned int hashUnit(const Unit & unit)
{
    return combineHashes(
                hashString(unit.m_firstName),
                hashString(unit.m_lastName),
                hashString(unit.m_userName));
}
```

　このコードはほぼ常に動作する。そしてそれこそが、このバグがもっと早く見つかっていなかった理由だ……でも隣接する2つのUnitが同じ値にハッシュ化されると、破綻してしまう。

　では、そういうバグを修正して次に進むべきだろうか？　ダメだ、退屈な作業が道をふさがないようになるまでは。

　まず第一に、引数hashの名前を変える必要がある。この引数の現在の名前は嘘だ。そして、そのままだとさらなる問題を引き起こすことになるだろう。本物のハッシュ関数みたいに使った上で本当に同値かチェックするために別の関数を呼び出すか、実際の使い方を反映させるために引数の名前を変更するか、どちらかをやるしかない。

　第二に、squashAdjacentDupsが呼び出される他の場所を全部見直さなきゃいけない。その中で少なくとも1つは、今修正したばかりのバグと全く同じ問題を示す可能性が高い。実際、squashAdjacentDupsの呼び出し元**全て**がそのバグを示す可能性は十分ある。とても微妙なバグを診断するという作業をせっかくやったので、新しい理解を活かし、コード内でそのバグが発生している他の箇所も見つけるようにすべきだ。

　名前の修正にはほとんど時間がかからず、そのステップを踏むよう自分自身を納得させるのは容易だ。他方で、squashAdjacentDupsの他の呼び出し元を全部見直すのは、大変な作業になる。でもその作業は、きみのためにはならないかもしれないが、きみのチームの誰かにとって実を結ぶことだろう。短期的な苦痛と長期的な便益。時間をかけ、他の呼び出し元を見直し、見つけた問題を修正しよう。

自動化の抗いがたい呼び声

　プログラマーは、ちょっとした退屈な仕事に遭遇すると、自動化したいって思うのは、予想できる反応だ。

　自動化には、様々な形態がありうる。ソースエディターで正規表現をいじくり回して、findNearbyCharactersの呼び出しを全部見つけ、新しい引数を挿入できるかもしれない。あるいは、Pythonのコードを書いて同じことをやる方が、例外処理をもっと簡単にできていいかもしれない。さらに言えば、引数を追加するっていうこの手の状況に対処しなきゃいけなかったことが前にもあった。従ってこのプロジェクトが**本当に必要としている**のは、一般化された引数追加用の、Pythonで書かれたユーティリティーアプリなのかもしれない。そいつは、いいプロジェクトになるだろう。今始めるに越したことはない！

　信じてほしい、きみの考えがぼくには分かってる。直面している退屈な作業のあらゆる種類を完璧に処理できるようになるまで正規表現を考え抜く方が楽しい。同じこ

とをやるのに、まっさらな状態からPythonのコードをたくさん書くこともできる。何度も何度も同じ編集を手動でやるよりは、ずっと楽しいのは確かだ。でも、あまり賢いとは言えない。手作業で編集するだけの方が、使う時間は少ないだろう。**ルール20**に従って、計算をやっておこう。

　正規表現を使えば、まずまずのスタートを切ることができるかもしれない。ほら、簡単で、いじくり回さなくてもいいような正規表現で、退屈な作業の80％を解決するようなのがあったら、ぜひそいつを使うべきだ！　残りの20％は手作業で片付けりゃいい。

　ここで紹介した例のようなタスクは、繰り返しが多いように感じられる。でも、簡単に自動化できるほどに繰り返しが多い場合は滅多にないことにも留意しておくべきだ。たとえそのタスクが、複数行にわたる関数呼び出しを分割したり、新しい関数シグネチャーに合わせてコメントを調整したりするような単純なタスクであっても、判断が必要になる。

ファイルサイズの管理

　コードは時間の経過とともに進化する。そして、コードの削除から生じる歓喜は否定しようのないところであるにもかかわらず、結局は、削除に至ったコードよりも多くのコードをプロジェクトに追加することになってしまう。コードを追加する過程で、ソースファイルはどんどん長くなり、不快なほど長くなってしまうかもしれない。

　そういう状況は、チームの規則から自然に生じた産物かもしれない。Sucker Punchには、あるクラスのソースコードは全部、ただ1つのソースファイルとただ1つのヘッダーファイルに格納されるという規則がある。そして、多くのチームがそうであるように、最善を尽くしても、台所の流し台みたいに何でも突っ込むクラスがいくつかできてしまう。ぼくらのところにある主人公キャラクターのクラスとかね。クラス階層の中で、機能を追加するのに便利な場所なので、たくさんの機能が追加される。そして、たくさんの機能があれば、たくさんのソースコードが必要になる。今調べたら、ぼくらの主人公キャラクターのクラスが持つ実装ファイルは、19,000行もある。あいたたた。

　これは問題だろうか？　うん、ちょっとくらいはね。それほどのサイズのファイルで作業するのは、大変になってくる。ページめくりじゃ、コードのたどり着きたいところに素早くたどり着けない。そこで、何かを探すにはテキスト検索を使わなきゃい

けない。他のファイルよりコンパイルに時間がかかるので、ビルドの配布を混乱させる。何千行も離れていると、コードのどの部分が他のどの部分と関連しているのか、分かりにくい。

　では、どうして修正されないんだろう？　それは、行数を減らすには、たくさんの退屈な作業が必要になるからだ。新しいファイルにコードをコピー＆ペーストする。「1クラスにつき1ソースファイル」って規則を守るために、挙動を実装するそれぞれの塊を別々のクラスに入れてリファクタリングする。古いファイルと新しいファイルのヘッダーファイルを再度調べてまだ適切かどうか確認し、ファイルの移動後に参照先がなくなった（dangling）参照を全部解決する。等々みたいなことが必要になる。そういう作業は全然楽しくないし、ぼくらはみんな忙しい。ぼくらは集団で口笛を吹きながら墓場を通り過ぎる[†5]ようにして、退屈な作業を避け、ますます扱いにくくなるファイルサイズを無視することに決めたのだった。たとえ、短いバージョンのファイルがあった方が、ぼくら全員が幸せになれるとしても、だ。

　Sucker Punchのチームは調整が行き届いており、チームの全員が、コードベースを簡潔で機能的にするべく日々取り組む姿勢を見せてるって点には言及しておきたい。最初の方で紹介した2つの問題の例だったら、チームの誰もが困難な道を選び、新しい引数セットに合わせてコードを更新する退屈な作業に決然と取り組んだり、修正されたばかりのバグと似たようなバグを探したりしたことだろう。でも、まだ19,000行のソースファイルが残っていて、そのせいでぼくらはみんな、かすかに恥ずかしさを覚えている。

　いいかい？　規律正しいチームであっても、退屈な作業に飛び込むのは難しい。第一のステップは、やりたくないからタスクを避けてるって状態を認識することだ。第二のステップは、一歩引いて、そのタスクに取り組んだ場合に得られる長期的な便益を評価することだ。そのタスクが不快で、価値も特にない可能性だって十分にあり、その場合は確かにやるべきじゃないだろう！　でも、短期的にはつまんなくても、長期的には利益になるのであれば、第三のステップである「釘を打つ」[†6]の出番だ。

近道はない

　大きな木の塊に、100本の釘が刺さってると想像してほしい。刺さってる釘のせい

---

†5　訳注：「臭い物に蓋をする」と似た、見て見ぬふりをするという意味のことわざ。

†6　訳注：著者によると、**ルール4**の章の末尾に現れるハンマーと釘とは無関係。

で、その木の塊は他のことに使うのが不可能になっている。釘を無視することもできる。誰かがハンマーで釘を打ってくれるのを期待することもできる。いつの日か動き出すかもしれない釘打ち機と格闘しながら、長い時間を過ごすこともできる。

　もしくは、とにかくハンマーを取り出して、仕事に取り掛かることだってできる。ただ釘を打つことも、時には必要なのだ。

ルールを自分のものにする

　本書で説明してきた**ルール**は、Sucker Punch が存在してきた四半世紀にわたる歴史の中でぼくらが学んだ教訓の精髄を抽出したものだ。**ルール**は、ぼくらの経験に特有なものだ。ぼくらが重要だと考えていること、つまりぼくらのプログラミング文化を反映しているのが**ルール**だ。そして、そのプログラミング文化は、Sucker Punch が開発する類のビデオゲームを作る際に特有な、制約や特徴を反映している。

　ここまで、きみはたくさんの**ルール**を読んできた。きみがやっている仕事に当てはまるのがすぐさま分かった**ルール**もあれば、きみの経験とのつながりがどちらかというと薄いと感じられる**ルール**もあるんじゃないかと推測している。そいつは、驚くようなことじゃない！ きみがやっているプログラミングの仕事が、ぼくらがやっている仕事と根本的に違うなら、ぼくらの**ルール**の中に、きみにとって意味をなさないものがあるかもしれない。

　では、ぼくらの作品のようなビデオゲームのコードを書くというプロセスを、他と一線を画すものにしている特性とは何なのか。そしてそれが、**ルール**にどう影響してるんだろうか？

- まず、ぼくらのプロジェクトは長い。ぼくらの最新作である『Ghost of Tsushima』は、制作に6年ほどかかった。『Ghost of Tsushima』のコードのほとんどは、Sucker Punch の以前のゲームで動作していたコードを進化させたもの（あるいは単にそのままコピーしたもの）で、ゼロから始めたわけじゃない。ぼくらは、長期的なコード品質に重きを置いており、それはぼくらが**そうせざるをえない**からだ。今日書くコードが、今から10年後もまだ稼働している可能性は、十分ある。

- コーディングチームは大きく、現在30人あまりの正社員コーダーが在籍している。きみ自身の状況によって、ちっちゃいと感じるかもしれないし、すごく

大きいと感じるかもしれない。個人的には、「小さい」プログラミングチーム
とは、1人の人間が全てのコードの詳細をくまなく把握できるようなチームと
定義している。その基準に照らし合わせると、Sucker Punchは長い間、小さ
いわけじゃなかったことになる。現時点では、コードベースの**全て**の詳細は、
誰も知らない。そして、慣れないコードの中でぼくら全員が問題を解決してい
かなきゃいけないのだ。ぼくらのコードが読みやすく、理解しやすいものじゃ
なかったら、ぼくらは大変な苦境に陥ることだろう。

- ビデオゲームでは、世のほとんどのコードよりもはるかに、パフォーマンスが
  重要だ。ぼくらのゲームのパフォーマンスをミリ秒単位で計測するウェブサイ
  ト（https://oreil.ly/eB0hg）もあるほどだ！　でもだからと言って、ぼくらの
  コードの**全て**が高速に動作しなきゃいけないわけじゃない。他のどんなプロ
  ジェクトとも同じように、ぼくらのゲームのパフォーマンスは、ぼくらのコー
  ドのうちの小さな部分集合によって決定されている。ぼくらのコードの一部は
  高速に**動作する**必要があるが、ぼくらのコードのほとんどは、高速に**作成され
  る**必要がある。

- ぼくらがゲームをリリースする頻度は、低い。これは、**全て**のゲームに当ては
  まるわけじゃない。携帯電話で遊ぶようなゲームはどれもおそらく常に更新さ
  れているだろう。でもリリース頻度が低いってのは、ぼくらに関しては当てはま
  まる。そのため、コードへの大きな変更を始めやすくなっている。そのことは、
  品質上の責任に絶えずさらされるようなことがぼくらにはあまりないことも意
  味する。ぼくらのコードが、信頼性のある状態で正確に動作し続けることは重
  要だ。さもなければ、コーディングチームじゃない80％のSucker Punch社
  員が本当に不機嫌になっちゃうからだ。でも、ぼくらが行う変更は、ぼくらが
  そういう変更のコードをチェックインしてから長い時間が経った後じゃない
  と、顧客の体験としては現れてこない。コードに多少の一時的なバグがあった
  としても、そういうバグを一時的に見逃すことがゲーム開発を速める助けにな
  るなら、ぼくらはそういうバグを大目に見ることができる。

- ぼくらにとって、全てのゲームは、まっさらな新しい紙だ。前作のために行っ
  た作業内容を元に開発しつつも、それに縛られることはない。後方互換性や継
  続性の問題がないため、大きな変更をしやすくなっている。

- ぼくらのゲーム開発のアプローチは、反復的だ。ぼくらの成功は、たくさんの
  新しいアイデアを試し、どれがうまくいくかを見極めることから生まれるので

あって、紙の上でまずゲームを設計した上でそれを開発することから生まれるのではない。試してそれなりにうまくいったアイデアは調整と実験を重ね、うまくいかなかったアイデアは直ちに削除する。ぼくらは、新しいコードを素早く作成し、反復することを優先している……その一方で、実際に生き残ったコードは永久に残る可能性があるのを忘れないようにしている。こいつは難しい組み合わせだ。

こういう特性は、**ルール**に対し、明らかな影響を与えている。例えば、ぼくらがゲームを頻繁にはリリースしていないという事実は、コードへの大きな変更に対するぼくらのアプローチに絶大な影響を与えている。ぼくらが毎週リリースするようなスケジュールだとしたら、かなり異なるアプローチが必要になるだろう。

自分にとって最善の判断を下す

　本書の数々の**ルール**は、きみを別々の互いに矛盾する方向へ向かわせることもある。きみのチームの規則では、オブジェクトの保護された状態にアクセスするためにget関数とset関数を使うことになっているかもしれない。でもそれは、決して呼び出されないと分かった上でset関数を書くことがあるってことだ。これは、チームの規則に従うこと（**ルール12**）と、呼び出されないコードを削除すること（**ルール8**）の間に、競合があることを示す。こういう場合は、自分にとって最善の判断を下してほしい。ぼくは、set関数が単純ならチームの規則に従うが、あくまでぼくの考えにすぎない。

　また、どの**ルール**が自分自身の仕事に適用されるか判断するためにも、自分にとって最善の判断を下す必要がある。きみがやっている仕事の特徴がSucker Punchのプロジェクトと大きく異なっている結果、あまり合わない**ルール**があるかもしれない。そういう場合は、その**ルール**には従わないようにすべきだ。**ルール**は教義ではなく、便利なルールを集めたものにすぎない。

　でも……**ルール**が受け入れがたいものだとしても、きみの状況に当てはまる可能性がある。ぼくは、10年前、15年前なら拒否していたようなことでも、今日ではたくさん受け入れている。例えば、**ルール10**「複雑性を局所化せよ」。Sucker Punchの初期には、相互作用するオブジェクト群がこんがらかった中から生じたシステムを多数設計し、構築した。長い時間をかけて、たくさんのアーキテクチャーを失敗させつ

つ、ぼくの間違いは根本的なものだったのだとぼくは気づいた。**ルール10**は、そういう失敗と、複雑性を局所化した後に続いた最近の成功から生じ、発展したものだ。

仲間内で話し合う

　本書は、**ルール**を完全に網羅することは全く意図しておらず、有用な**ルール**集にすぎない。本書の**ルール**は、ゴールラインではなく、スタートラインとして使うべきだ。きみ自身の**ルール**集を作り上げてほしい。

　当然ながら、**ルール**集が一番功を奏するのは、きみがチームの他のメンバーたちと考えを同じくしている場合だ！　チームの誰もがそれぞれに、自分たち自身の**ルール**の組み合わせを選んでしまうと、必ずや混乱と争いの元になる。そういうのは多分、きみのゴールじゃない。

　そこで、読書会を立ち上げるっていうアイデアがある。チームの全員が、1つか2つの**ルール**を読み、その後全員で集まって、読んだばかりの**ルール**が自分自身のプロジェクトにどう当てはまるか話し合う。その**ルール**が自分の仕事に合ってなければ、どう修正すると自分の仕事にもっとよく合うようになるかを考えるのだ。その**ルール**を完全に捨てると決めることだってできる。全員が、捨てるのが筋が通ってるって思うなら！

　きみのところが大多数の技術チームと同様なら、コーディング哲学について話し合うのに時間をたくさん使ってはいないんじゃないか。使っているとしたら、解決しなきゃいけない何か特定の技術的問題の文脈の中でおそらく使っていそうだ。そういう場だと、技術的な話と哲学的な話が全部こんがらかってしまうのは避けられない。そんな様子では、進捗はおぼつかない。2つの議論は分けた方がいい。そうした方が、幸せな場所にたどり着ける可能性が高い。

　コードの書き方に関する考えを揃えると、チームとしてもっと効果的に動けるようになる。その状態に到達する最短の方法は、そういう考えについて話し合うことだ。**ルール**が、その種の議論を始める良いきっかけとなりうる。**ルール**は、議論に対して何らかの構造を提供してくれる。構造とはつまり、コードの書き方について合意に至るためのフレームワークだ。そしてそういう合意には価値がある。コーディング哲学を共有し発展させるために投資すれば、何倍もの価値となって返ってくることだろう。

締めくくり

そういうわけで、以上だ！ これ以上**ルール**はない！

この本は書いていて楽しかった。読んで楽しかったと思える本であってほしい。

反応やコメントを共有したい場合は、『ルールズ・オブ・プログラミング』のウェブサイト[†1]を参照してほしい。きみの意見がそのまま/dev/nullにパイプ[†2]されることはないってことを約束する。このウェブサイトでは、本書で使われているソースコードの例も紹介されている。

[†1] 訳注：https://www.therulesofprogramming.com/
https://github.com/the-rules-of-programming/examples

[†2] 訳注：/dev/nullは、Unix系OSで特別な仮想デバイスを表すファイルとして存在する。あるコマンドの出力を別のコマンドの入力とするパイプ（pipe）を通じて出力データをこのデバイスへ送ると、そのデータは破棄される。

付録 **A**

Pythonプログラマーの ためのC++コード読解法

　本書のコード例は、全てC++で紹介されている。ぼくはほとんどの場合C++でプログラミングをやっていて、C++はぼくが一番得意な言語でもある。とはいえ、Pythonもそれなりに書いている。Pythonは、Sucker Punchで2番目に多く使われているプログラミング言語だ。現在、ぼくらのコードベースには、C++が約280万行、Pythonが約60万行ある。

　きみがPythonプログラマーなら、本書のコード例を読むために、C++でプログラミングをやる方法は学ばないでいい。基本的に、コードはコードだ。ループはループ、変数は変数、関数は関数。見た目の違いは、いくつかある。でも、本書に載っているC++コード例の中に出てくる基本的な考え方は、Pythonへとかなり直接的に翻訳できる。そういう翻訳ができるのがぱっと見では分からない場合でもだ！

　本章では、そういう翻訳について説明する。この付録を読み通したからといって、C++のコードを書けるようにはならないだろう。書くためには付録どころか本1冊まるごとの分量を最低でも要する。でも読む能力なら、格段に向上するはずだ。

型

　PythonプログラマーにとってC++を読むってのがいかに単純明快となりうるか示す例ほど、イカしたものはない！ 以下は、数値の配列の和を計算する単純な関数を、まずPythonで書いたものだ。

```
def calculateSum (numbers):

    sum = 0

    for number in numbers:
```

369

```
        sum += number

    return sum
```

そして、C++で書く。

```
    int calculateSum(const vector<int> & numbers)
    {
        int sum = 0;

        for (int number : numbers)
            sum += number;

        return sum;
    }
```

同じコードだよね？　C++版には余計なゴミが入ってるけど、変数やロジックは同じだ。

Pythonプログラマーとしては、本書のコード例に出てくる中括弧やセミコロンはほとんど無視できる。Pythonのインデントと同じように、C++では、中括弧とセミコロンがコードの節を定義する。でもここでは、C++もインデントして節を表示することで、読みやすくしている。だから中括弧とセミコロンにはたいした付加価値がない[†1]。

昔ながらのPythonプログラマーにとってC++で一番混乱するのは、intとかconst vector<int>&とかの構文のような型だ。こういう型の注釈は、注釈された変数や引数（この場合は、整数と、整数のリスト）についてどんな種類の値を期待すればよいか、C++コンパイラーに教える。コンパイラーが実際にコードをコンパイルできるようになるには、型を知らなきゃいけない。

言語としては型のことを気にするよう強いることはないが、Pythonにももちろん型がある。Pythonでは、型の詳細は通常、コンパイル時ではなくコードの実行時に解決される。式の実際の型が何なのか調べたければ、いつでも isinstance() を呼び

[†1] だから、Guido（訳注：オランダ出身のGuido van Rossum [1956-] はPython言語の創始者で2023年現在Microsoftに所属）は中括弧とセミコロンを捨てたってわけ。

出せる。

　C++で早期に型が分かることには利点があり、一番重要なのはバグを早期に見つけるのに役立つことだ。でも、型を指定するってことは、少々多めにコードを書くことになる。C++では必要な手順をPythonではいくつか省略できるので、ちょっとしたコードをとりあえず書くってのが楽になる。

　そういう各言語のアプローチは両方とも魅力があることは、以下のように表現できる。C++の新しいバージョンでは、多くの場合、型の注釈を省略できる。そしてPythonの最近のバージョンでは、型の注釈を追加できる。今では、以下のように、C++に近いPythonが書けるようになっているのだ。

```python
def calculateSum (numbers: Iterable[int]) -> int:

    sum:int = 0

    for number in numbers:
        sum += number

    return sum
```

そして、Pythonに近いC++。

```cpp
auto calculateSum(const vector<int> & numbers)
{
    auto sum = 0;

    for (auto number : numbers)
        sum += number;

    return sum;
}
```

　本書のコード例では、「昔ながらの」C++にこだわり、明示的な型を使っている。それがSucker Punchのポリシーで、その方がコードが読みやすくなるとぼくらは考えている。そこでぼくは、ここでもそのプラクティスを踏襲している。

書式整形とコメント

コードの全般的な構造が、C++ でも Python でも同じになる場合もある。でも、そういう状態に至るまでに使用する構文の方は、C++ と Python で違う部分が 1 番目の例よりも増えることがある。以下は、**ルール 1** に登場する関数で、2 つの配列をリフルシャッフル[†2] して 1 つの配列に統合する関数だ。まず、Python の場合を見る。

```python
# どちらかのリストから無作為に値を選ぶというのを、リストを両方使い切るまで
# やることで、2つのリストを単一のリストにまとめるリフルシャッフルを行う

def riffleShuffle (leftValues, rightValues):

    leftIndex = 0
    rightIndex = 0

    shuffledValues = []

    while leftIndex < len(leftValues) or \
            rightIndex < len(rightValues):

        if rightIndex >= len(rightValues):
            nextValue = leftValues[leftIndex]
            leftIndex += 1
        elif leftIndex >= len(leftValues):
            nextValue = rightValues[rightIndex]
            rightIndex += 1
        elif random.randrange(0, 2) == 0:
            nextValue = leftValues[leftIndex]
            leftIndex += 1
        else:
            nextValue = rightValues[rightIndex]
            rightIndex += 1

        shuffledValues.append(nextValue)
```

[†2]   カードのデッキをシャッフルするみたいに。プロのポーカープレイヤーのふりをしたいなら、ポーカーチップ（訳注：カジノで使用する代用コイン）をシャッフルするのでもいい。

```
    return shuffledValues
```

アルゴリズムは単純で、どちらかのリストから値を選び、シャッフルされた値のリストに追加するというのを、リストを両方使い切るまで行う。C++では、同じコードは次のようになる。

```cpp
// どちらかのリストから無作為に値を選ぶというのを、リストを両方使い切るまで
// やることで、2つのリストを単一のリストにまとめるリフルシャッフルを行う

vector<int> riffleShuffle(
    const vector<int> & leftValues,
    const vector<int> & rightValues)
{
    int leftIndex = 0;
    int rightIndex = 0;

    vector<int> shuffledValues;

    while (leftIndex < leftValues.size() ||
            rightIndex < rightValues.size())
    {
        int nextValue = 0;

        if (rightIndex >= rightValues.size())
        {
            nextValue = leftValues[leftIndex++];
        }
        else if (leftIndex >= leftValues.size())
        {
            nextValue = rightValues[rightIndex++];
        }
        else if (rand() % 2 == 0)
        {
            nextValue = leftValues[leftIndex++];
        }
        else
        {
            nextValue = rightValues[rightIndex++];
```

```
        }

        shuffledValues.push_back(nextValue);
    }

    return shuffledValues;
  }
```

　ここでも、コードの構造は同じだ。これら2つの言語は基本的な機能が同じなので、様々な部分の対応が分かりやすいが、細かい構文の違いはたくさんある。

コメント

　まず、コメントだ。C++のコードにコメントを付ける方法は他にもあるが、本書の例では、バックスラッシュじゃない普通のスラッシュ2つでコメントを付けている。

```
// どちらかのリストから無作為に値を選ぶというのを、リストを両方使い切るまで
// やることで、2つのリストを単一のリストにまとめるリフルシャッフルを行う
```

　Pythonでの、ハッシュ記号を付加するコメントと比較してほしい。

```
# どちらかのリストから無作為に値を選ぶというのを、リストを両方使い切るまで
# やることで、2つのリストを単一のリストにまとめるリフルシャッフルを行う
```

インデントと行分割

　行の分割に関するルールも異なる。C++では、空白文字は全て等価とみなされる。スペース、タブ、改行は交換可能なので、whileループの条件式を2行に分けるのに、特別な構文は不要だ。空白を改行に置き換えるだけでいい。

```
while (leftIndex < leftValues.size() ||
        rightIndex < rightValues.size())
```

　Pythonでは改行が重要なので、条件式が2行にわたる場合、バックスラッシュを使って行が明示的に続くようにしなきゃいけない。

```
while leftIndex < len(leftValues) or \
        rightIndex < len(rightValues):
```

　インデントも、C++では形式がもっと自由で、Pythonプログラマーにとっては慣れが要る場合がある。グループ化の実体は中括弧やセミコロンで定義され、インデントには特に意味はない。このコード例では2つの句が同じ列に並んでいるが、コードを読みやすくするためにそうしてるだけだ。

ブール演算

　C++では、ブール演算は記号で表現される。ブール演算のループ条件では、C++は||を使うが、Pythonはもっと直接的にorを使う。同様に、Pythonのandに対してC++は&&を、Pythonのnotに対してC++は!を使う。

　2つの言語がきっちり揃わないこともある。C++の関数randは整数の乱数を返す。以下の例では、シャッフルの元になるベクターを無作為に選ぶために、対象となる整数の乱数が偶数か奇数かをチェックする。ここで使われている%の文字は剰余の値を計算し、剰余は乱数値が偶数なら0、奇数なら1になる。

```
else if (rand() % 2 == 0)
```

Pythonでは、同じことをやるのに、randomモジュールのrandrange関数を使う。

```
elif random.randrange(0, 2) == 0:
```

リスト

　Pythonが「リスト」と呼ぶものは、C++では「ベクター」と呼ばれる。PythonのリストとC++のベクターは、メソッド名など何もかも名前が異なるものの、ほとんど同じように動作する。C++では、ベクターの最後に要素を追加（append）するためにpush_backという特に素敵な[†3]名前を使う。

---

†3　訳注：push backという語には「押し戻す」という意味があり、appendという直接的な語に比べ、英語話者にはいまいち伝わりにくいという皮肉。

```
shuffledValues.push_back(nextValue);
```

Pythonの appendはもっと明快だ。

```
shuffledValues.append(nextValue)
```

またC++のベクターでは、長さを取得するのに、Pythonのようにグローバルな len関数を呼び出したりせず sizeメソッドを使う。

インクリメント演算子

最後に、っていうか今回の例には細かい点が思ったよりたくさん詰め込まれてたわけだけど、C++には、変数をインクリメントしたりデクリメントしたりするための構文上のショートカットがある。この式は leftValuesから leftIndex番目の値を取得し、leftIndexをインクリメントして、取得した値を nextValueに格納する。

```
nextValue = leftValues[leftIndex++];
```

同じロジックが、Pythonでは2行要る。

```
nextValue = leftValues[leftIndex]
leftIndex += 1
```

というわけで総合的には、細かい違いはたくさんあるとはいえ、今回のC++コード例に出てくる要素全部に対し、かなり類似するものがPythonにもある。

クラス

C++とPythonはどちらもクラスをサポートしており、そのための構文はそれほど大きく変わらない。2つの言語がクラスを実際に**実装する**方法は非常に異なっているが、本書のコード例ではそいつは重要じゃない。C++のクラスはPythonのクラスのようなもので、インスタンスの属性は全て __init__ で設定されると考えれば、本書のコード例を追っていくのは簡単に感じられるはずだ。

以下では、3Dベクトルの概念を実装したPythonのクラスを紹介する。

```python
class Vector:

    _vectorCount = 0

    def __init__(self):
        self.x = 0
        self.y = 0
        self.z = 0
        self._length = 0
        Vector._vectorCount = Vector._vectorCount + 1

    def __del__(self):
        Vector._vectorCount = Vector._vectorCount - 1

    def set(self, x, y, z):
        self.x = x
        self.y = y
        self.z = z
        self._calculateLength()

    def getLength(self):
        return self._length

    def getVectorCount():
        return Vector._vectorCount

    def _calculateLength(self):
        self._length = math.sqrt(self.x ** 2 + self.y ** 2 + self.z ** 2)
```

　どんな3Dベクトルクラスでも、x、y、zの3つの座標を追跡する。今回のクラスに限っては、ベクトルの長さをキャッシュするとともに、現存するベクトルの数を数えたりもする。余談だが、挙げたばかりの機能2つは、PythonとC++の構文の違いを2つ説明するっていう以外に正当な存在理由がない代物だ。

　以下は、前のコード例に相当するC++コードだ。

```cpp
class Vector
{
```

```cpp
public:

    Vector() :
        m_x(0.0f),
        m_y(0.0f),
        m_z(0.0f),
        m_length(0.0f)
        { ++s_vectorCount; }
    ~Vector()
        { --s_vectorCount; }

    void set(float x, float y, float z);

    float getLength() const
    {
        return m_length;
    }

    static int getVectorCount()
    {
        return s_vectorCount;
    }

protected:

    void calculateLength();

    float m_x;
    float m_y;
    float m_z;
    float m_length;

    static int s_vectorCount;
};

void Vector::set(float x, float y, float z)
{
    m_x = x;
    m_y = y;
```

```
    m_z = z;
    calculateLength();
}

void Vector::calculateLength()
{
    m_length = sqrtf(m_x * m_x + m_y * m_y + m_z * m_z);
}
```

ここで、Pythonの利点を1つ、何気なく示してしまった。PythonはC++よりも簡潔なのが普通で、今回の例のPython版では、行数を測るとC++版の約半分となっている。

今回のクラスのバージョン2種には、同じ部分がいくつかあるが、場所が変えられている。場所が変えられた部分が一目瞭然な場合もある。Pythonでは、__init__メソッドはオブジェクトが生成される時に呼ばれ、__del__メソッドはオブジェクトが破棄される時に呼ばれる。

```
class Vector:

    def __init__(self):
        self.x = 0
        self.y = 0
        self.z = 0
        self._length = 0
        Vector._vectorCount = Vector._vectorCount + 1

    def __del__(self):
        Vector._vectorCount = Vector._vectorCount - 1
```

C++では、そういうメソッド2つのメソッド名にクラス名自体が使われている。後者のメソッドを表すには、メソッド名の前にチルダ（~）を付ける。これら2つのメソッドは、C++の世界では**コンストラクター**と**デストラクター**と呼ばれている。また、インスタンス変数を初期化するための特別な構文もある。

```
class Vector
{
public:

    Vector() :
        m_x(0.0f),
        m_y(0.0f),
        m_z(0.0f),
        m_length(0.0f)
        { ++s_vectorCount; }
    ~Vector()
        { --s_vectorCount; }
};
```

　クラスの変数にアクセスする場合は、わずかに異なる構文が使われる。Pythonでは、self キーワードで明示的に指定しなきゃいけない。

```
class Vector:

    def getLength(self):
        return self._length
```

　C++では、オプションだ。C++で self に相当する this を使ってもいいが、クラスの変数は元からスコープ内にある。コンパイラーが暗黙のうちにメンバー変数を参照してくれる。

```
class Vector
{
    float getLength() const
    {
        return m_length;
    }
};
```

　C++で、まだ定義されていない変数への参照のようなものを見かけたら、おそらくクラス変数だ。

可視性

　PythonとC++では、クラスのユーザーが触れてはいけない内部ロジック部分を管理する方法が異なる。Pythonでは、名前をアンダースコアで始めるという規則に従うことになっている。今回のPythonコード例では、その規則をクラス変数に用いている。

```python
class Vector:

    _vectorCount = 0
```

メソッドもある。

```python
class Vector:

    def _calculateLength(self):
        self.length = math.sqrt(self.x ** 2 + self.y ** 2 + self.z ** 2)
```

　C++は、同じ問題を規則ではなく構文で解決している。Vectorクラスの先頭にあるpublicキーワードは、その後に続くものが、そのオブジェクトのインスタンスを持つ者全員にとって可視かつ利用可能であるのを示す。ちょっと下にあるprotectedキーワードは、続く内容を、クラスの外側のコードから隠す。その結果、このクラスのユーザーは、setメソッドは呼び出せるもののcalculateLengthメソッドは呼び出せない。calculateLengthメソッドは、Vectorが持つ他のメソッドの内部からのみ呼び出すことができる。

```cpp
Class Vector
{
public:

    void set(float x, float y, float z);

protected:

    void calculateLength();
};
```

宣言と定義

次に、関数の宣言と定義の分離について見てみよう。Pythonでは、クラスのメソッドは全て、クラス自体の中で定義される。

```python
class Vector:

    def set(self, x, y, z):
        self.x = x
        self.y = y
        self.z = z
        self._calculateLength()

    def getLength(self):
        return self.length
```

本書のコード例の大半は、C++ で同じように関数を定義することだろう。

```cpp
class Vector
{
public:

    float getLength() const
    {
        return m_length;
    }
};
```

でも、メソッドの宣言を分離しているコード例もある。まずコードは、ある名前と型シグネチャーを持つメソッドが存在するのを確かめる。

```cpp
class Vector
{
public:

    void set(float x, float y, float z);
};
```

その後、関数を別途定義する。

```
void Vector::set(float x, float y, float z)
{
    m_x = x;
    m_y = y;
    m_z = z;
    calculateLength();
}
```

　C++では、以上2つの形式は通常、異なる形式でコンパイルされる。クラス内で定義されたメソッドは**インライン**（inline）でコンパイルされる。言い換えると、関数の呼び出し箇所全てに対し、その関数を個別に複製したものが生成されて挿入される。それに対し、宣言と定義が別になっていると、関数の実体は1つだけ存在する。でもこういう2つの形式の区別は本書のコード例では重要じゃないので、気にしなくていい。

　今回の例で最後に指摘したいのは、C++がクラスの属性をどう扱っているかという点だ。Pythonでは、クラスの属性はクラス内の文で定義され、インスタンス属性は__init__メソッドで追加される。

```
class Vector:

    _vectorCount = 0

    def __init__(self):
        self.x = 0
        self.y = 0
        self.z = 0
        self._length = 0
```

　C++では、クラスとインスタンスの両方の属性（C++用語では「メンバー」）がクラス定義で追加される。staticキーワードは、クラスの属性を示す。staticで示されていないものは全部、インスタンスの属性だ。

```
class Vector
{
protected:

    float m_x;
    float m_y;
    float m_z;
    float m_length;

    static int s_vectorCount;
};
```

関数のオーバーロード

　C++には、直接的に類似するものがPythonにないような機能がいくつかある。もちろん逆も然りで、C++にないPythonの機能はたくさんある。でもここでは、C++コードを**読む**ことに目的を絞っているので、そっちは重要じゃない。

　Pythonプログラマーが混乱することがあるのは、同じ名前の関数2つを目にする場合だ。以下はC++でのコード例になる。

```
int min(int a, int b)
{
    return (a <= b) ? a : b;
}

int min(int a, int b, int c)
{
    return min(a, min(b, c));
}

void example()
{
    printf("%d %d\n", min(5, 8), min(13, 21, 34));
}
```

　このコードがどういう風に動作するかは、明確じゃない。min関数を呼び出そうとしたら、どっちのバージョンが呼び出される？　C++コンパイラーは、引数に基づい

てどっちが呼び出されるかを判断する。整数が2つ渡されたら、1番目の関数を呼び、整数3つが渡されたら、2番目の関数を呼ぶ。example関数は5と13を表示する。

あとC++の便利な構文を1個、関数にこっそり入れといた。クエスチョンマーク演算子で、式に基づいて2つの値から1つの値を選べる。

```
return (a <= b) ? a : b;
```

上のコードに相当するPythonコードも、同じくらい風変わりだ。

```
return a if a <= b else b
```

念のためぼくの話を付け加えておくと、このPython構文は、見るたびに困惑する。C++プログラマーをちょっとだけ煙に巻きたい場合、3項式をたくさんコードに追加するのが確実な手だ。

テンプレート

Pythonにない C++の概念には他に、**テンプレート**がある。少々単純化すると、C++のテンプレートは、複数の型を扱う1つのコードの塊を書く方法だ。コンパイラーが、テンプレートで使われる型のセットごとに新しいコードを生成してくれる。

この付録に出てくる1番目の例では、整数値の配列の合計を計算している。浮動小数点値の配列の合計を求めたい場合に、コードを新しく書くかもしれない。

```
float calculateSum(const vector<float> & numbers)
{
    float sum = 0;

    for (float number : numbers)
        sum += number;

    return sum;
}
```

あるいは、テンプレートを使ったバージョンのcalculateSumを1つだけ書き、別

の型向けの関数を書く作業をコンパイラーにやらせることもできる。

```
template <class T>
T calculateSum(const vector<T> & numbers)
{
    T sum = T(0);

    for (T number : numbers)
        sum += number;

    return sum;
}
```

「+=演算子を実装し、かつ値として0をサポートする」という条件を満たす任意の型が、テンプレート版calculateSumの処理対象となる。そういう条件は、整数と浮動小数点数に当てはまるが、他の型でも簡単に整えられる。例えば、何節か前のVectorクラスに対して+=と0を実装すれば、Vectorの配列の和を求めることができるようになる。

Pythonでは、そういうことは一切不要だ。ぼくが書いた、値のリストを合計するPythonコードは、足し算と0への初期化をサポートするどんな型向けでも完璧に動作する。

```
def calculateSum (numbers):

    sum = 0

    for number in numbers:
        sum = sum + number

    return sum
```

コード例にC++のテンプレート構文が出てきたとしても、たいていの場合そういう部分は、そもそもPyhonならテンプレート化なんて全然なくてもうまく動作するコードにあたる。

ポインターと参照

　Pythonではほとんど隠蔽されているものの、C++ではプログラマーが気にしなきゃいけない点が、最後に1つある。引数を**値渡し**するか、**参照渡し**するかという問題だ。Pythonでは、数値や文字列のような単純な型は、**値渡し**となる。変数に代入されたり関数の引数として渡されたりするたびに、新しい複製が作られる。リストやオブジェクトのような型は、もっと複雑だ。以下は、その例になる。

```
def makeChanges (number, numbers):

    number = 3
    numbers.append(21)
    print(number, numbers)

globalNumber = 0
globalNumbers = [3, 5, 8, 13]

print(globalNumber, globalNumbers)
makeChanges(globalNumber, globalNumbers)
print(globalNumber, globalNumbers)
```

このコードを実行すると、以下が表示される。

```
0 [3, 5, 8, 13]
3 [3, 5, 8, 13, 21]
0 [3, 5, 8, 13, 21]
```

　単純な型の値（globalNumber）がmakeChangesの内部で3に変化し、makeChangesから戻ったら0に戻る一方で、globalNumbersリストは元に戻らずに変化していることに注目してほしい。それは、0が値渡しされたからだ。新しい複製が作成されたのは、makeChangesが呼び出された時になる。makeChangesがnumberを3に設定するのは、複製の方を変更しているにすぎない。

　Pythonは、globalNumbersリストのコピーを作成しなかった。元のリストを渡しただけだ。numbersとglobalNumbersの両方が、同じリストを保持してるってわけだ。追加される21という値は、そのリストに追加される。関数から戻る前にnumbersを

表示するか、戻った後にglobalNumbersを表示すると、21が表示される。何故なら、どちらの場合も同じリストを表示しているからだ。

対照的にC++では、以上のこと全てがもっと明示的になっている。全ての変数と引数は、値渡しか参照渡しかが**明示的に**指定される。先のPythonのコードに相当するC++コードは、次のようになる。

```
void makeChanges(int number, vector<int> & numbers)
{
    number = 3;
    numbers.push_back(21);
    cout << number << " " << numbers << "\n";
}
```

numbersの前にあるアンパサンド（&）は重要で、この引数が値渡しではなく参照渡しであることをコンパイラーに伝える。その場合、makeChangesが呼ばれた時にコンパイラーはその引数の複製を作成しない。numberにはアンパサンドがないので、コンパイラーはnumberの複製を作成**する**。

アンパサンドを付ける引数を変えると、コンパイラーはnumbersの複製を作成するが、numberの複製は作成しないようになる。

```
void makeChanges(int & number, vector<int> numbers)
{
    number = 3;
    numbers.push_back(21);
    cout << number << " " << numbers << "\n";
}
```

こっちのバージョンは、異なる出力を生成する。今度は、単純な型の値の方が永久的に変更され、リストは追加された値を排出して元の値に戻る。

```
0 [3 5 8 13]
3 [3 5 8 13 21]
3 [3 5 8 13]
```

　大きな領域を占有する値の複製を作成するコストは高くつくため、そういう複製を避けるために、本書のコード例では参照を多用する。参照にはほとんどの場合、参照渡しとはいえ変更されるべきじゃないものを表すために、const キーワードが付けられる。この付録で最初に出てくる C++ コード例では、そういう const キーワードの付いた参照が現れた（そして何も説明がなかった）。

```
int calculateSum(const vector<int> & numbers)
```

　この使い方では、numbers の複製は作成されない。でもコンパイラーが、numbers の変更も全く許さない。実用上は値渡しするのと本当によく似ているにもかかわらず、はるかに低コストだ。

　最後の注意点として、いくつかの場合にコード例では、参照渡しのために**別の** C++ 構文を使っている（やれやれ）。つまり、**ポインター**だ。ポインターと参照はほとんど全く同じもので、コードが何をやっているか理解しようとしているだけなら、ポインターと参照の違いはあまり重要じゃない。構文の違いのうち重要なのは、以下の通りだ。

- ポインターは & ではなく * で定義する。
- ポインターは、. ではなく -> を使ってメンバーを取得する。
- ポインターから参照に変換する場合は *、参照からポインターに変換する場合は & を使う。

以下は、ポインターを用いて書かれたコード例だ。

```
void example(int number, vector<int> * numbers)
{
    number = 3;
    numbers->push_back(21);
    cout << number << " " << *numbers << "\n";
}

void callExample()
{
```

```
    int number = 0;
    vector<int> numbers = { 3, 5, 8, 13 };
    cout << number << " " << numbers << "\n";
    example(3, &numbers);
    cout << number << " " << numbers << "\n";
}
```

　本書のコード例では、引数の値渡しを意図したものの実際に値渡しにするとコスト
が高い場合には常に、const参照を使う。それ以外の場合は全て、ポインターを使う。

JavaScriptプログラマーの ためのC++コード読解法

　本書のコード例は、全てC++で紹介されている。ぼくはほとんどの場合C++でプログラミングをやっていて、C++はぼくが一番得意な言語でもある。

　きみがJavaScriptプログラマーなら、絶望することはない。JavaScriptプログラマーにとっても**ルール**は有用だ！ 本書のコード例を読むために、C++でプログラミングをやる方法は学ばないでいい。基本的に、コードはコードだ。ループはループ、変数は変数、関数は関数。見た目の違いは、いくつかある。でも、本書に載っているC++コード例の中に出てくる基本的な考え方は、JavaScriptへとかなり直接的に翻訳できる。そういう翻訳ができるのがぱっと見では分からない場合でもだ！

　この付録では、そういう翻訳の方法、つまりC++を読んで、頭の中でJavaScriptと同等なものに変換する方法を説明する。この付録を読み通したからといって、C++のコードを書けるようにはならないだろう。書くためには付録どころか本1冊まるごとを要する。でも読む能力なら、格段に向上するはずだ。

型

　例題の時間だ！ 数値の配列の和を計算する単純な関数を、まずJavaScriptで書いてみよう[†1]。

```
function calculateSum(numbers) {

    let sum = 0;
```

[†1] この例では、JavaScriptのバージョンを選択する必要があった。良くも悪くも、ぼくはES6（訳注：ECMAScript標準規格の、2015年に公開された版）を選んだ。ES6より古いバージョンからバージョンアップできないなら、申し訳ない。

```
    for (let number of numbers)
        sum += value

    return sum;
}
```

そして、C++で書く。

```
int calculateSum(const vector<int> & numbers)
{
    int sum = 0;

    for (int number : numbers)
        sum += number;

    return sum;
}
```

んー……同じコードだな。結局、付録は必要ないのかもしれない。

いや、必要かもしれない。JavaScriptの構文はC言語の構文に強く影響されており、Pythonの付録でやったように中括弧やセミコロンの意味を説明する必要はないが、癖のある違いはたくさんある。

まず、C++では全てにスコープがある。コード例で定義されている全ての変数の前に、letやconstがあるのを思い浮かべてみてほしい。というのも、そういう状態が、C++では全ての変数に暗黙的に当てはまるからだ。

きみがまだTypeScriptに手を出してないなら、あるいはこれまでのプログラミングのキャリアでは素のJavaScriptに固執してきたなら、コード例に出てくる明示的な型は、混乱を招くかもしれない。intやconst vector<int>&といった型注釈は、期待する値の種類（この場合は、整数と、整数のリスト）をC++コンパイラーに伝えるものだ。コンパイラーは、実際にコードをコンパイルする前に、型を知る必要がある。

言語としては型のことを気にするよう強いることはないが、JavaScriptにももちろん型がある。式の型を本当に気にしているなら、typeof()を呼び出せる。でも普通は、気にすることはない。JavaScriptでは、型の詳細は通常、コンパイル時ではなくコードの実行時に解決される。でも、いつもそうなるわけじゃない。ウェブブラ

ウザーは、どんな値であれ、型を一生懸命推論しようとする。型推論ができれば、JavaScriptコードをもっと効率的な形式にコンパイルでき、もっと速く実行できるからだ。

他方C++は、型推論を挟まずに、「もっと速く実行できる」という結果の部分へと直接、一足飛びに到達する。ただし、それと引き換えに、コードを書く上での手順が増える。また、型が分かっているということは、コンパイラーがあらゆる種類のバグを早期発見できるということであり、巨大な利点となる。

そういう各言語のアプローチは両方とも魅力があることは、以下のように表現できる。C++の新しいバージョンでは、多くの場合、型の注釈を省略できる。そしてJavaScriptの拡張として人気の高まっているTypeScriptでは、型の注釈を追加できる。今では、以下のように、C++に近いJavaScript/TypeScriptが書けるようになっているのだ。

```
function calculateSum(numbers: int[]): int {

    let sum: int = 0;

    for (let number of numbers)
        sum += number;

    return sum;
}
```

そして、JavaScriptに近いC++。

```
auto calculateSum(const vector<int> & numbers)
{
    auto sum = 0;

    for (auto number : numbers)
        sum += number;

    return sum;
}
```

本書のコード例では、「昔ながらの」C++にこだわり、明示的な型を使っている。それがSucker Punchのポリシーで、その方がコードが読みやすくなるとぼくらは考えている。そこでぼくは、ここでもそのプラクティスを踏襲している。

配列

C++とJavaScriptは表面的には似ているが、癖のある違いが無数にある。以下は、配列の値を反転させる簡単な例で、まずはJavaScript版だ。

```
function reverseList(values) {

    let reversedValues = []

    for (let index = values.length; --index >= 0; ) {
        reversedValues.push(values[index]);
    }

    return reversedValues;
}
```

そして、C++版だ。

```
vector<int> reverseList(const vector<int> values)
{
    vector<int> reversedValues;

    for (int index = values.size(); --index >= 0; )
        reversedValues.push_back(values[index]);

    return reversedValues;
}
```

ここでも、コードは非常によく似ている。JavaScriptの配列に最も近い、C++での類似した型は、vector型だ。概念としては同じだが、細部が異なる。JavaScriptでは、lengthプロパティが、配列に含まれる要素数を教えてくれる。C++にはプロパティはなく、データメンバーとメソッドだけだ。C++では、size()メソッドを呼

び出せばベクター内の要素数を得られる。

　同様に、JavaScriptの配列もC++のベクターも、新しい要素を追加できる。C++ではpush_back()メソッドで追加するのに対し、JavaScriptではpush()で追加する。相互の翻訳は非常に簡単だ。

　注目すべきは、両言語が共有する構文の裏に、大きな違いが潜んでいることだ。例えば、JavaScriptの配列であるvaluesは、**あらゆる型**のリスト配列になり得る。

　[1, "hello", true]みたいに、全く異なる型が混在している場合さえある。それに対して、コード例に出てくるC++のベクターは常に、整数のリストでしかない。

　でもC++コード例を読む分には、その点は問題にはならないだろう。JavaScriptでは、C++のコード例よりも柔軟に型を扱えるが、単純な型のリストを扱うことにかけてはJavaScriptは完全に問題ない。

クラス

　C++とJavaScriptはどちらもクラスをサポートしており、そのための構文はそれほど大きく変わらない。2つの言語がクラスを実際に**実装する**方法は非常に異なっているが、本書のコード例ではそいつは重要じゃない。C++のクラスを、全フィールドをパブリックまたはプライベート[2]なフィールドとして宣言する形で定義されたJavaScriptクラスと見なせば、本書のコード例は簡単に理解できるはずだ。

　以下では、3Dベクトルの概念を実装したJavaScriptのクラスを紹介する。

```
class Vector {

    constructor () {
        ++Vector.#vectorCount;
    }

    set (x, y, z) {
        this.#x = x;
        this.#y = y;
        this.#z = z;
        this.#calculateLength();
```

---

[2] 訳注：JavaScriptでは、ES6で、classキーワードによりクラスを定義する機能や、クラス内からのみアクセスできるプライベートなフィールドやメソッドを定義する機能が追加された。

```
    }

    getLength () {
        return this.#length;
    }

    static getVectorCount() {
        return Vector.#vectorCount;
    }

    #calculateLength () {
        this.#length = Math.sqrt(
                                this.#x ** 2 +
                                this.#y ** 2 +
                                this.#z ** 2);
    }

    #x = 0
    #y = 0
    #z = 0
    #length = 0

    static #vectorCount = 0
};
```

そして、以上のコードに相当する C++ のクラスは、以下の通りだ。

```
class Vector
{
public:

    Vector() :
        m_x(0.0f),
        m_y(0.0f),
        m_z(0.0f),
        m_length(0.0f)
        { ++s_vectorCount; }
    ~Vector()
```

```
        { --s_vectorCount; }

    void set(float x, float y, float z);

    float getLength() const
    {
        return m_length;
    }

    static int getVectorCount()
    {
        return s_vectorCount;
    }

protected:

    void calculateLength();

    float m_x;
    float m_y;
    float m_z;
    float m_length;

    static int s_vectorCount;
};

void Vector::set(float x, float y, float z)
{
    m_x = x;
    m_y = y;
    m_z = z;
    calculateLength();
}

void Vector::calculateLength()
{
    m_length = sqrtf(m_x * m_x + m_y * m_y + m_z * m_z);
}
```

Vector クラスの 2 つのバージョンには、同じ部分がいくつかあるが、場所が変えられている。相互の翻訳は、大部分は単純明快だ。JavaScript では、this キーワードを使うか、クラスフィールドのクラス名を使って、フィールドへアクセスしているという点を明示的に指定しなきゃいけない。

```
class Vector {

    getLength () {
        return this.#length;
    }

    static getVectorCount() {
        return Vector.#vectorCount;
    }

    #length = 0

    static #vectorCount = 0
};
```

こういう場合 C++ では、明示的に指定してもいい。通常のメンバー参照には this-> を、静的なメンバー参照には Vector:: をそれぞれ指定して、どちらを参照しているのか曖昧で分からない場合を解消できる。でもメンバーを暗黙的に使うこともでき、コード例は全てそういう風になっている。

```
class Vector
{
public:

    float getLength() const
    {
        return m_length;
    }

    static int getVectorCount()
    {
```

```
        return s_vectorCount;
    }

protected:

    float m_length;

    static int s_vectorCount;
};
```

　以上2つの例では、メンバーの可視性が両言語でどう扱われるかも示している。プライベートなフィールドは、JavaScriptではハッシュタグ（#）が接頭辞として付いた名前になっている。C++では、プライベートなフィールドを表すのにprivateキーワードが使われる。privateキーワードは、宣言されるメソッドとメンバーが全てプライベートと見なされる部分の開始を意味する。本書のコード例は全て、似たようなキーワードであるprotected[3]を使っている。

　コンストラクターに移ろう！ JavaScriptでは、新しいVectorが作成される際に、特別なconstructor関数が呼び出される。

```
class Vector {

    constructor () {
        ++Vector.#vectorCount;
    }
};
```

　C++では、このメソッドにはクラス名そのものが使われる。それにもかかわらず、（やや紛らわしいが）**コンストラクター**と呼ばれる。

```
class Vector
{
public:
```

<hr>

[3]　訳注：C++では、privateキーワードで指定したメンバーにはそのクラス自体の中でのみアクセスできるのに対し、protectedキーワードで指定したメンバーにはそのクラス自体に加え派生クラスの中からもアクセスできる。

```
    Vector() :
        m_x(0.0f),
        m_y(0.0f),
        m_z(0.0f),
        m_length(0.0f)
        { ++s_vectorCount; }
    };
```

C++のクラスには、JavaScriptにはほとんど存在しない、**デストラクター**という
重要な概念もある。オブジェクトのコンストラクターは、オブジェクトが生成される
時に呼び出され、デストラクターはオブジェクトが破棄される時に呼び出される。デ
ストラクターもクラス名を使うが、今回はチルダ (~) が先頭に付く。

```
class Vector
{
public:

    ~Vector()
        { --s_vectorCount; }
};
```

JavaScriptには、C++のデストラクターと本当に等価なものは存在しない。一番
近いのはFinalizationRegistryオブジェクトへのコールバック登録で、JavaScript
に最近追加された（間違いなく）不十分な機構だ[†4]。この機構は、C++のデストラク
ターと挙動が全く同じなわけじゃない。C++だと、オブジェクトがスコープ外に出
ると即座にデストラクターが呼び出される。関数内のローカル変数としてVectorを
作成する例を、以下に示す。

```
void functionA()
{
    printf("%d, \n", Vector::getVectorCount());
    Vector a;
    printf("%d, \n", Vector::getVectorCount());
```

---

† 4　訳注：JavaScriptの標準規格ECMAScriptに、2021年のES12 (ES2021) で追加された。

```
    };

    Vector b;
    functionA();
    printf("%d\n", Vector::getVectorCount());
```

このコードは、実行すると「1, 2, 1」と表示する。aのデストラクターはfunctionA
が戻った時に呼び出されるので、s_vectorCountは直ちにデクリメントされる。
JavaScriptでは、FinalizationRegistryに登録したコールバックはどれもガベージ
コレクションによって起動され、そのタイミングは実装依存だ。JavaScriptでは、
前出のC++のコード例と同じタイミングを得るための、信頼性がある方法はない。
　そいつは残念。デストラクターがないので、便利な小技でも使えないやつが出てく
る。Sucker Punchのコードでは、様々な対象を管理するにあたっての堅牢な方法と
して、オブジェクトの生存時間がよく使われる。そして、本書のC++コード例でも
その一端を目にすることになる。デストラクターは直ちに呼び出されるってことさえ
とにかく覚えておけば、話にはついていけるだろう。

宣言と定義

　次に、関数の宣言と定義の分離について見てみよう。JavaScriptでは、クラスの
メソッドは全て、クラス自体の中で定義される。

```
    class Vector {

        set (x, y, z) {
            this.#x = x;
            this.#y = y;
            this.#z = z;
            this.#calculateLength();
        }

        getLength () {
            return this.#length;
        }
```

本書のコード例の大半は、C++ で同じように関数を定義することだろう。

```cpp
class Vector
{
public:

    float getLength() const
    {
        return m_length;
    }
};
```

でも、メソッドの宣言を分離しているコード例もある。まずコードは、ある名前と型シグネチャーを持つメソッドが存在するのを確かめる。

```cpp
class Vector
{
public:

    void set(float x, float y, float z);
};
```

その後、関数を別途定義する。

```cpp
void Vector::set(float x, float y, float z)
{
    m_x = x;
    m_y = y;
    m_z = z;
    calculateLength();
}
```

C++ では、以上 2 つの形式は通常、異なる形式でコンパイルされる。クラス内で定義されたメソッドは**インライン** (inline) でコンパイルされる。言い換えると、関数の呼び出し箇所全てに対し、その関数を個別に複製したものが生成されて挿入される。それに対し、宣言と定義が別になっていると、関数の実体は 1 つだけ存在する。

でもこういう2つの形式の区別は本書のコード例では重要じゃないので、気にしなくていい。

関数のオーバーロード

　C++には、直接的に類似するものがJavaScriptにないような機能がいくつかある。もちろん逆も然りで、C++にないJavaScriptの機能はたくさんある。でもここでは、C++コードを**読む**ことに目的を絞っているので、そっちは重要じゃない。

　JavaScriptプログラマーが混乱することがあるのは、同じ名前の関数2つを目にする場合だ。以下はC++でのコード例になる。

```
int min(int a, int b)
{
    return (a <= b) ? a : b;
}

int min(int a, int b, int c)
{
    return min(a, min(b, c));
}

void example()
{
    printf("%d %d\n", min(5, 8), min(13, 21, 34));
}
```

　このコードがどういう風に動作するかは、明確じゃない。min関数を呼び出そうとしたら、どっちのバージョンが呼び出される？ C++コンパイラーは、引数に基づいてどっちが呼び出されるかを判断する。整数が2つ渡されたら、1番目の関数を呼び、整数3つが渡されたら、2番目の関数を呼ぶ。example関数は5と13を表示する。

　JavaScriptでは代わりに、任意の数の引数に対応するmin関数を1つだけ書くことになる。こんな調子だ。

```javascript
function min () {

    if (arguments.length == 0)
        return Infinity;

    let result = arguments[0];
    for (let index = 1; index < arguments.length; ++index) {
        result = Math.min(result, arguments[index])
    }

    return result;
}
```

　もちろん、これは Math.min がやることそのものなので、この関数は自分で書かなくてもいい！

テンプレート

　JavaScript にない C++ の概念には他に、**テンプレート**がある。少々単純化すると、C++ のテンプレートは、複数の型を扱う 1 つのコードの塊を書く方法だ。コンパイラーが、テンプレートで使われる型のセットごとに新しいコードを生成してくれる。
　この付録に出てくる 1 番目の例では、整数値の配列の合計を計算している。浮動小数点値の配列の合計を求めたい場合に、コードを新しく書くかもしれない。

```cpp
float calculateSum(const vector<float> & numbers)
{
    float sum = 0;

    for (float number : numbers)
        sum += number;

    return sum;
}
```

　あるいは、テンプレートを使ったバージョンの calculateSum を 1 つだけ書き、別の型向けの関数を書く作業をコンパイラーにやらせることもできる。

```
template <class T>
T calculateSum(const vector<T> & numbers)
{
    T sum = T(0);

    for (T number : numbers)
        sum += number;

    return sum;
}
```

「+=演算子を実装し、かつ値として0をサポートする」という条件を満たす任意の型が、テンプレート版calculateSumの処理対象となる。そういう条件は、整数と浮動小数点数に当てはまるが、他の型でも簡単に整えられる。例えば、何節か前のVectorクラスに対して+=と0を実装すれば、Vectorの配列の和を求めることができるようになる。

JavaScriptでは、そういうことは一切不要だ。ぼくが書いた、値のリストを合計するJavaScriptコードは、足し算と0への初期化をサポートするどんな型向けでも完璧に動作する。

```
function calculateSum(number) {

    let sum = 0;

    for (let number of numbers)
        sum += number

    return sum;
}
```

コード例にC++のテンプレート構文が出てきたとしても、たいていの場合そういう部分は、そもそもJavaScriptならテンプレート化なんて全然なくてもうまく動作するコードにあたる。

ポインターと参照

　JavaScriptではほとんど隠蔽されているものの、C++ではプログラマーが気にしなきゃいけない点が、最後に1つある。引数を**値渡し**するか、**参照渡し**するかという問題だ。JavaScriptでは、数値や文字列のような単純な型は、**値渡し**となる。変数に代入されたり関数の引数として渡されたりするたびに、新しい複製が作られる。リストやオブジェクトのような型は、もっと複雑だ。以下は、その例になる。

```
function makeChanges (number, numbers) {
    number = 3;
    numbers.push(21);
    console.log(number, numbers);
}

let globalNumber = 0;
let globalNumbers = [3, 5, 8, 13];

console.log(globalNumber, globalNumbers);
makeChanges(globalNumber, globalNumbers);
console.log(globalNumber, globalNumbers);
```

　このコードを実行すると、以下が表示される。

```
0 [3, 5, 8, 13]
3 [3, 5, 8, 13, 21]
0 [3, 5, 8, 13, 21]
```

　単純な型の値（globalNumber）がmakeChangesの内部で3に変化し、makeChangesから戻ったら0に戻る一方で、globalNumbersリストは元に戻らずに変化していることに注目してほしい。それは、0が値渡しされたからだ。新しい複製が作成されたのは、makeChangesが呼び出された時になる。makeChangesがnumberを3に設定するのは、複製の方を変更しているにすぎない。

　JavaScriptは、globalNumbersリストのコピーを作成しなかった。元のリストを渡しただけだ。makeChangesの中のnumbersと外のglobalNumbersの両方が、同じリストを保持してるってわけだ。追加される21という値は、そのリストに追加

される。関数から戻る前にmakeChangesの中のnumbersを表示するか、戻った後に
makeChangesの外のglobalNumbersを表示すると、21が表示される。何故なら、どち
らの場合も同じリストを表示しているからだ。

　対照的にC++では、以上のこと全てがもっと明示的になっている。全ての変数と
引数は、値渡しか参照渡しかが**明示的**に指定される。先のJavaScriptのコードに相
当するC++コードは、次のようになる。

```
void makeChanges(int number, vector<int> & numbers)
{
    number = 3;
    numbers.push_back(21);
    cout << number << " " << numbers << "\n";
}
```

　numbersの前にあるアンパサンド（&）は重要で、この引数が値渡しではなく参照渡
しであることをコンパイラーに伝える。その場合、makeChangesが呼ばれた時にコン
パイラーはその引数の複製を作成しない。numberにはアンパサンドがないので、コ
ンパイラーはnumberの複製を作成**する**。

　アンパサンドを付ける引数を変えると、コンパイラーはnumbersの複製を作成する
が、numberの複製は作成しないようになる。

```
void makeChanges(int & number, vector<int> numbers)
{
    number = 3;
    numbers.push_back(21);
    cout << number << " " << numbers << "\n";
}
```

　こっちのバージョンは、異なる出力を生成する。今度は、単純な型の値の方が永久
的に変更され、リストは追加された値を排出して元の値に戻る。

```
0 [3 5 8 13]
3 [3 5 8 13 21]
3 [3 5 8 13]
```

　大きな領域を占有する値の複製を作成するコストは高くつくため、そういう複製を避けるために、本書のコード例では参照を多用する。参照にはほとんどの場合、参照渡しとはいえ変更されるべきじゃないものを表すために、constキーワードが付けられる。この付録で最初に出てくるC++コード例では、そういうconstキーワードの付いた参照が現れた（そして何も説明がなかった）。

```
int calculateSum(const vector<int> & numbers);
```

　この使い方では、numbersの複製は作成されない。でもコンパイラーが、numbersの変更も全く許さない。実用上は値渡しするのと本当によく似ているにもかかわらず、はるかに低コストだ。

　最後の注意点として、いくつかの場合にコード例では、参照渡しのために**別の**C++構文を使っている（やれやれ）。つまり、**ポインター**だ。ポインターと参照はほとんど全く同じもので、コードが何をやっているか理解しようとしているだけなら、ポインターと参照の違いはあまり重要じゃない。構文の違いのうち重要なのは、以下の通りだ。

- ポインターは&ではなく*で定義する。
- ポインターは、.ではなく->を使ってメンバーを取得する。
- ポインターから参照に変換する場合は*、参照からポインターに変換する場合は&を使う。

以下は、ポインターを用いて書かれたコード例だ。

```
void example(int number, vector<int> * numbers)
{
    number = 3;
    numbers->push_back(21);
    cout << number << " " << *numbers << "\n";
}

void callExample()
{
```

```
        int number = 0;
        vector<int> numbers = { 3, 5, 8, 13 };
        cout << number << " " << numbers << "\n";
        example(3, &numbers);
        cout << number << " " << numbers << "\n";
    }
```

　本書のコード例では、引数の値渡しを意図したものの実際に値渡しにするとコスト
が高い場合には常に、const参照を使う。それ以外の場合は全て、ポインターを使う。

訳者あとがき

　2020年のことだ。侍が、大量のススキがなびく金色の野山を馬で駆けていく。刀の一閃で勝負の決着がつく。紅葉が散る中、紅蓮の焔が燃え盛る。時代劇映画の1シーンと言われても違和感のない数々の情景を、高精細なグラフィックスでリアルタイムに描き出す――そんなゲームプレイ予告動画を2018年に披露したビデオゲームが、満を持して発売されたのは、パンデミックが世界を震撼させている最中だった。

　どこまでも日本的なそのゲームを最後までプレイし、極めてドラマティックな終局を迎えた後には、開発者たちの名前が挙がるクレジットが流れ出す。しかし、その中に、日本人らしき名前は見当たらないのだ。

　時は流れ、2023年3月、サンフランシスコに私はいた。Game Developers Conference（GDC）2023に、4年ぶりに現地参加するためだ。GDC 2020は参加寸前に渡航取りやめを余儀なくされ、2022年から米国出張は再開していたもののサンフランシスコ訪問は4年ぶりで、感慨ひとしおだった。パンデミックを経て荒廃したと伝えられた街は、私の目からは、かつてと何ら変わりない活気を帯びてそこにあるように見えた。2019年までは毎年訪れる機会のあった街を離れていた期間が圧縮され、時が再び動き出したかのようだった。

　久々の本格開催となったGDCは、世界各国から参加者を多数集めて以前にも増した盛り上がりを見せることで復活を印象付け、かつてのようにセッションを聴講しつつ新旧様々な人々と直接話すことができ、実り多いイベントになった。一方で、私個人にとってひときわ大きな意味を持つ出会いもあった。

　GDC期間中は、サンフランシスコの中心を行き交う人口が膨れ上がる。目抜き通りであるマーケットストリートに面したコーヒーショップへ朝一番に向かうと、行列ができていた。用意に時間を要さないであろうハイビスカスジュースを注文し、待つ間に立って携帯電話をチェックしていると、待ち合わせた人物に声をかけられ、握手を交わす。

　その人物こそChris Zimmermanであり、つまり本書の著者だ。冒頭に挙げたゲームは、米国の開発スタジオSucker Punch Productionsが開発した『Ghost of Tsushima』で、PlayStation 4の掉尾を飾る名作であり、その開発チームを率いるChrisは、クレジットでプログラミングチームの筆頭に登場する。そしてChrisは、Sucker Punchの共同創業者でもある。さらに、GDCの諮問委員も務めている。メンターを担当したセッションが当日あるとのことで、その前の時間帯に会話を交わす機会を得られたのだった。

　米国西海岸のシアトル近郊に拠点を構えるSucker Punchは、1997年に創業後、2011年にソニーインタラクティブエンタテインメント（SIE）に買収され100％子会社となった。以降はPlayStation Studiosの一員として、PlayStation向けのゲーム開発を行っている。Chrisによると、SIE傘下でも一定の技術的独立性を保っているという。シアトル周辺には、AmazonやMicrosoftといった巨大企業から、ValveやNintendo of America、同じPlayStation Studiosに合流したBungie等のゲーム開発会社まで、テック企業が多数存在し、いわゆるシリコンバレーやサンフランシスコ・ベイエリアに次ぐIT産業の一大中心地となっている。

　今日のゲームは巨大エンターテインメント産業であり、狭義の映像産業としての劇場映画興行の規模はとっくに超え、いまだ発展の途上にある。2021年の世界映像産業市場規模は3282億ドルで、うち劇場映画が213億ドル、デジタル配信が719億ドル、有料TVが2285億ドルとされる[1]のに対し、2022年の世界ゲーム市場規模は、1829億ドル（26兆円）とされる[2]。ゲーム市場の半分を占める最大セグメントは携帯電話向けアプリだが、次いで大きい3割を占めるのが、PlayStation等のコンソールゲーム機用ゲームだ。コンソール向けの、『Ghost of Tsushima』のようなAAA（トリプルエー）[3]と呼ばれるカテゴリーのゲームに至っては、1作品あたり100億円を優に超える規模の予算が投下されると言われる。

　2023年6月にFTC対Microsoftの裁判へソニーから提出された資料によれば、『Ghost of Tsushima』を抑えて2020年にゲーム・オブ・ザ・イヤー（GOTY）に輝いた、同じPlayStation Studiosに属するNaughty Dogの作品『The Last of Us

---

[1]　MPA調べ。https://www.motionpictures.org/research-docs/2021-theme-report/

[2]　Newzoo調べ。https://newzoo.com/resources/blog/the-latest-games-market-size-estimates-and-forecasts

[3]　ゲーム業界で、制作規模が群を抜いて大きな部類のゲームを区別して指すために使われるようになった慣用表現で、厳密な定義があるわけではない。

Part II』の開発費は、2億2千万ドル（312億円）だった。そんな巨大プロジェクトが損益分岐点を超えて黒字化するには、当然ながら開発費以上の売上を得て開発費を回収しなければならない。一体何本のゲームを売る必要があるのかという計算をしてみれば、制作担当者の苦労が推し量れるというものだ。

そのような産業規模を背景知識として仕入れておくと、AAAゲーム自体を駆動するエンジンを開発する、屋台骨であるところのソフトウェアエンジニアたちとは、F1レースドライバーやプロ野球選手のような、少数しかいない選りすぐりの精鋭たちに違いないという類推も、容易に働く。実際それは誤りではなく、AAAゲーム開発チームの中ですら、希少な人員にあたる。AAAゲームの開発チームは数百人規模に達するが、チームの規模拡大に比例して増加するのはアートやレベルやスクリプトといったコンテンツデータの制作チームであり、コードを書くソフトウェアエンジニアはほとんど増加しない。本書で言う「コーダー」とは、そんな手練れのソフトウェアエンジニアたちまで含む。

かつてSteve Jobsは、人文的なリベラルアーツと技術とが交わるところに存在するのがAppleであると述べた。ゲームも、まさにアートとサイエンスとが交わる媒体だ。とはいえ、サイエンスの担い手としての、少数のエリートであるコーダーたちが、全体のフレームワークを規定している、というAAAゲームの構造は、前提として指摘しておくべきだろう。そして、そんな百戦錬磨のコーダーでさえ注意を払わざるをえないほど重要な、プログラミングにおける暗黙のルールの数々を言語化してみせたのが、他でもない本書だ。

PlayStation Studios内には、『アンチャーテッド』シリーズのみならず『The Last of Us』シリーズもヒットさせたNaughty Dog、『ゴッド・オブ・ウォー』で知られるSanta Monica Studioといった米国のスタジオから、『グランツーリスモ』を擁する日本のポリフォニー・デジタル、『KILLZONE』や『Horizon』を開発したオランダのGuerrilla Gamesまで、シングルプレイヤーキャンペーンでの高いストーリー性やプレイアブル性と、ハードウェアを使い倒す技術的達成を両立させた、非の打ち所のない実績を備えるファーストパーティスタジオ群が日米欧の各地域にひしめいている。そのような猛者たちの中にあってSucker Punchは、技術の高さの面で疑いようもない佳作は多数あったものの、米国のみならず世界中のゲーマーの心を掴んで離さない魅力を発揮しつつ批評家からも高い評価を集めるような、文句なしの大ヒット作品には恵まれておらず、前出のスタジオ群に比べ精彩を欠く、との印象がかつてはあったように思う。そんな中で登場し、Sucker Punchの声望を一気に押し上

げたのが、『Ghost of Tsushima』だった。世界中で大きな販売実績を残し（2023年5月には、日本国内の販売実績が100万本を超えたことが発表された[†4]）、Metacritic[†5]批評家スコアも83という高得点を挙げている。

　本書がユニークなのは、スタートアップを起業し、商業的に大成功したソフトウェア製品の開発を、自ら手を動かしつつ最初から最後まで率いた立役者が、プログラミングに関する書籍を書いている、という事実だ。そのような書籍は、類例を見ない[†6]。書籍に限らず、ソーシャルメディアや職場で目にする、理念を弄ぶ机上の空論や、手法が目的化した空疎な言葉のゲームに、辟易している読者もいることだろう。そのようなものとは一線を画する、大規模で長期的な成功経験（ならびにその成功を可能にした、数限りない失敗経験）に裏打ちされた書籍こそ、読むに値すると考える読者も少なくないのではないか。論理的に当然導かれるルールというより、厳密に正しい解が存在するわけではない曖昧な状況で何らかのトレードオフの果てに解を得る経験則について述べた書籍なら、なおさら、トレードオフの結果が快刀乱麻を断つかのように成功だったという事実が物を言う。「実践的」と銘打った本は数多いが、「実戦」を勝ち抜いてきた経験者の著作という意味で、本書は群を抜いている。

　本書に収められている個々の知見が、全て新奇なものかと言えば、決してそんなことはない。例えば、拙訳『Googleのソフトウェアエンジニアリング』（オライリー・ジャパン刊。以下、Google本）との共通点も随所に見られる。両者とも、C++で開発される技術基盤の話で、コードレビューによる知識共有や、暗黙的に形成される依存関係に関する警告などが言及される。

　だが同時に、Google本との差異も、目を背けようがないほどに目立つ。私が本書を初めて読んだ時、今日絶対的な支持を受けるかに見えるテスト駆動開発を相対化する内容に、衝撃を覚えたものだ。また、前提となる開発規模にも違いがある。少なくとも、エンジニアリングチームの規模は、全く異なる。かたや万単位のエンジニア人員数を抱える超大企業Google、一方30人弱のエンジニアが支えるSucker Punch。AAAゲームなのにそんな人数なのかと驚いた読者も多いのではないか。大伽藍の如

[†4]　https://twitter.com/PlayStation_jp/status/1659494100859772929
[†5]　映画、ゲーム、テレビ番組、音楽アルバムの、様々な評価レビューを重み付けして平均したメタスコアを掲載しているサイトで、内部的な評価指標にメタスコアを用いているゲーム開発企業もあるといわれるほどゲーム業界内で影響力がある。https://www.metacritic.com/
[†6]　絶無なわけではない。例えば、『ハッカーと画家——コンピュータ時代の創造者たち』（Paul Graham 著、川合史朗 監訳、オーム社、2005年）。

くそびえ立つGoogleのシステムに対し、秘伝のスープのように継ぎ足されてきた四半世紀分のコードの蓄積がSucker Punchにはあるとはいえ、人員規模の面では『Ghost of Tsushima』の主人公のようなゲリラ戦術を用いているかに見える。

　人員規模が違えば、コードレビュー1つ取ってみても、複数タイムゾーンをまたいだ非同期レビューと、社内で起こるリアルタイムなレビューといった違いがある。「大は小を兼ねる」とは言うものの、Googleのような巨大すぎる対象のベストプラクティスは応用できないと諦めていた者にとっても、1桁違うほどではない人数の違いなら、かろうじて想像力が追いつきそうだ。

　そうしてみると、エンジニアリングチームの規模だけを見れば、「規模が違いすぎて全く想像もつかない」という読者は少ないように思える。本を読んでも学ぶべきことがないという逃げに走る道は、容易には見つからない。それでも著者の成功経験を生存バイアスであると断じて注意を払わない者がいたとして、本書では、著者がわざわざ冒頭で、「自己が身を置く環境と異なる環境から学ぶことの意味」を親切にも解説してくれているのだから、退路は完全に断たれたと言えるだろう。最終章であらためて強調されることだが著者は、本書の内容をただ無批判に飲み込むというよりは、メタな視点から批判的に俯瞰する、知識の相対化をも求めている。それはつまり、本という媒体を通じて学ぶという、その行為自体の意味を語っているに等しい。Google本と本書は、対立するというより、両者を比べて読めば、エンジニアリングやプログラミングをめぐる学びを深められる補完関係にある。

　『Ghost of Tsushima』というゲーム作品自体が、異文化に衝き動かされた他者との悲劇的衝突を触媒として、自らが何者であるかをはっきりと悟るに至る過程を描いた物語であるとすれば、本書における異文化との遭遇は、読者の中に何をもたらすだろうか。同質性の中での戯れに終始するコンフォートゾーンを脱し、広い多様な世界を見ることで得られるものがあるというのが、著者の教えだ。自分の環境に100％合致し、指示されるままに実行すれば成功が約束される手順書を待つ、怠惰な読者に留まるのか。それともゲームの主人公よろしく、生い立ちは孤独だとしても、未来へ誘う風の声を聴きながら、得た仲間とともに能動的に道を探ってゆくのか。このゲームでの選択権は、読者自身の手にある。

　環境の差異で、他にも問題になる点があるとすれば、本書はゲーム開発現場での経験を下敷きにしているため、他分野のソフトウェアエンジニアにはなじみが薄い知識を要求されはしないかと危惧する向きがあるかもしれない。その部分の知識は、拙著『ゲームアプリの数学』（SBクリエイティブ）のような書籍を読めば補えるものの、本

書では関連箇所全てに訳注を施し、よどみない読書体験が得られるよう努めた。また本書自体が、PythonやJavaScriptのプログラマーに対してC++の読み方を教える付録を巻末に備えており、多様な読者にとってのアクセス性を高めている。

　加えて本書の特徴として言及しておきたいのは、その文体だ。真摯な論文集であるGoogle本の訳出の際には、正しさを最優先に置いた。映画の翻訳字幕やTVニュースの解説など、時間の尺に制限がある場合だと、情報の欠落が生じる不可逆圧縮的な変換が行われる。そのような翻訳はせず、忠実さと分かりやすさとを両立させるために、章によって文語調にもなる文体も含め、多少冗長になったとしても原書の情報を完全に伝えた上で補足を行うよう努めていた。本書でもその基本姿勢は変わらないが、加えて考慮したのは、文を読んでいく際のリズムだ。そもそもChrisと会った際も、開口一番に言われたのは口語調の文体のことで、日本語版まえがきでもその話が出てくる。軽妙洒脱なスタイルを意識的に維持徹底したことを本人から聞き、既に進めていた翻訳の方針で誤っていなかったのが確認できたことは、会う機会を得られたことによる収穫だった。Google本でも登場した概念を扱いつつも、基本を楽しく押さえられるため、初学者にとって親切な作りとなっていることは、あらためて確認しておこう。遊び心のある、おもてなし精神旺盛なスタイルは、Chrisが、人間の快楽を最大化することを目指すエンターテインメント業界の住人であることと無関係ではないだろう。エンターテインメント業界自体にも、古典的なソフトウェア業界とはまた違う、人を惹きつけてやまない魔術的な魅力が存在する。

　そして私からChrisに伝えたのは、本書の主要テーマと言明されている、アインシュタインの言葉に基づく**ルール1**（「できるだけ単純であるべきだが、単純化してはいけない」）に覚えた共感だ。本書で言うところの**ルール**は、格言やことわざの形式を取り、その性質上短く簡潔にまとまっている。そしてその簡潔さや抽象性ゆえに、プログラミングを超える広い範囲に影響を持ちうる。その**ルール**を、私は、翻訳を行う立場から、上記のような不可逆圧縮的な変換を行うべきではないというメッセージとして受け取った。他の人が読めば、その人なりの文脈次第で、また別の読み方があるだろう。題名こそプログラミングだが、実はさらに広い局面で役立つ原則について、この本は述べているのではないか。そしてそのような原則に到達しているからこそ、普遍性があり、時代の変化に耐える書籍となりえる、というのは私の深読みに過ぎるだろうか。そんな、可能性に富んだ読み方をさせてくれる余地が、本書には存在する。

　また、こんな読み方もできる。使い古された表現をあえて用いるならば、本書を西洋から到来した「黒船」として捉えるものになる。冒頭に描いた衝撃を日本のゲーム

業界に与えたゲームの内幕に迫る本が、本書だ。『Ghost of Tsushima』のファンなら、こんな風に開発されていたのか！ と楽しくなる発見があるだろうし、日本で活動するプロのゲーム開発者なら、AAA ゲームに求められるレベル感や開発環境の構成を、「Chrisの挑戦状」としての本書に散りばめられたヒントから読み解けるはずだ。

　そして、さらに1つだけ、日本語版独自の読み方に触れておきたい。Chrisと会った際に、話題にしたことがもう1つある。**ルール1**の重要性を本書は強調し、以降の**ルール**でも、コーダーという人間たちにとっての認知的複雑性をいかに減らすかという問題を繰り返し論じる。では、複雑性をやすやすと処理し、かつ人間の傾向を真似ることもできる、文字通りゲームチェンジャーとしてのAIが野に放たれた時、ソフトウェアエンジニアという存在は一体どうなってしまうのか。私から話題として挙げた、そんな今日的懸念に対し、日本語版まえがきではChrisが見解を述べる。その見解に、あなたは同意するだろうか。それとも、本書は、ある時代のAAA ゲーム開発スタジオの思考パターンを切り取った歴史的資料、あるいはコーダーという滅びゆく一門の終わりを告げる辞世の句となってしまうのだろうか。1つだけ確かなのは、本書が、この新しい戦いが幕を開ける際に、学習しておくべき経験の精髄を集約したモデルの1つであるということだ。**ルール21**が説くように、時には、とにかく果敢に立ち向かわないといけないこともある。そう、孤独な侍のように。

　このように、重層的な読み方を可能とする本書だが、ここまでに挙げたいくつかの読み方も一例に過ぎない。ゲームプレイの道のりが1つではないように、さらに他の読み方もあるはずだ。本書が、全てのコーダーを力強く導く、勇気と希望の書となることを、願ってやまない。

　日本語版完成のために多方面で惜しみない協力を頂いたChris Zimmerman氏、今作も鋭い指摘で成果物の精度を高めるのに貢献頂いたオライリー・ジャパンの関口伸子氏には、このような唯一無二の機会にご一緒させて頂き、感謝の念を字数制限に収められない。

　握手を交わしたChrisに、土産として手渡された野球帽には、「**ルール**完全に理解した」ならぬ「I know the Rules」という格言が刻まれていた。本書の読後にソーシャルメディア上で感想を共有される際は、是非ハッシュタグ #iknowtherulesjp を付けて投稿頂きたい。

2023年6月 初夏のロンドンにて
久富木 隆一

417

索引

ま行

や・ら・わ行

●著者紹介

Chris Zimmerman（クリス・ジマーマン）

ビデオゲーム開発スタジオ Sucker Punch Productions[†1] を1997年に共同創業した。以来20年以上にわたりコーディングチームを率いる中で、『怪盗スライ・クーパー』3作、『inFAMOUS』5作等のビデオゲームを次々と成功へ導いてきた。その成功は、2020年に Game of the Year 候補[†2] となった『Ghost of Tsushima』で最高潮に達している。社内では、『Ghost of Tsushima』の近接戦闘に代表されるコードの設計開発と、約20人から成るコーディングチームの構築と管理という日常業務を、両方ともに時間を割いて担当している。Sucker Punch の前は Microsoft に約10年間在籍したが、今の仕事からすると全然つまらないことをそっちではやっていた。1988年にプリンストン大学を卒業しており、そのせいかオレンジ色の服を普通よりたくさん所有している[†3]。

●訳者紹介

久富木 隆一（くぶき りゅういち）

アマゾンジャパン合同会社のシニアソリューションアーキテクトで、ゲームを中心としたアプリビジネスの技術コンサルティングに従事している。東京大学法学部卒。著書に『ゲームアプリの数学 Unity で学ぶ基礎からシェーダーまで』（SB クリエイティブ）、訳書に『Google のソフトウェアエンジニアリング』（オライリー・ジャパン）、『ブロックチェーン dapp ＆ゲーム開発入門 Solidity によるイーサリアム分散アプリプログラミング』（翔泳社）がある。X：@ryukbk

---

†1　訳注：https://www.suckerpunch.com/

†2　訳注：The Game Awards 2020内での最優秀作品賞にノミネートされた。
　　　https://thegameawards.com/

†3　訳注：プリンストン大学の校色はオレンジと黒。

ルールズ・オブ・プログラミング
より良いコードを書くための21のルール

| 2023年 8 月24日 | 初版第 1 刷発行 |
| 2024年 4 月17日 | 初版第 3 刷発行 |

著　　　　者	Chris Zimmerman（クリス・ジマーマン）
訳　　　　者	久富木 隆一（くぶき りゅういち）
発　行　人	ティム・オライリー
Ｄ　Ｔ　Ｐ	株式会社スマートゲート
印 刷 ・ 製 本	日経印刷株式会社
発　行　所	株式会社オライリー・ジャパン
	〒160-0002　東京都新宿区四谷坂町12番22号
	Tel　（03）3356-5227
	Fax　（03）3356-5263
	電子メール　japan@oreilly.co.jp
発　売　元	株式会社オーム社
	〒101-8460　東京都千代田区神田錦町3-1
	Tel　（03）3233-0641（代表）
	Fax　（03）3233-3440

Printed in Japan (ISBN978-4-8144-0041-6)
乱本、落丁の際はお取り替えいたします。